全国高等学校建筑学学科专业指导委员会推荐教学参考书

# 设计与分析

# Design and Analysis


伯纳德·卢本 | Bernard Leupen
克里斯托弗·格拉福 | Christoph Grafe
妮克拉·柯尼格 | Nicola Körnig
马克·蓝普 | Marc Lampe
彼得·德·泽乌 | Peter de Zeeuw
著

林尹星　薛晧东　译

设计与分析丨SHEJI YU FENXI

图书在版编目（CIP）数据

设计与分析 / （荷）伯纳德·卢本等著；林尹星，
薛皓东译. -- 天津：天津大学出版社，2020. 6（2023. 1重印）
书名原文：Design and Analysis
全国高等学校建筑学学科专业指导委员会推荐教学参考书
ISBN 978-7-5618-6685-6

Ⅰ. ①设… Ⅱ. ①卢… ②林… ③薛… Ⅲ. ①建筑设计-高等学校-教学参考资料 Ⅳ. ①TU2

中国版本图书馆CIP数据核字（2020）第094106号

| | |
|---|---|
| 出版发行 | 天津大学出版社 |
| 地　　址 | 天津市卫津路92号天津大学内（邮编：300072） |
| 电　　话 | 发行部：022-27403647 |
| 网　　址 | www.tjupress.com.cn |
| 印　　刷 | 廊坊市瑞德印刷有限公司 |
| 经　　销 | 全国各地新华书店 |
| 开　　本 | 210mm × 285mm |
| 印　　张 | 14 |
| 字　　数 | 390千 |
| 版　　次 | 2020年6月第1版 |
| 印　　次 | 2023年1月第2次 |
| 定　　价 | 95.00元 |

**全国高等学校建筑学学科专业指导委员会**
**推荐教学参考书**

# 总　序

改革开放以来，我国城市化进程加快，城市建设飞速发展。在这一大背景下，我国建筑学教育取得了长足的进步。建筑院系从原先的“老四校”“老八校”发展到今天的 80 多个建筑院校。在建筑学教育取得重大发展的同时，教材建设也受到各方面的普遍重视。近年来，国家教育部提出了新世纪重点教材建设，“十一五”“十二五”重点教材建设等计划，国家建设部也做出了相应的部署，抓紧教材建设工作。在建设部的领导下，全国高等学校建筑学学科专业指导委员会与全国各出版社合作，进行了建筑学科各类教材的选题征集和撰稿人遴选等工作。目前由六大类数十种教材构成的教材体系业已建立，不少教材已在撰写之中。

众所周知，建筑学是一个具有特色的学科。它既是一门技术学科，同时又涉及文化、艺术、社会、历史和人文领域等诸多方面。即使在技术领域，它也涉及许多其他相关学科，这就要求建筑系学生的知识面十分丰富。博览群书增进自身修养，是成就一个优秀建筑师的必要条件。然而，许多建筑专业学生不知道课外应该读哪些书，看哪些资料；许多建筑学教师也深感教学参考书的匮乏。因此除了课内教材，课外的教学参考书就显得十分重要。

针对这一现象，全国高等学校建筑学学科专业指导委员会与天津大学出版社决定合作出版一套建筑学教学参考丛书，供建筑院系的学生和教师参考使用。丛书的内容覆盖建筑学的几个二级学科，即建筑历史及其理论、建筑设计及其理论、城市规划及其理论和建筑技术科学，同时也包括建筑学的各相关学科，包括文化艺术和历史人文诸方面。参考丛书的形式不限，有专著、译著、资料集、评论集等。在这里我们郑重地向全国的建筑院系学生和教师推荐这套建筑学教学参考丛书，它们都是对建筑设计教学具有重要价值的参考书。

建筑学教学参考丛书中的各单册将陆续与广大读者见面。同时，我们呼吁全国的建筑学教师能关心和重视这套丛书。希望大家积极为出版社和编审委员会出谋划策，提供选题，推荐作者，使这套丛书更加丰满，更加适用，能为发展中国的建筑教育和中国的建筑事业做出贡献。

全国高等学校建筑学学科专业指导委员会

# 前 言 | Foreword

文艺复兴以来，西方文化一直被一种概念上的冲突所困扰。冲突的一方是追求统一及标准的理念，另一方则是设计训练本身的多样性。要将这两个不同的领域合而为一，目前只是时间上的问题而已。然而，在建筑、都市与景观等各式各样的设计上，什么才算是共同的性质？什么才算是个别的特点呢？

如果建筑学上的思想是空间设计规划的权威，那么只有当其构成法则被确定合法有效时，它所扮演的角色才能算是完整。经过条理分明地审查这些设计理念的合并方式之后，不同的设计工作与观念才能做有意义的互动。一旦将设计抽象化，结果就变得相当有趣，建筑风格、造型工具与构成法则等，都能够出现在不同的背景环境中。这些试验让我们能够同时超越主题与范围的限制，重新反思建筑、都市和景观设计之间的关系。

这难道是在呼吁人们要废除自主性的训练吗？事实绝非如此。我们所期盼的是打开一扇门，发展更进一步的设计方式，而不是走回头路。超越界限的工作随时都可以做，但是我们必须先明白界限在哪里。单单只是阐明建筑的法则是不够的，我们必须同时决定各种设计训练的范围与发展路线。我们必须在这些训练的自主权与潜在关系之间找到平衡点。

本书在代尔夫特科技大学建筑学院日常的设计教学中发展成形。建筑分析俨然成为设计教育与设计研究的联系并居中提供无数的连接点。在这种理念下，这份研究已萌发为广泛且适用的一个指南。

我们非常高兴，透过这一本书能将这些知识呈现给我们的同事、学生以及其他对建筑有兴趣的人，让他们得以吸收并进一步发展。

珍・希林（Jan Heeling），都市设计系教授
埃瑞・霍格斯雷格（Arie Hogeslag），结构设计系教授
克莱曼斯・斯特伯根（Clemens Steenbergen），景观建筑系教授
卡洛・韦伯（Carel Weeber），建筑设计系教授

# 目 录 | Contents

## 第 5 章　设计与类型研究



## 第 6 章　设计与背景环境



## 附录：有助于设计分析的绘图技巧

# 导 言 | Introduction

《设计与分析》关注的是建筑设计及都市景观设计的历史与实践，探讨各种不同的设计理念，并且从历史发展的观点来审视设计的技巧与手法。本书提供的相关资料，有助于针对许多设计领域做有组织、有系统的研究；书中有条不紊的架构让读者可以很容易了解哪些因素足以影响设计师下决定，进而领悟这些因素与设计成果之间的关系。借此做法，本书提出分析式的图解，作为深入了解整个设计过程的方法。

《设计与分析》从建筑设计及景观建筑领域中选取实例，读者设定为整个设计领域里的学生、教师和工作者。虽然本书主要在高校使用，但其宽泛的探讨范围，使相关专业以外的读者也能很容易地接受。

20 世纪 60 年代末以来，设计分析与形态分析等概念一直在设计教育及设计研究中占有一席之地。类型学（typology）和形态学（morphology）的相关论述早已在地中海国家出现，意大利与法国尤为盛行，萨维里奥·穆拉托里（Saverio Muratori，1910—1973，意大利建筑师）、卡洛·艾蒙尼诺（Carlo Aymonino，1926—，意大利建筑师、城市规划师）、阿尔多·罗西（Aldo Rossi，1931—1997，意大利建筑师）、菲利浦·沛纳海（Philippe Panerai，1940—，法国建筑师、城市规划师）及让·卡斯提斯（Jean Castex，法国建筑师）皆大力提倡。另一方面，建筑结构分析在英语国家大行其道，在彼得·罗（Peter Rowe，美国建筑与城市规划学者）、程大锦（Francis D. K. Ching，1943—，美国建筑师、建筑教育家）、埃蒙德·诺伍德·培根（Edmund Norwood Bacon，1910—2005，美国建筑师、城市规划师）与其他设计师的论述中都可以清楚地看到。这两种方式使得绘图成为分析建筑设计与都市设计的一种工具。

这些方法在代尔夫特科技大学（Delft University of Technology）一直是研究的课题。设计分析很快便在建筑学院里自成一派，并以现在我们所见的形式呈现出来。在建筑设计的教育上，它已经被证明是一种最好的教学工具，而《设计与分析》正是几年来经验积累的成果。本书不仅仅介绍设计分析，同时也从单独的建筑到都市景观设计的整体层面，对整个空间设计领域做了一番概述。

本书每一章探讨设计领域中的一个部分。第 1 章说明设计的过程及设计分析的基本原则，并且概略提及第 2 章至第 5 章所讨论的基本要素。第 2 章探讨设计师所使用的工具、材料与空间的规划。第 3 章探索设计与实际应用之间的关系。设计与建筑科技之间的关系则在第 4 章里加以讨论。接下来的第 5 章以类型学为主题，论及类型学在建筑的式样、应用与结构之间所建立的关联性。

本书最后一章探讨设计与其他地理环境和历史背景之间的关系，以荷兰一层层堆积而成的人造景观为范例，追溯其背景环境与建筑设计在历史发展中所建立的关系。本书附录详尽记载了设计分析时所需的方法与技巧，内容包括各类绘图技术，并将这些技术与先前各章中所提到的主题衔接在一起。

如此一来，我们在每一个类别中都完成了一千件事。而为了了解它们，就要从科学与哲学的关系角度探索它们的来源与原始的起因。

——科特米瑞·德·昆西（Quatremère de Quincy，1755—1849，法国建筑理论家）

---

建筑不只是表达在实用与道德上已经普遍接受的标准。相反，行动才是建筑不可或缺的一部分，而且不管它是否遭到禁止。有鉴于此，传统的设计图不再够用，在建筑的标注与记录方式上，势必会出现新的形态。

——伯纳德·楚弥（Bernard Tschumi，1944—，瑞士建筑师、作家）

# 第 1 章 设计与分析

# Design and analysis

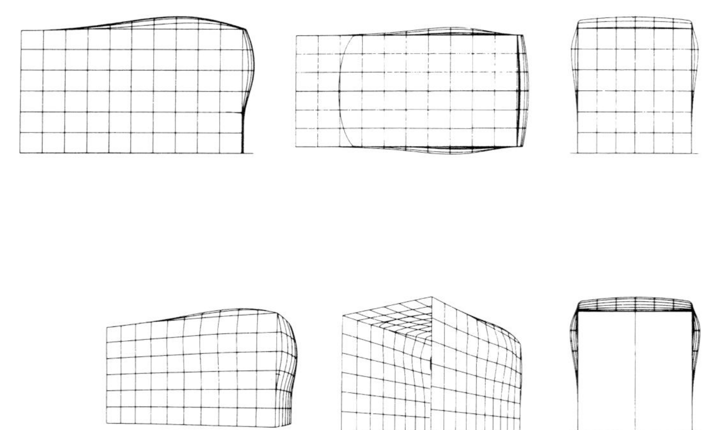

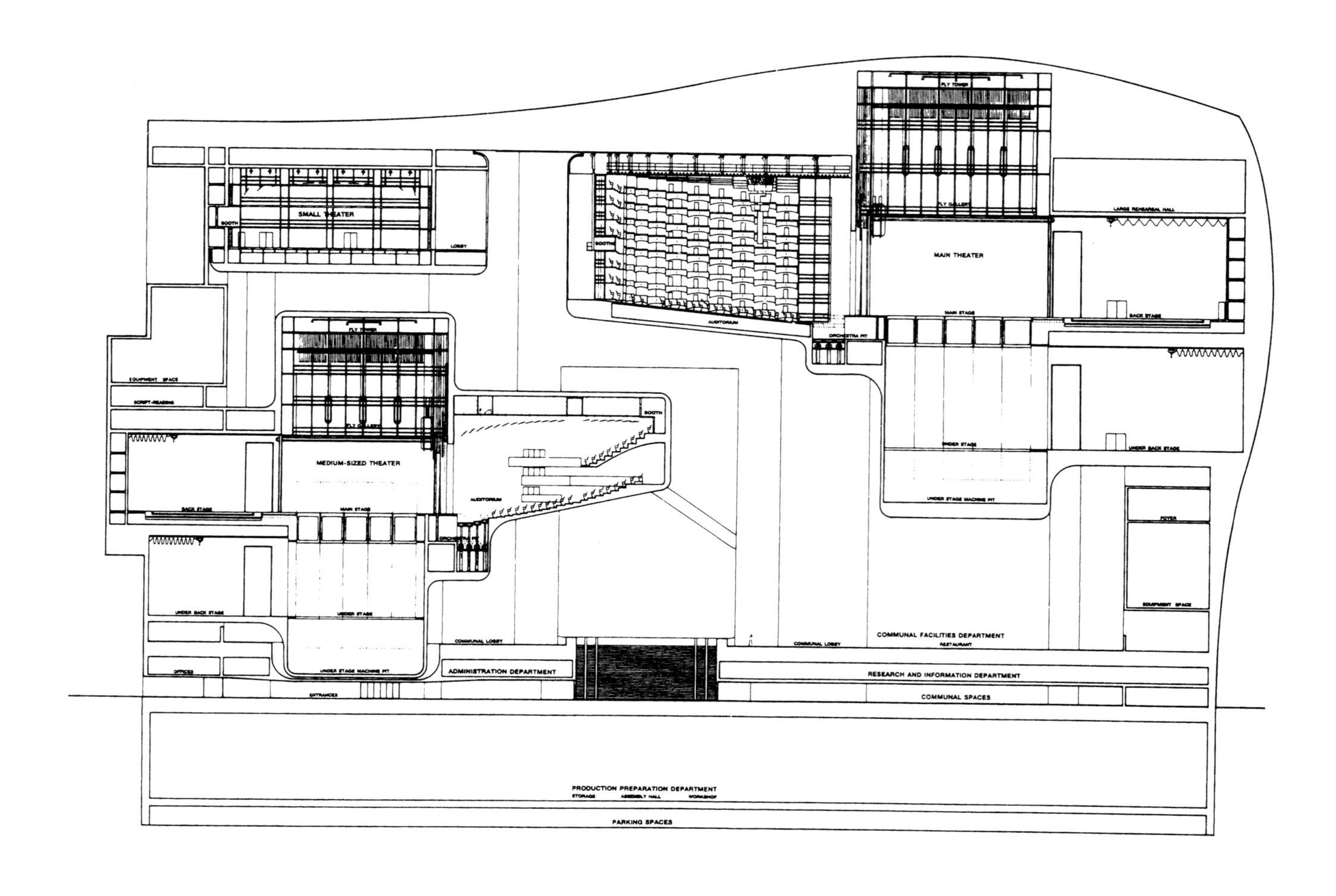

让·努维尔为东京一家歌剧院的设计竞赛提交的作品，1988 年。主体结构的计算机绘图

剖面图

## 1.1 设计 | The design

无论设计者是谁，无论主题是一栋建筑物、一个城镇或一座公园，基本上都与既定的建筑规划、位置和基地息息相关。整个规划在设计过程中即已定型、定案，基地的范围与设定也于此时得到确定。此外，设计者必须面对特有的文化或习俗，适应一连串固定不变的原则和需求。最后，整项设计还必须符合建筑在实用上的需求。一般而言，这些问题都不会发生在妥善设定且符合逻辑的设计上。设计并非直线式的发展，并非没有特定的任务，不会只是导向某一个目标，而目标也不会只有一个。如何掌握所有必备的条件和预期的结果，俨然是建筑设计上一个主要的课题。任何相关的层面都必须细细地审查考量。根据所做的考量、推论和观点，设计者必须对自己的工作加以诠释，并且针对各式各样的需求与预设来调整相关的重点。对设计的整个课题加以诠释（interpreting），是设计工作开始时一个最基本的步骤。

另一方面，设计者对整个设计主题的观点会形成一个基本概念（concept）。这个概念不一定会说明该设计将采用何种形式。最重要的是，它表达出整个设计背后的理念，让设计有方向、有组织，并且排除可能的变数。概念可以通过很多形式来呈现，包括示意图、图形及文字。例如，在法国建筑师让·努维尔（Jean Nouvel，1945—，法国建筑师）的工作室里，设计师与其他各相关领域的专业人员之间做深入的讨论之前，绝不轻易下笔。只有当完整的设计概念得以清晰具体地描述，明明白白地呈现出来的，才能开始着手绘制成图。这种设计的进行方式对设计的发展范围带有一份深厚的认知，更蕴含了丰富的想象空间[1]。

1988年让·努维尔为东京一家歌剧院的设计竞赛提交的一份作品，是上述概念的应用实例。该设计以办公室里一连串的讨论为基础，最后决定将歌剧院的外形设计成装乐器的箱子。这栋建筑物的表面上了一层平滑黝黑的漆，主剧场的空间略带点弧度。在建筑物内，几个金色的剧场散置于内部的空间里，就好像乐器放在盒子里一样[2]。

表现主义建筑家埃里克·门德尔松（Erich Mendelsohn，1887—1953，德国建筑师）则展现出另一种设计方法过程。1920年，在波茨坦（Potsdam）设计爱因斯坦天文塔（Einstein Tower）[责编注]时，他先提出一个视觉上的基本概念，而后迅速地描绘出那座瞭望塔的外形。这份素描的力量不在于正确运用了透视法，而在于它的线条展现出表现主义风格的基本要素。从某方面看来，整个素描的概念包含了建筑的剖面图。然而在另一方面，只是少许线条便能表现出整个设计平面的主要形式。1962年，芬兰设计师阿尔瓦·阿尔托（Alvar Aalto，1898—1976）为不来梅的新瓦尔公寓（Neue Vahr apartment）设计了一份草图，足以作为此类设计最好的例子。开始时该设计有如孩子随意涂鸦的线条，然而却蕴含着整个设计的基本特质：住宅建筑向外拓展，活动空间简单而紧凑，建筑正面波浪般的线条由许多独立的单位构成，以达到最佳的采光效果。这份草图所呈现的是，设计师阿尔托在随手一画中寻找到弧形正面的明确外形。这正是在整个设计过程中捕捉的最重要一刻，实为难得的表现。

同样地，设计的概念也可以用示意图来呈现。埃比尼泽·霍华德（Ebenezer Howard，1850—1928，英国城市规划大师）1898年著名的花园城市设计（garden city）便是一个很好的例子[3]。他的草图只提供各种建筑物相对关系的信息，对于城市实际的外观则没有丝毫的影射。

[责编注] 修建于阿尔伯特·爱因斯坦科学公园内的天文观测台。

埃里克·门德尔松在波茨坦设计的爱因斯坦天文塔草图，1920 年

波茨坦的爱因斯坦天文塔，1920 年

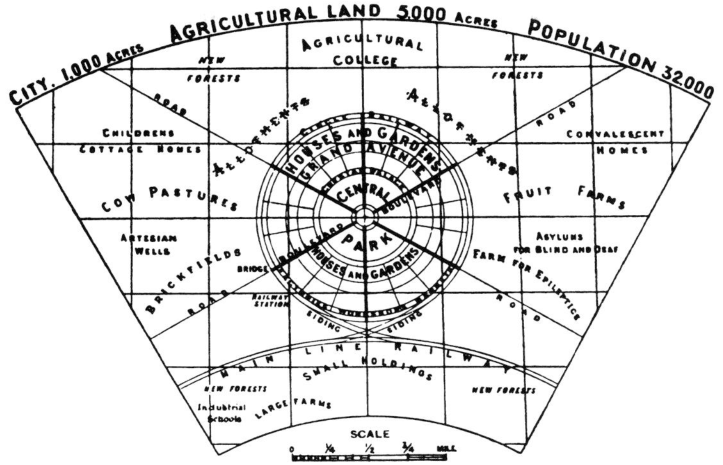


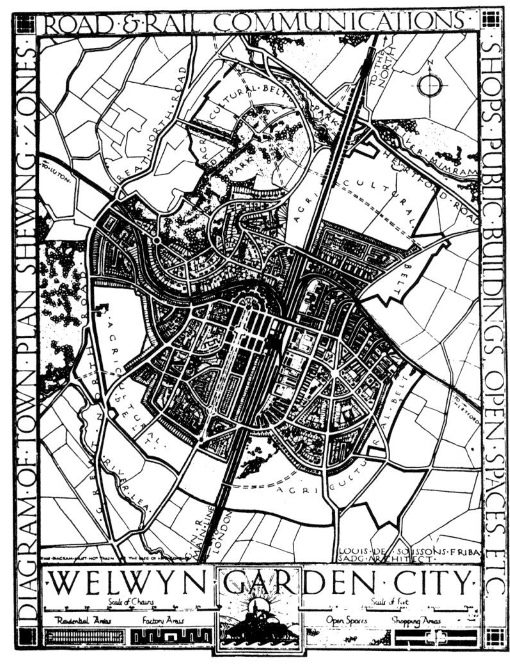


理查德·巴瑞·帕克尔（Richard Barry Parker，1867—1947，英国建筑师、城市规划师）与雷蒙德·昂温（Raymond Unwin，1863—1940，英国城市规划师）的威尔温花园城市（Welwyn Garden City）规划，1902年，这座花园城市以埃比尼泽·霍华德的示意图为基础

埃比尼泽·霍华德设计的花园城市设计图，1898年

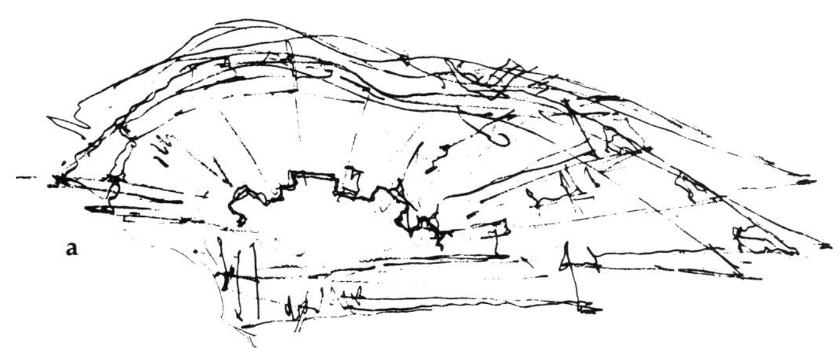


阿尔瓦·阿尔托在不来梅设计的新瓦尔公寓设计草图，1958—1962年

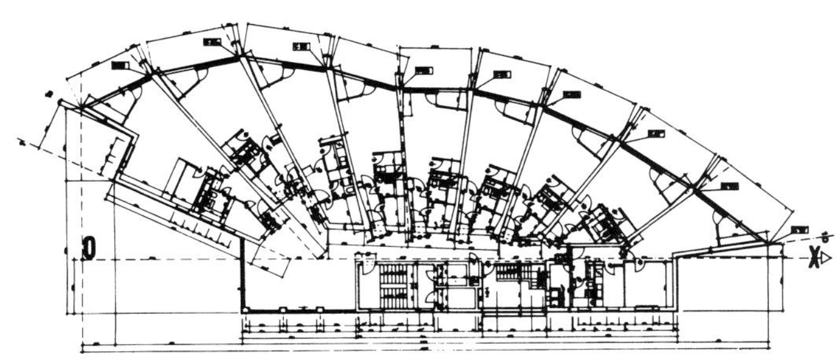

平面图

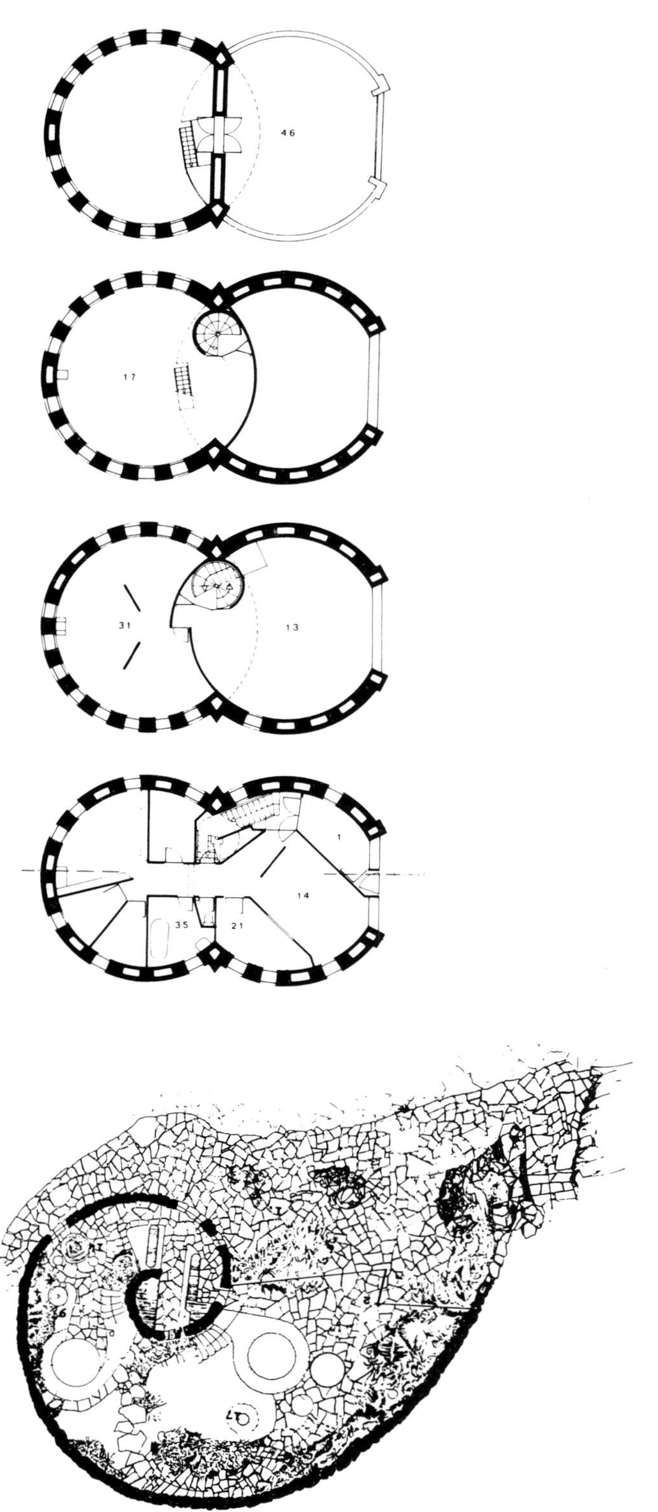

康斯坦丁·斯捷潘诺维奇·梅尼科夫（Konstantin Stepanovich Melnikov，1896—1974，俄罗斯建筑师、画家）1922 年设计的住宅，由两个相连的柱状体构成

布鲁斯·阿伦佐·高夫（Bruce Alonzo Goff，1904—1982，美国建筑师）设计的螺旋形住宅

### 1.1.1 设计过程 | The design process

设计的第一个步骤是发展出一个基本概念。抽象的概念和具体的设计之间是一个完整的过程。这不是单纯的转化问题，而是富有创造性的过程。在这一过程中，设计者确切地说明其足以付诸实现的形体设计，再根据实际需求进行调整或推翻既有的解决方案，更进一步地加以试验。这是一个重复的过程，不断地循环，却也有其方向，持续地成长推进。随着每一个步骤的进展，设计者判定下一步骤可能产生的结果，从中获取些许成果，以解决任何意料之外的问题。在每个阶段中，设计者必须时时回顾，判断原来的概念是否仍然正确，或是否需要加以修正。假设各种可能的解决方案，并且加以比较，在此阶段是相当重要的。

### 1.1.2 形式 | Form

在设计过程的某一点上，基本概念会以具体的形式将整个设计表现出来。但是设计者如何才能得到这个形式呢？设计是否和解决问题一样，答案（此处即为形式）都存在于过程之中呢？这个议题一直得到相当热烈的讨论。一般而言，这个议题总是围绕着设计需求的问题打转。特别在实用性与建筑施工方面，人们不断地探讨是否因为有需求才有设计的形式出现，或者此一形式可能有别的来源。例如，一个房间的外形能否来自房内动线的形式？空间跨度能否取自弯矩图？如果动线可以产生形式，那么结构的形式是否能决定空间的形式？还是情况刚好相反呢？

实际运用中，许多不同的观点都被用来处理设计与使用之间的关系，同时也应用于设计与结构之间的关系。关于这两方面的讨论，将分别在第 3 章与第 4 章中详述。在本章中，建筑计划与结构上的必要条件，将不仅限于形成设计主体与组件的形式。

### 1.1.3 类型学 | Typology

假如形式无法从这些基本条件中取得，那么，一般可行的做法有两种：设计者不是依赖以往的经验，就是套用新的设计形式。以经验为基础的形式只是遵循惯用的程序。在环境条件类似的情况下，只要以往的形式能带来良好的效果，设计者便可能再一次应用。若想要凭借以往的经验，设计者就必须对同类型的解决方案有相当丰富的知识。

举例来说，设计者必须了解各式各样的楼梯、窗户、门、厅堂、建筑形式、住宅形式以及都市的规划格局，而且还要能够一一指出它们的名称。这些便是我们所说的“类型”（type）。在第 5 章中，我们将讨论不同类型在设计中的运用情形。

创造出一个全新的形式是有必要的，这一需求会自然出现，毕竟每一种类型原本都只是在某一个时间里设定的形状。创造一个全新的形式时，不管是一座城市或是一家戏院，设计者一开始都会从抽象的几何图形着手，如立方体、角柱体、角锥体之类的形体。这些原始的几何形式都是认知上的结构体，即所谓的“纯理想式柏拉图多面体结构”（Platonic solids）。设计者创造全新形式的灵感可能来自大自然，像藤蔓、肾脏或蜗牛壳等东西，不管死的活的都可以。要完全掌握这些自然生成的形式，在应用到实际的建筑时，就必须将它们转化成几何图形来表现。

设计者心中牢记设计任务的类型，然后选择一个他推断为最适当的形式作为设计的基础。因此，蜗牛壳的形状可能不会成为最受欢迎的戏院建筑，因为它势必会引起视线不良的问题。然而对一个公厕建筑而言，这个形状足以形成一个将公共空间转换为私人空间的结构；任何一个到过阿姆斯特丹的观光客都知道这一点。[责编注] 不论对设计中单一的组成部分和个别部分之间的结合，还是对完整的建筑物及整体结构而言，以上关于形式的论述都一样适用。在这样的情况下，设计者可以就现有的东西（类型）加以琢磨，也可以提出一个全新的抽象形式或自然形式。

### 1.1.4 组合 | Composition

设计不只是选择一个形式而已。煮一顿饭，并不单单只是将菜及配料全都放在一起而已，重要的是如何加工、搭配及烹调这些食材。同样，在设计上，我们也有一个“黑箱”，里面放的正是已经“准备好的”设计。在这个“黑箱”里，设计材料的形式及空间整合在一起，成为最终的组合，也就是一个定案的设计。在此一阶段，根据组合的原则，每一个要素都安排在最适当的位置。如果过程未经安排，其结果将是一团混乱。组合排序的方法与组合时所采用的概念，两者最后决定一个设计的特质、外观和风格。这一点需要有所选择，而设计者大多按照个人的喜好来决定。本书第 2 章将针对这个“黑箱”做详细的描述。

### 1.1.5 背景环境 | Context

设计工作本身大体包含了一个规划（以简洁的陈述表示）和一处基地。在“背景环境”这个范围较广的概念中，基地是一个构成要素。基地是未来设计将付诸实现的地点，也是此背景环境概念中最清楚明白的地方。广义上，背景环境的含义包括了此基地的历史、设计工作本身的背景以及带动整个设计的社会发展过程。

了解这些要点后，设计工作才得以强化，对基地的认识也能更深一层，而设计本身未来的发展也将更具潜力。

一旦设计付诸实现，它所展现的是一个建筑与背景环境的全新组合。设计者如何看待整个背景环境、如何应对其中各相关要素的需求，这将是第 6 章所探讨的主题。

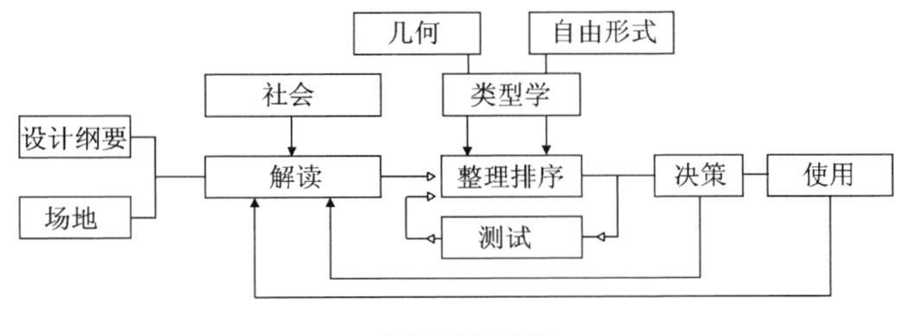


设计过程图解

[责编注] 阿姆斯特丹运河边散布着许多蜗牛壳状的公共厕所。

## 1.2 分析 | The analysis

若要洞悉设计的过程，分析现有的设计作品是一可行的途径。如此的分析研究，我们这里称为“设计分析”（design analysis）。假如设计是一个创造的过程，能制造出原本不存在的事物，那么分析就是以该过程所获得的成果为开始，并尝试取得在其底层的概念基础与原则。值得一提的是，此一分析是建立在假想之上，目的绝对不是将整个设计的过程再一次架构出来。

分析是用来了解此一专业领域的途径之一，但是用在研究指定的基地、转化建筑物或改造都市空间的面貌等方面，也不失为一个很有用的方法。虽然设计分析的结果可能以文字的形式来展现，但是大部分情况都会有图片、模型或计算机仿真影像来搭配。做一项分析时，我们的工作不是忠实地重新呈现出仔细检查下的物体，而是要探讨重要的构成因素，例如它的组成方式、设计与背景环境之间的关系，以及设计工作、施建和实际应用等三者之间的关系。

修改现有的设计图及模型，便能找到这些相关的侧面。这时便很容易动手删减或增加相关的资料和信息。在本章接下来的段落中，我们要探讨设计分析所能提供的发展机会，而我们所使用的正是这方面最完美的媒介——设计图。

### 1.2.1 绘图 | Processing the drawing

模型可以做出立体的表现，设计图则永远只是平面的。然而，我们仍可以在纸上展现出三维空间。针对这一点，我们安排了各种不同的几何投影图，包括各类平行投影、斜面投影和透视图。本书附录（“有助于设计分析的绘图技巧”）对投影制图的技巧有更透彻的探讨。

设计分析的基础资料大都由正面投影图或平面投影图而来。这些也许是草图、初步设计图或测量后绘制的比例图，然而这些图在表现实体时都一样有效。这几种类型的图都用抽象的方式来表现实体，但是随着设计分析的目的不同，图中所蕴含的信息也会有所改变。最高的抽象形式常常可以在演示图中看到，实体在图中常被简化为空间中的立体图像。不同于初步设计图的是，这些为了演示所绘制的图常常缺乏有关建材及建造方法的参考数值，连一些重要的测量单位都看不到，还必须去推测设计图的比例大小。尽管如此，图中提供了既清晰明了又系统的信息，对于某些类型的设计还是相当有帮助的。

分析城市的某一部分或是景观的某一要素时，最重要的工具是地形图。测量员所描绘的地图提供了建筑物、绿地、街道以及河流、水渠等详细资料。高度的差异用地形的等高线来绘制成图，在设计分析上，这个最基本的材料可以用不同的方法来看待。

### 1.2.2 缩图 | Reduction

最基本的技巧莫过于缩图。缩图主要用来揭示一个设计的结构，无论是形式上的、类型上的或是实体上的结构。要揭示一个设计的结构，就要省略空间与材料两者之间有关主要组合模式的信息。在一张类型缩图（typological reduction）上，这里所指的是省略一些与设计本身无关的斜角与实体的投射。这种运作的方法也可以用来设计支撑重物的结构，不过当然还是必须受限于主要建筑结构所用的材质样式。为了避免缩图上连设计分析的对象都消失不见，可以辨认出来的物体通常都必须用线条勾勒出外形，以便参考时使用。因此，用缩图表现一座横跨河川的城市时，该河川也必须画出来当作参考资料。

### 1.2.3 附加资料 | Addition

附加资料意指将额外的信息加进设计中。这些信息与视觉感官无关，与建筑知识也没有关联，可能只是用来说明某些功能或用法，或是告诉我们设计背后的几何基础，例如轴线及区间等。一般而言，当设计图上多余或造成混错的资料被删去时，通常就会补上这一类的信息。

### 1.2.4 分解展现 | Démontage

绘制设计分析的对象时，若视其为分散开来的个体，而非整体，则有助于说明构件之间的关系，同时也能呈现出各设计重点之间的关系。并列或重叠不同的图，可以提供补充的资料，对于检查不同设计程序间的关系很有帮助，且无须考虑一设计平面上有多少楼、多少层。若是将此一分析对象绘成有如被风吹散一般，也不致失之偏颇。从图解的角度看来，可视其为一种分解图，此类图有助于观者洞察许多要素之间的关系。

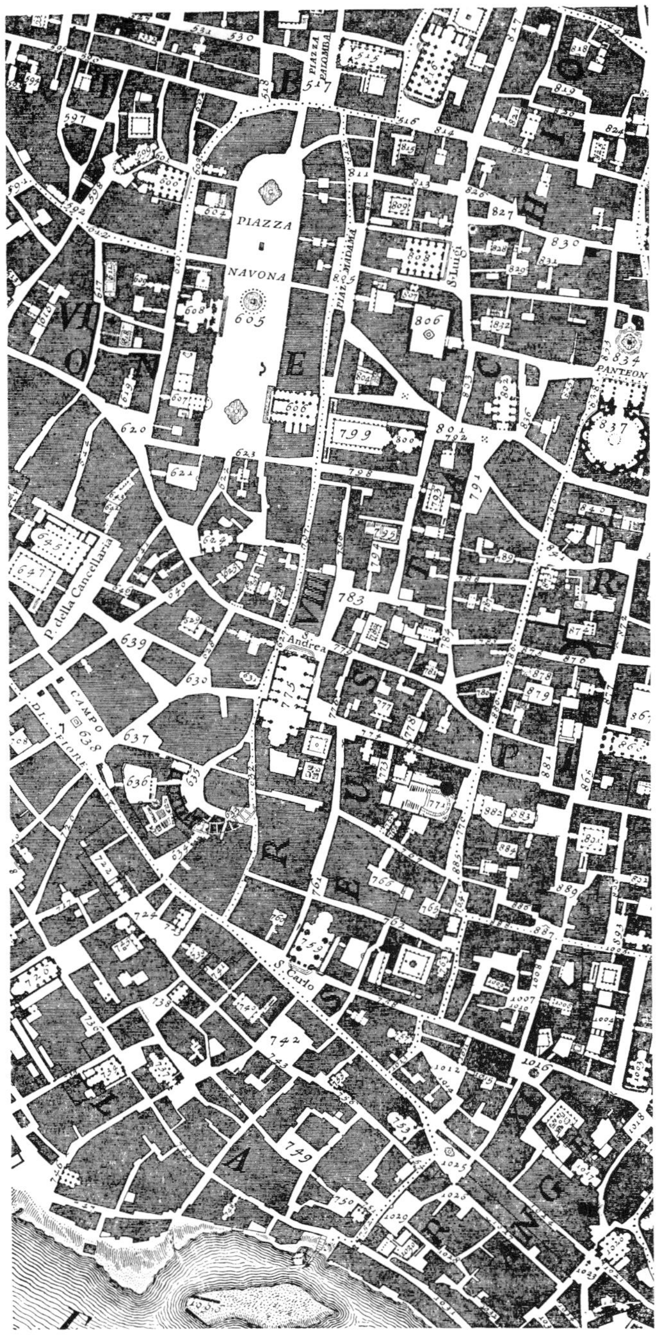


吉安巴蒂斯塔·诺里（Giambattista Nolli，1701—1756，意大利建筑师）1748年所绘的罗马地图。值得一提的是，他将公共空间区分开来。在诺里的笔下，街道不但是公共空间，而且还是可以自由出入的内部空间

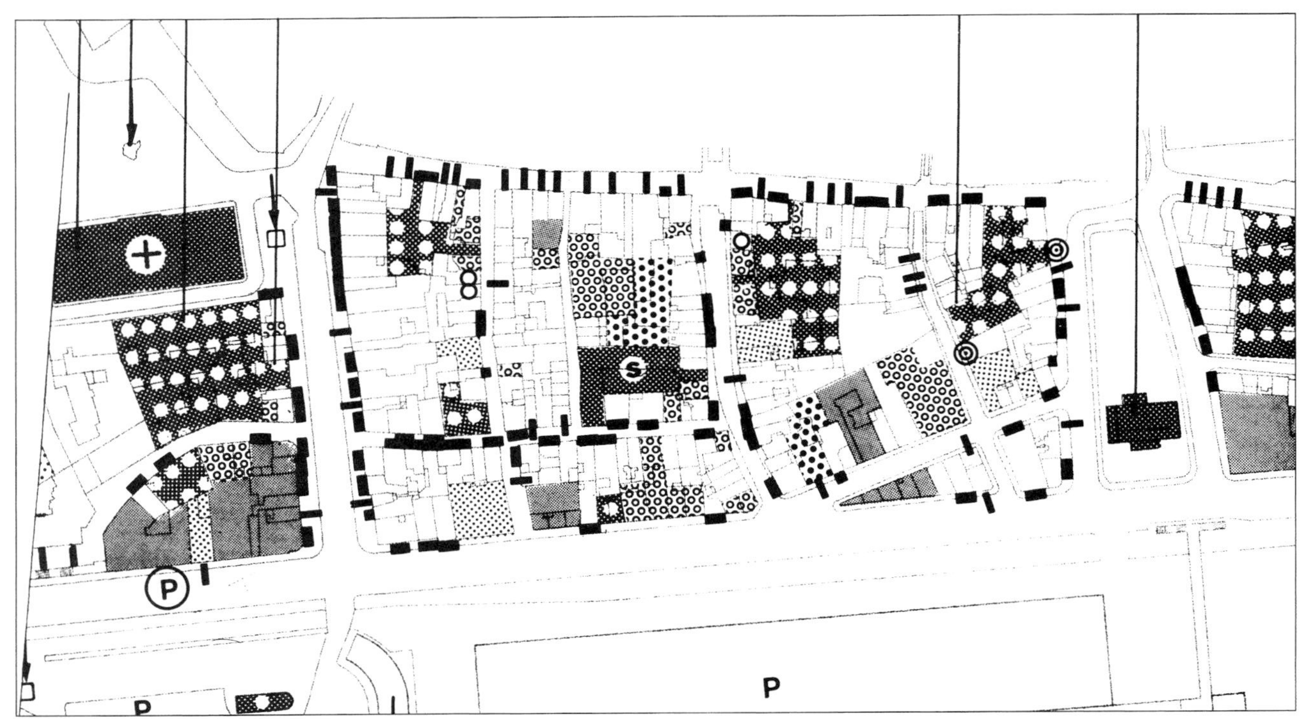


住宅区

办公室

中、小型公司商行或手工艺品店

码头、仓库与工业区

公共设施——技术设备

空屋——闲置空地

货运公司

饭店、餐厅和咖啡厅

社会福利或文化机构

绿地与休闲场所

水体

P 地面公共停车场
Ⓟ 地下公共停车场

塑像

学校

地方性或全国性重要建筑物

安特卫普，不同街区的不同功能

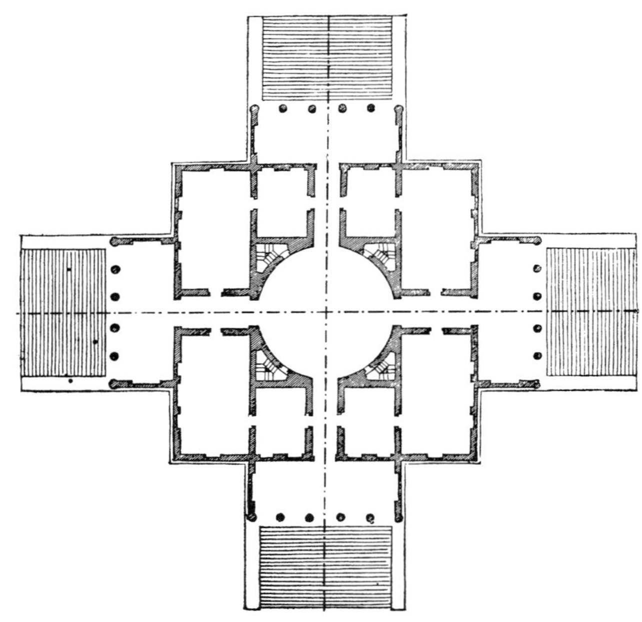

安德烈·帕拉迪奥(Andrea Palladio，1508—1580，意大利建筑师)的圆厅别墅（Villa Rotunda），1566—1567 年
图中包含决定内部空间方向的轴线

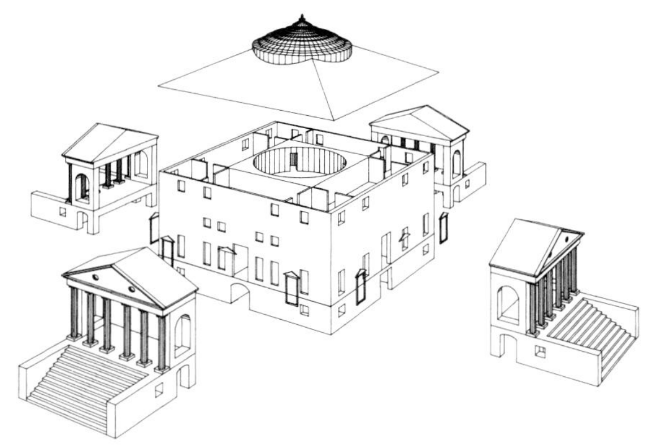

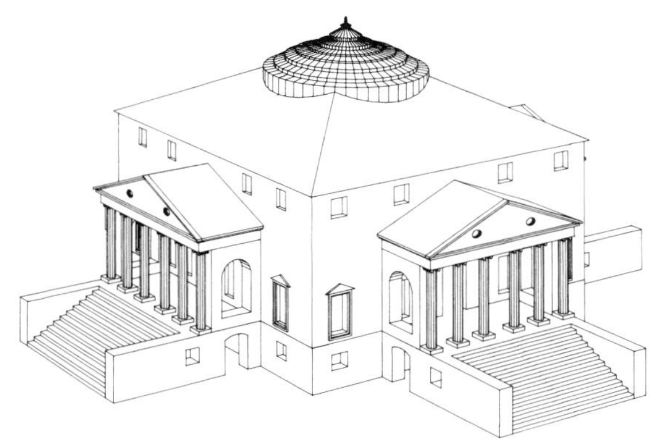

帕拉迪奥的圆厅别墅，1566—1567 年
构件的分解图，显示别墅的个别组件

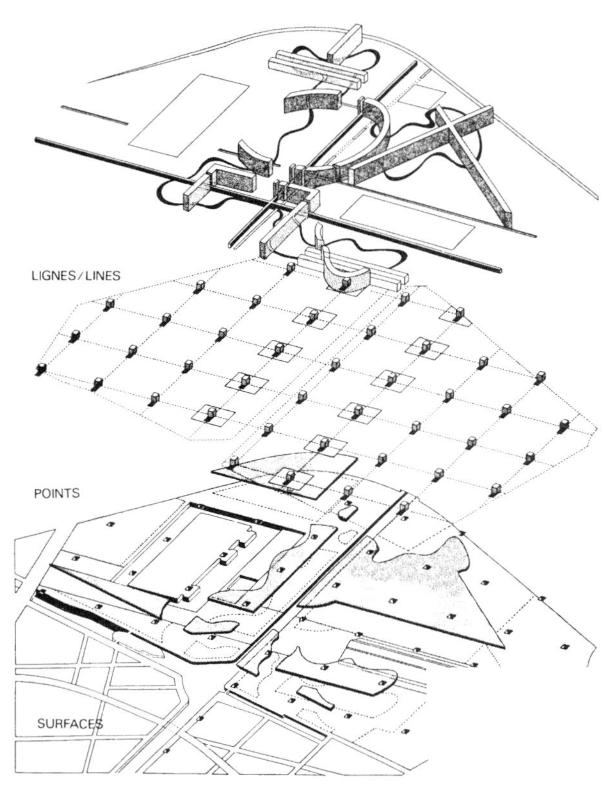


伯纳德·楚弥 1983 年参加巴黎拉维莱特公园设计大奖赛的作品，为了展现基础概念，楚弥以不同概念层级来表现

# 第2章 排序与组合

# Order and composition

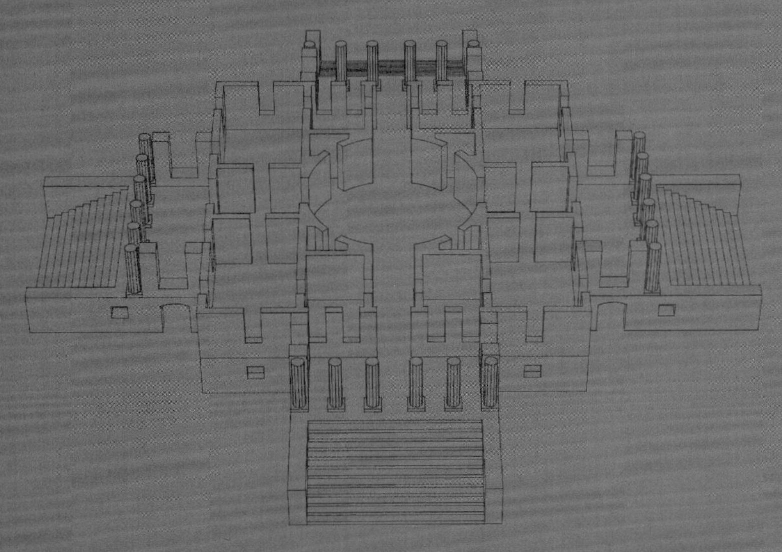

## 2.1 导论 | Introduction

在第 1 章中，我们大致探讨了设计过程的发展路线。我们看到了形式、类型及背景环境等因素如何影响一个设计的形成。我们将这个过程称作“黑箱”（black box）。第 2 章将带领我们窥视这个“黑箱”中的乾坤。

### 2.1.1 材料和空间 | Material and space

无论是设计一栋住宅、城市的一部分、一座公园、一个公园或是一处景观，建筑设计本身皆是以空间及材料的组合为依据。就一栋住宅而言，这个组合所指的是内、外墙所隔成的许多房间；就一座公园而言，指的是那里面由树木隔成的许多空地、道路和草地；就一座城市而言，指的是建筑物和树木所隔成的开放空间，包括街道和广场。

人们大多在这些空间里活动，而这里也正是整个计划落实推行的地方。大致说来，形式、基地和材料的性质决定了该空间的品质。因此，一个广场的品质也被形式、基地以及四周建筑物的性质与功能所左右；而就一栋住宅而言，房间的品质则取决于周围材料的形式、特性和品质。

当设计者或评论家形容一件设计如何完成，却又没有设计图来辅助时，他们都会使用专业术语来说明。举例来说，丹麦设计师斯坦·埃勒·拉斯姆森（Steen Eiler Rasmussen，1898—1990）在形容帕拉迪奥的圆厅别墅时说：“在众多别墅中，最有名的莫过于称为‘圆厅’的那栋别墅。它的外形接近四方块，四周的门廊有巨大的廊柱。从宽大的楼梯走上去，到了门廊时，你会发现那里的空间格局和《雅典学院》（School of Athens，意大利文艺复兴时代画家拉斐尔·桑西（Raphael Sanzio，1483—1520）于 1508 年所作的壁画，画中有一栋建筑展现出相同的空间组合）那幅画中的设计有异曲同工之妙。从宽敞、开放的门廊往前走，你会走到一个有桶形屋顶的大厅，最后走到位于中央的圆顶内室。从内室再往前走，整个活动的轴线又会经过另一个有桶形屋顶的大厅，最后通往另一边的门廊。”[1]

瑞士设计师伯纳德·楚弥参加巴黎拉维莱特公园设计大奖赛（Le Parc de la Villette）的作品则有以下的形容：“整个设计被安排得井然有序，以装饰性建筑物（folly）为主干，一切建立在相同的基本原则上，但是也有个别活动的安排。就整体的组合看来，它是一个‘自由平面设计’（plan libre），当中有 3 个独立自主的组织系统。它是一个 120 米 ×120 米见方的细点格网（points grid），每一个点上都有一栋装饰性建筑物，格网则将周边环境复杂的组织构造串联在一起。此外还有一套直线的系统，垂直交叉的轴线构成了主要的通道，主题花园旁则耸立了一栋构想奇特的‘建筑漫步’（promenade architecturale）。第三个要素是一组平面系统，包含了许多大块的空地，供户外活动使用，空地之间有整洁的行道树作区隔。”[2]

这两段叙述都使用专业术语。除此之外，这些叙述也利用了一些基本概念，述及构成设计的要件，如装饰性建筑物（follies）、圆顶内室（circular domed chamber）以及门廊（porticoes）等。另一方面，这些叙述也包含一些专有名词，描述这些构件如何安排处理，而后组成一个整体的结构。巴黎拉维莱特公园作品中所提到的那个 120 米 ×120 米见方的细点格网和构想奇特的“建筑漫步”以及圆厅别墅中的轴线都是很好的例子。

### 2.1.2 构成要件 | Elements

每一件设计都可以分解成空间和材料的构成要件。空间的构成要件包含了橱柜、房间及城市中的广场，门把、墙壁、建筑材料以及树丛则属于物质或材料之类的构成要件。

提及设计的构件时，常会使用一些现有的组合部分，而这些组合部分大多应用在好几种不同的情况，像圆厅别墅的门廊和楚弥的装饰性建筑物。我们也因此会提到类型（请看第 5 章）。

有一些构件则通过基础几何学的用语来形容，例如圆顶内室或是三角形的空地。

对于构想奇特的“漫步”一词，我们缺乏几何形状方面的认知。明显地，设计者完全依赖直觉灵感来画出造型。

### 2.1.3 工具 | Instruments

我们用来描述如何形成设计的词汇中，有一部分可以追溯到由欧几里得几何学演绎而来的整套工具。细点格网和轴线只是两个范例而已。这整套的几何学工具包里有：

——组织线及轴线（例如对称轴线、空间轴线、房基线及规范线）；

——区域范围；

——坐标格网（例如细点格网、线形格网以及带形格网）；

——尺度与比例的系统。

这其中有一些工具也可以在现代的计算机辅助设计程序中看到。

### 2.1.4 组织排序 | Order

每一件设计皆以组织排序为基础。排序的必要性来自我们共同的需求，我们希望将世上所有的事物都安排得好好的，好让我们自己更容易了解一切。这个组织排序的动作发生在语言的范畴中，通过专有名词与介绍性的分类来完成，就像是以人力介入自然环境中。

组织排序的第二个目的与制作有关。组织结构要条理分明，这是将建筑设计付诸实现的必备条件（请看第 4 章）。

组织排序的第三个目的与实用有关。我们必须清楚知道，原则上，有组织的街道或走道系统，即代表有较高的效能。同时，在了解周边环境上，组织排序也扮演着相当重要的角色。组织排序有助于将具体的事实与抽象的思想同时放进设计中。在一个没有组织、模糊不清的城市里，我们很容易迷路。

组织排序时，设计者所运用的不只是几何学方面的工具，还有其他许多原则。举例而言，不论是一个行动、一次运动或是一则叙述，其发展过程皆足以左右一连串的物体或一系列建筑的组成。来自绘画的图像组合原则也是重要的因素之一。

正因为如此，许多组织排序的原则相继出现。不同的计划和建筑方法、不断改变的环境和对环境不同的诠释，再加上因人而异与因地制宜的因素，为几个世纪来的空间设计带来各种不同的观点，发展出许多不同的风格。

### 2.1.5 建筑体系 | Architectural system

提起风格，我们大多会先想到外观，也就是构成要件的形式和装饰上的不同。不过，风格本身有另一个比较基本的体系。本章将以此为主题，加以探讨。艺术史学家埃米尔·考夫曼（Emil Kaufmann，1897—1953）称之为“建筑体系”（architectural system）[3]。建筑体系所描述的内容包括属于某一种风格的设计、构成要件的组合方式、设计时所运用的整套工具以及运用工具时所秉持的态度。

建筑师兼计算机辅助设计师威廉·米切尔（William Mitchell）在这方面下了很大的功夫，在语言和建筑之间建立一层对等的关系。他将建筑的构件比作文字，认为这些构件必须加以组织排序，为的是要满足建筑用语与建筑体系的需求[4]。单字的字尾必须变化，以配合某些情况的需要；同样地，在建筑设计领域里，类似的规则一样左右着建筑构件该如何转变（transformed）。每一种语言（language）都有其必备的基本语汇（vocabulary），也有其独自的文法（grammar），这些文法可以说是语言本身自定的规则。

因此，原则上每一个要件皆有可能被人操控并产生变化或失去原有的形状（deforming），目的无非是融入某个排序或组合的结构中。有时候，这个过程只不过是改变尺度、尺寸或比例而已。有时候，这个过程的处理方式会较为激烈，许多构件被倒转、扭曲或删减。

虽然考夫曼和米切尔在发展他们的理念时想到的都是建筑，但是这些理念的原则都不单单只是适用于都市计划和景观建筑上。

几个世纪以来，设计师一直在组织安排他们的设计方式、使用的词汇和工具以及共同遵循的规则，这一切全都受到社会和文化改变的影响。接下来的设计分析将探讨由古希腊至今的一些范例，说明不同时代的建筑设计和设计工具如何发展。这些个案之所以能被选作例子，原因在于它们能清楚表现出组织排序的原则，而不是因为它们在历史上所展现的完整性。在这整个实例的探讨过程中，没有任何呈现建筑历史的企图。

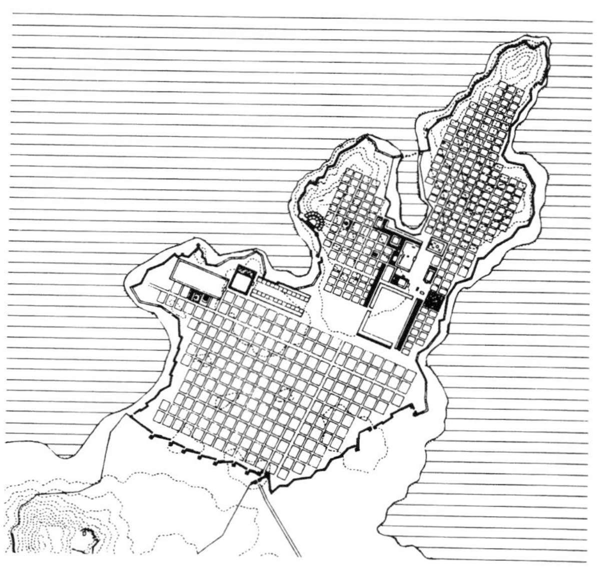

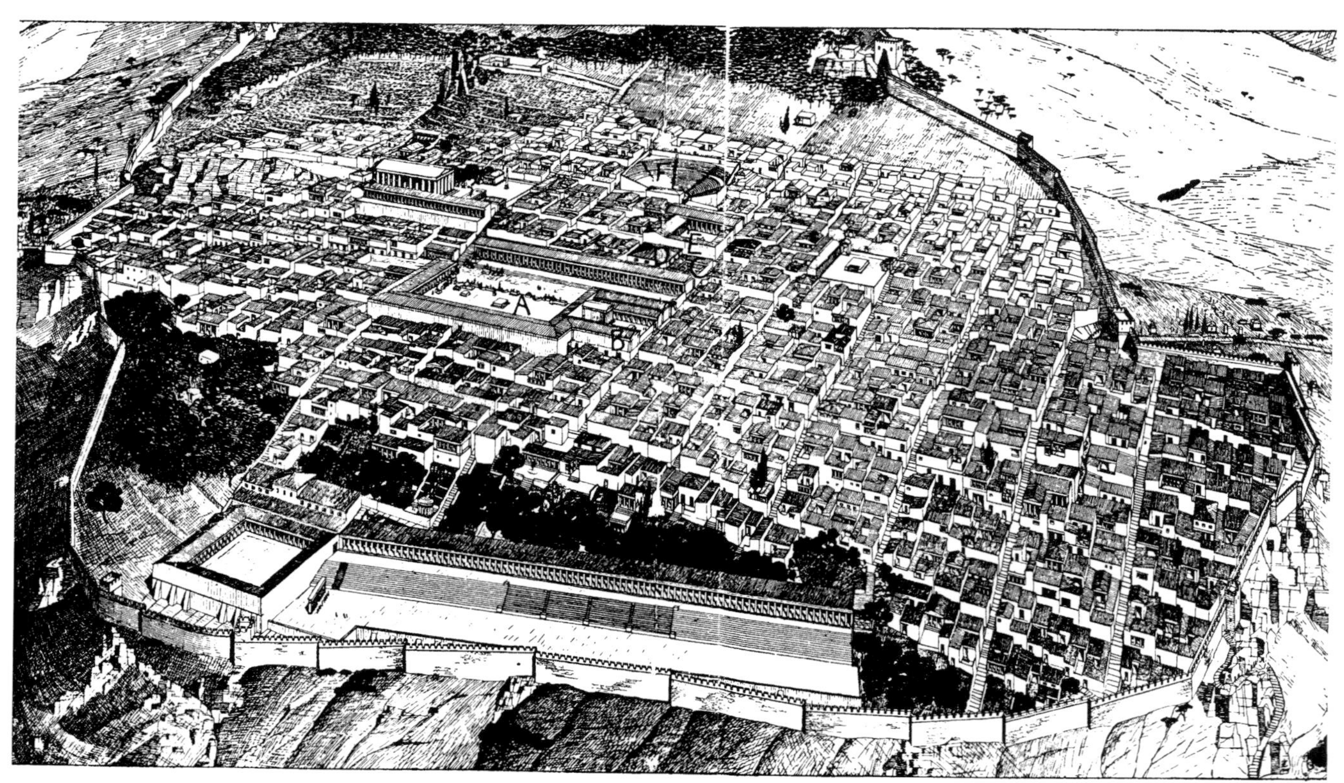

普里内（Priene）的鸟瞰图

米勒图斯公元前479年毁灭后的平面图

## 2.2 古典建筑的基础工具 | The basic instruments of classical architecture

网格系统（grid system）是用在组织排序上最古老的工具之一，其组织原则是规划城市时一个广泛使用的资源。一般认为，米勒图斯（Miletus，古希腊城市）是最早用网格系统设计而成的城市，但其设计原则却可以在更早的小亚细亚和美索不达米亚看到，而且中国古代的城市也早以此方式来建造。

### 2.2.1 网格 | Grid

米勒图斯的爱奥尼亚式（Ionic）城市之所以有如此特殊的地位，实应归功于亚里士多德（Aristotle，公元前384年—公元前322年，古希腊哲学家）的影响。他在《政治》（*Politica*）一书中提到了米勒图斯的建筑师希波丹姆斯（Hippodamus，公元前498年—公元前408年），并奉此人为建造网格城市的始祖。亚里士多德认为，方网格将空间平均划分为方块（或视其为岛，island），没有等级高低之分，最适合民主概念的理想。此举让网格城市（grid city）充满意识形态的能量。

米勒图斯城在希腊与波斯之间的战乱中被毁灭。该城的新设计图于此时出现，这张重建的设计图也是以网格为基础。此一网格可以视为由等距离且垂直交叉的轴线所构成，它设定了空间构件的中线，而此中线正是主要的街道所在。在这种情况下，米勒图斯城的方网格可大可小，可以是长方形，也可以是正方形。市中心保留了一些街区（block），当作主要的公共建筑或是公共集会场所。这些方网格横跨在一片凹凸不平的地面上，从这一点可以很清楚地看到，希腊人将网格视为组织条理的基本原则，明显没有任何美学上的意图[5]。

### 2.2.2 和谐与比例 | Harmony and proportion

大约在公元前30年，罗马的建筑师马可·维特鲁威·波利奥（Marcus Vitruvius Pollio，公元前80年—公元前15年）写了一本书，可以说是第一本建筑学的手册。此书明白指出古代建筑在美学上的一些目标。建筑物不仅要结构坚固（firmness）、具有价值（commodity），还要能够令人赏心悦目（delight）。对于维特鲁威而言，建筑代表了秩序（order）、等级（hierarchy）、适宜（appropriateness）、简约（economy）和对称（symmetry），维特鲁威所提到的对称实指和谐（harmony），并非今日人们口中代表两边相等的“对称”[6]。

这些概念在希腊神殿的建筑中有许多具体的例证。帕台农神殿（Parthenon）无疑是希腊最有名的一座神殿（大约建于公元前449年）。它坐落在雅典卫城之上，俯视着雅典这座古老的城市。从正面看过去，这座神殿的组成形式相当基本：偌大的柱座（platform）上耸立着八根圆柱（columns），每一根圆柱的柱头（capital）上都有一根石材横梁，称作“柱上楣”（architrave）。这些构件全都在所谓的拱楣空间（tympanum）铸合，由这凹背顶部的三角形部分将它们组合成一体。

这些构件都一样重要，由一些固定的尺寸比例（如对称）将它们和谐地组织排序，形成一个包含着不同比例的系统。这个系统关系着每一个构件的尺寸和比例，也关系着整个组合的结构。希腊人认为这个比例系统就像一组“凝固的乐曲”（frozen music）；事实上，它所涵盖的这个绝对的比例系统乃源自音乐的和弦。相关的理论很多，但通常都与实际尺寸所提供的例证有所出入。文艺复兴时期意大利建筑师莱昂·巴蒂斯塔·阿尔伯蒂（Leon Battista Alberti，1404—1472）如此形容这个现象：“我们将和谐定义为声音的协调，也就是听起来很舒适的声音。声音有高低之分，越低沉的声音需要越长的琴弦来振鸣，较高亢的声音所需要的琴弦则较短。由于声音有高低之别，才会有不同的和弦方式；根据和弦音符之间的关系，古人进而将其分类，遂形成固定的音律……建筑师通过所有最简便的方法，将这些音律应用在建筑上。他们使用两组音律，实际运用于公共集会场所、广场和开放空间的设计。在这些场所的设计上，只需要考虑两组尺寸，即长边和宽边。建筑师有时也使用三组音律，使用范围包括公共休息室、议会厅或是大厅等。除了宽度和长度之间有所关联外，他们也让高度和谐地与两者衔接在一起。”[7]

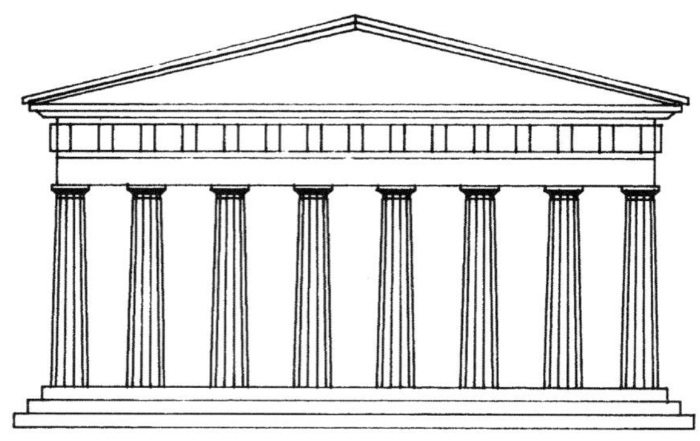

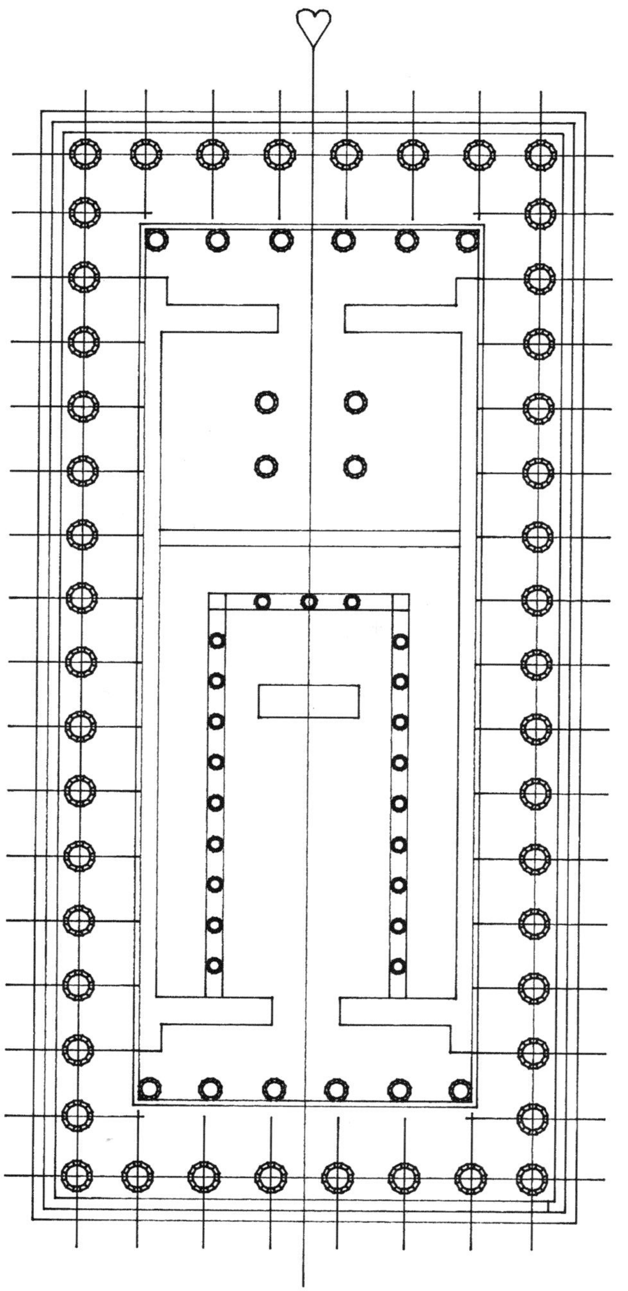

帕台农神殿的平面图，显示出柱距与轴线

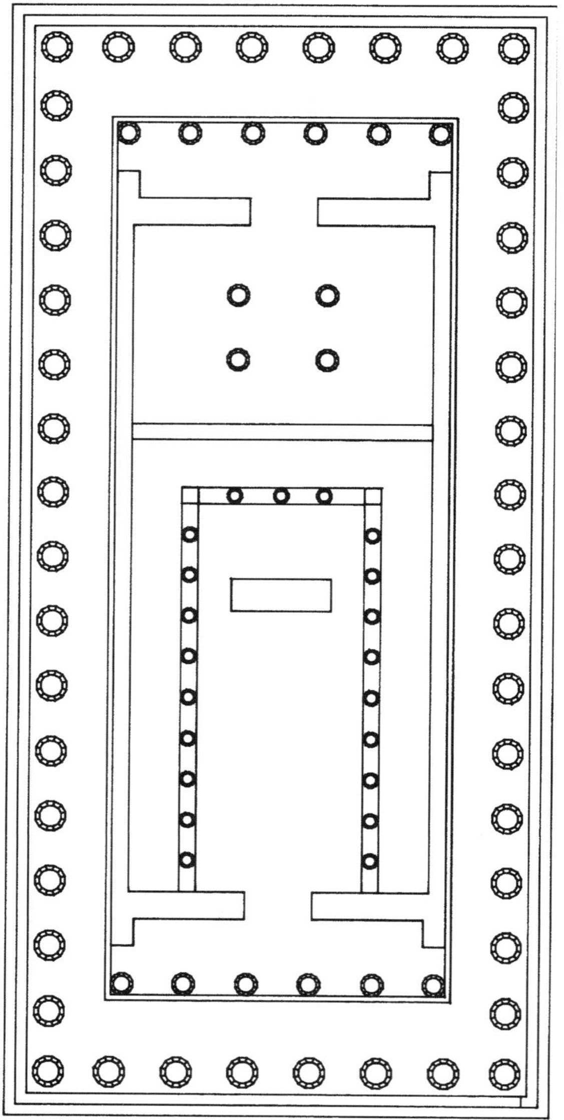

正面的立面图

平面图

### 2.2.3 建材系统｜ Material system

这些古代神殿的平面也一样有清楚的规划。柱子排列在矩形柱座的四周，只要走上三步的台阶，就可以从任何一面进入神殿。神殿的正中央是一个围墙环抱的空间，称为“内殿”（cella）。内殿分为两厅，它的正面和背面各有一排圆柱。

虽然神殿建筑有一定的造型，是一个建立在空间中的实体，设计者在描述时所运用的词汇却和组成神殿结构的基本构件有关。这些基本构件的配置全靠一个想象中的直线（lines）或轴线（axes）系统来规范。我们可以把这类轴线区分为两种：对称轴线（symmetry axis）和组件轴线（material axis）。对称轴线沿着神殿长边发展，规范神殿左右两侧，如镜子里外影像一样对称的结构。排序清楚的廊柱则由组件轴线来定位，系统地将穿过各圆柱中心的直线组织在一起。

在建材系统的统领之下，组件元素（圆柱、门楣、线脚）以及组织它们的工具（轴线、比例系统）出现了。

### 2.2.4 柱距｜ Bay

决定圆柱定位的轴线之间有一段距离，称为“柱距”。柱距的宽度取决于圆柱的厚度，还必须视其所使用的比例系统而定。对于希腊神殿的建筑而言，柱距单纯指一柱轴到另一柱轴的距离；对于罗马建筑及哥特式建筑而言，其地位则重要了许多。拱形圆屋顶的出现带来另一种不同的系统，让柱距得以规范建筑的组合结构。哥特式大教堂的圆柱则依附在构件轴线所构成的一个方格上。因此，柱距可以定义为两条构件轴线之间的区域。

### 2.2.5 文艺复兴｜ Renaissance

14 世纪时，意大利中部与北部的城市发展成强大的共和国。他们的财富建立在当时蓬勃发展的工商业上。商业发展一片欣欣向荣，为社会结构带来了深远的影响与改变。几个世纪以来垄断知识传播渠道的教会也于此时分崩离析。随着城市中学院相继兴起，以往修道院对宗教和哲学思想的影响力转移到学院的手中。教会在思想上的影响逐渐衰微，连宗教方面的影响也不再强势。

人本思想在整个世界观的中心开始占有极为重要的地位。整个欧洲慢慢从封建制度转变成新形态的社会，而这整个形势也反映在主要的建筑上。后来，教堂建筑不但主导了建筑设计的历史，同时也左右了城乡的住宅、花园以及城市精英知识分子们的都市计划。

城市庇护者（patron）的品位大多反映古罗马艺术的风格，或是许多当时已知为古希腊的风格。整个被人遗忘的文明得到重生，人们便以法文称其为“文艺复兴”（Renaissance）。

在追随古人的前提之下，几何学在文艺复兴的建筑上获得了相当重要的地位。基本的几何学系统和精确的比例系统，都被视为相当客观的工具，更是天赐典范与人类创作之间的媒介。四方形、方块、圆形、圆球等几何形状都被视为最基本的元素，存在于上天所赐予的典范中，所以当然必须应用在建筑的结构上。这些观念在毕达哥拉斯（Pythagoras，约公元前 580 年—公元前 500 年，古希腊数学家）与柏拉图（Plato，约公元前 427 年—公元前 347 年，古希腊哲学家）的著作、许多古人的作品以及《圣经》中都可以找到实例。中世纪时，人们再度将这些观念奉为圭臬，推行之程度较古人有过之而无不及，尤其是文艺复兴时代特别盛行[8]。

从那时候开始，人类视自身为衡量所有事物的标准，就像是上天所赐的典范，好比一个“模子”（cast）。人类从音乐中找到尺寸比例的基础，还发展出各式各样的几何工具，以便将人类的身体尺寸转变成对称的关系。弗朗西斯科·德·乔治·马提尼（Francesco di Giorgio Martini，1439—1502，意大利画家、建筑师）1492 年所作的一幅画便是一例，而且相当有名。画中的教堂便是以人体的比例设计而成的。

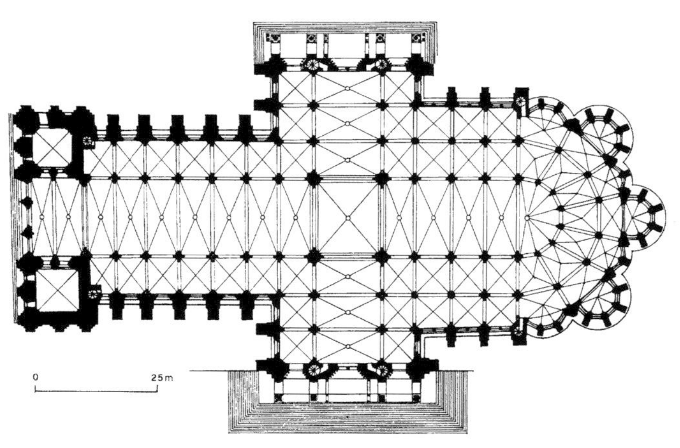


从下向上的等轴测图，奥古斯特・舒瓦齐（Auguste Choisy，1841—1909，法国建筑史家）绘制

沙特尔天主教堂（Chartres Cathedral）的平面图，1194—1220 年

### 2.2.6 等级排序 | Hierarchy

除了基本的几何形状之外，文艺复兴时代的建筑师还利用等级排序的概念，进一步控制空间与材料的安排与组合。在《理性时代的建筑》（*Architecture in the Age of Reason*）一书中，考夫曼研究了古典时期的建筑体系与文艺复兴（及巴洛克）建筑体系之间的不同，并做了以下的叙述："数量上的完美是文艺复兴时代的一种理想。我们可以了解理论家们对所谓'正确的尺度'非常重视；不过更重要的是，建筑的组合结构上有新的原则出现，这一点比古代建筑形式的复兴更具深远的意义。这个原则是，表现个别的构件时，不能只是着重形体大小在审美上是否给人满意的相对关系，也不只是突显数学上的相互关系，而必须强调各个构件之间要有等级高低的分别。这样的差异对古代人来说是非常奇怪的，尤其就单一建筑物看来，更是匪夷所思。中世纪时代之后，建筑的组合结构强调不同要素有不同的价值，它们的价值来自某一个等级排序的体制，而这个体制中的每一个组成部分都受到很严格的规范限制。"[9]

为了方便探讨文艺复兴时代建筑在组合排序方面的原则，我们的设计分析选了两栋别墅为主题。其一是圆厅别墅，讨论的重点是建筑内部的结构；第二个例子是菲耶索莱（Fiesole，佛罗伦萨郊外小城）的梅迪奇别墅（Villa Medici），讨论的内容主要是有关几何形体的组合排序以及花园的格局。

16 世纪中期，意大利北部出现了一种新型的乡间住宅。这些房子和大型的农场连接在一起，扮演度假别墅的角色，让城市的士绅有地方能抛开工作的压力和都市的交通（见第 3 章的埃莫别墅（Villa Emo））。文艺复兴时代的建筑师安德烈・帕拉迪奥对这方面的发展贡献较多。由于有他严格清楚的排序组合，1567 年开始动工的圆厅别墅才得以成为文艺复兴时代一个最具代表性的建筑典范。

在别墅的外形上，帕拉迪奥运用了对称的原则与恰当的比例。为了达到立面所需要的排序格局，他必须安排让某些要素主导这栋别墅建筑的结构组合。沿用希腊神殿建筑正面的柱廊，对此栋别墅特别重要，整栋建筑的四面都可看见。这四面柱廊分布在平衡对称的轴线上，自成一组独立的构成要素。

至于别墅的内部，建材多扮演与空间格局相抗衡的角色。不同的空间范围划定后，这些构件只是用来填满范围之外的部分，只有在这里才能看见建筑物的构件。尽管如此，内部建材的表面有很多装饰，不但划定了空间的形式，也包含了许多意象和意义。后来灰泥的墙壁上多了许多宏伟的壁画，更为整个别墅的内部添加了另一个层面的美。

### 2.2.7 空间系统 | Space system

本章开头的导论中，拉斯姆森将圆厅别墅形容成一个方块，并且以此为基础来描述柱廊部分。拉斯姆森穿过一道柱廊，走进别墅里面。描述别墅的外部时，他将整个建筑结构分解成个别的物体；描述内部时，他则强调了不同空间的差异，更提到了桶形屋顶的大厅和中央的圆顶内室。从这一点我们可以得到结论：这栋别墅和帕台农神殿明显不同，它的结构组合同时以空间和建材为基础。由于建材的排序组合与空间的排序组合都有其特定的一套规则，设计师特别将这两套控制结构组合的系统分开，这两套系统可称为"建材系统"（material system）与"空间系统"（space system）。

拉斯姆森在叙述中提到，帕拉迪奥建筑中的房间一次只能看一间。你就待在这一间，要不然就到另一间去；每一间都是完全不同的独立空间。为了将这些个别的房间整合在一起，帕拉迪奥特别采用有一个中心消失点的透视法，这个透视法是文艺复兴时代一项很重要的发现。圆厅别墅将房间串联在一起，沿着一条想象的轴线发展，这条轴线称为"空间轴"（space axis）。如此的连续空间组合在一起，我们特别用法文中的"纵射"（enfilade）来表达。基本上，空间轴线和与其相对应的建材轴线一样，会将其基本要素（即空间）切成两等份。两条这样的轴线将别墅的基本设计组织起来，进而与周围的环境连接在一起。如此一来，帕拉迪奥将透视点固定在门口通往外围环境的地方。

圆形大厅周围一系列的房间沿着第二套轴线系统来安排。在原来的设计中，这些轴线直接穿过这些房间的中心。然而在实际工程中，这些轴线却偏离了中心，将房间的中段部分留给活动的路线来发展。

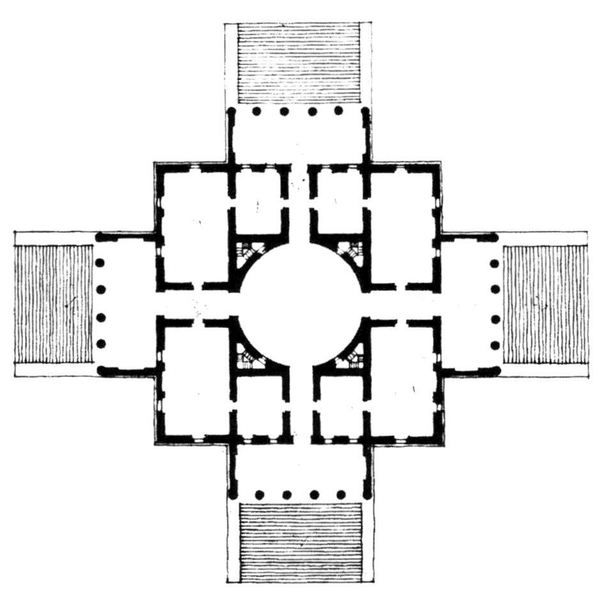

帕拉迪奥的圆厅别墅，平面图

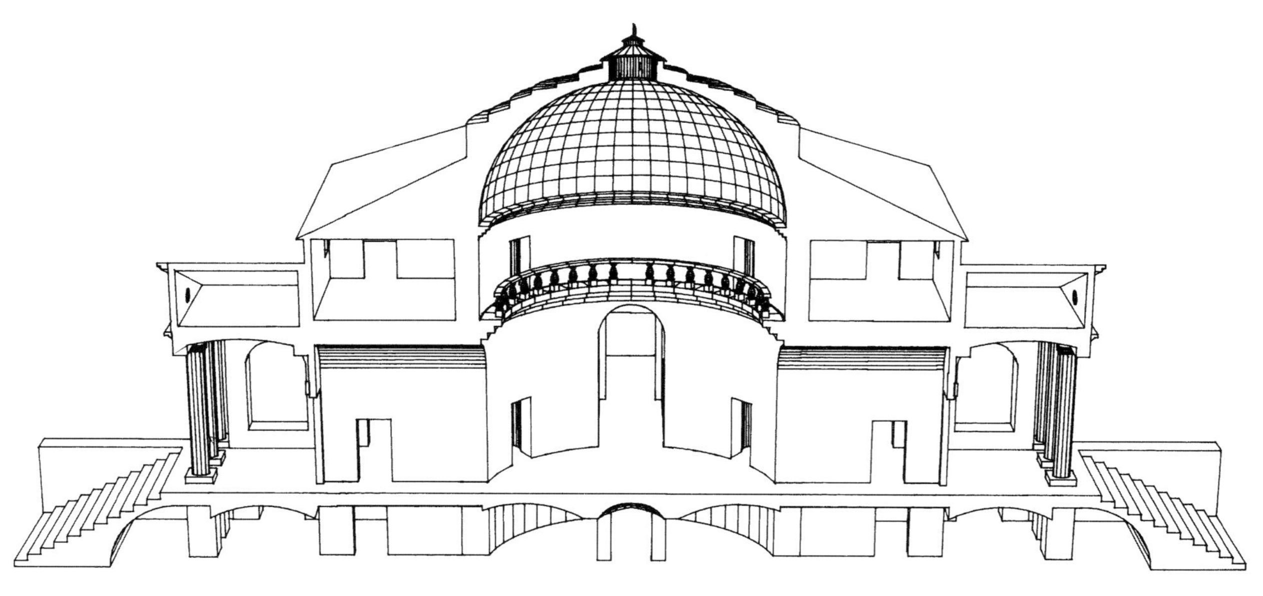

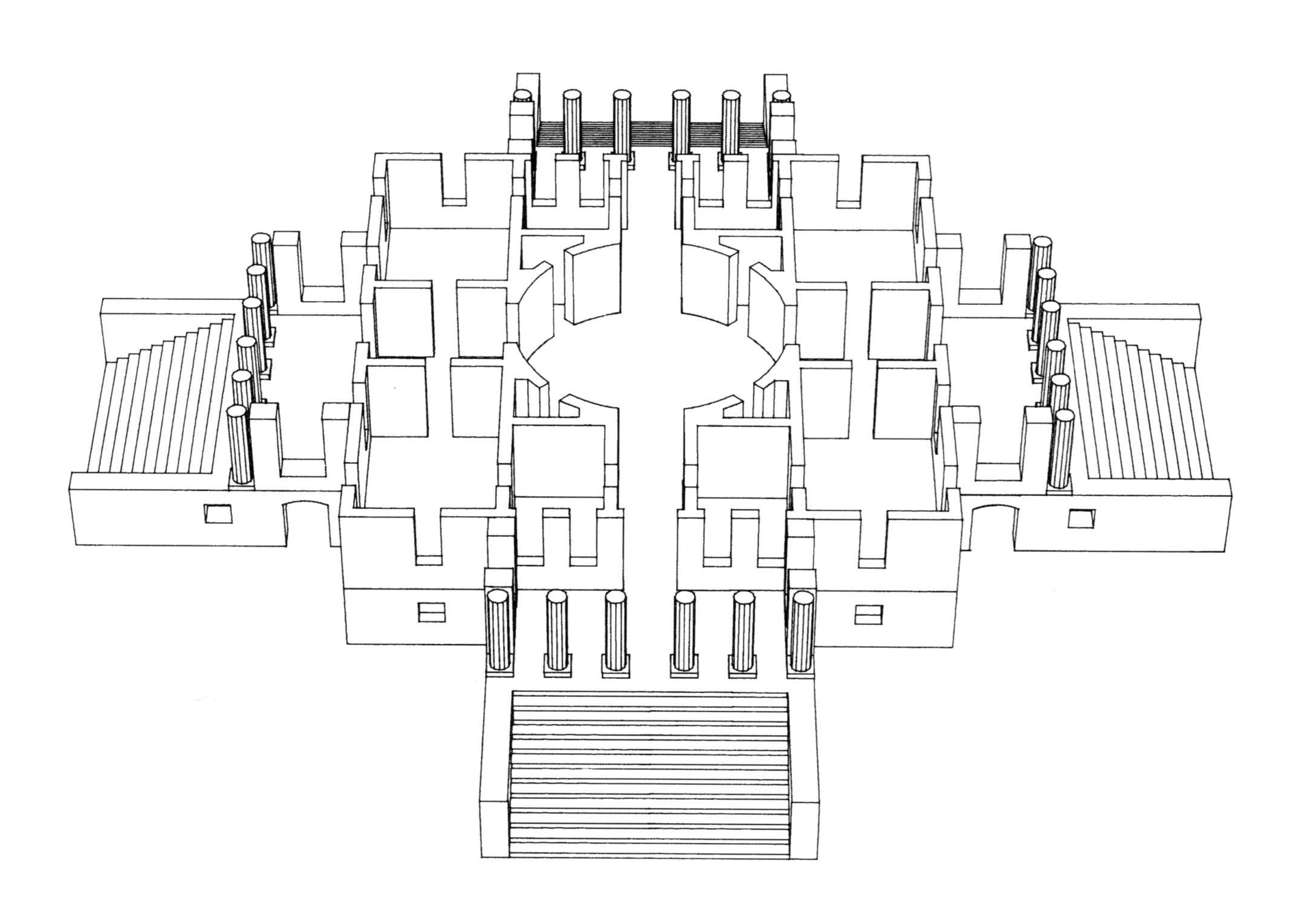

帕拉迪奥的圆厅别墅，1566—1567年，剖面图与立面图

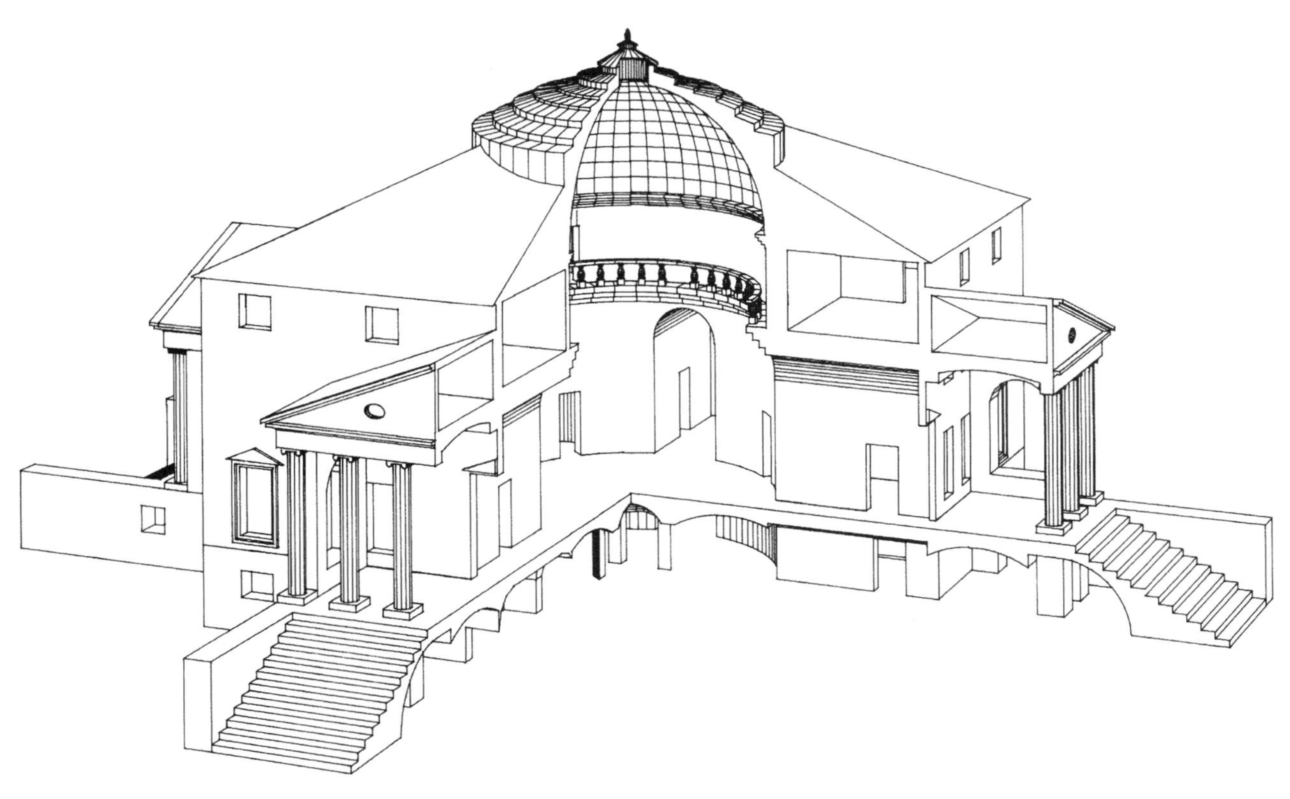

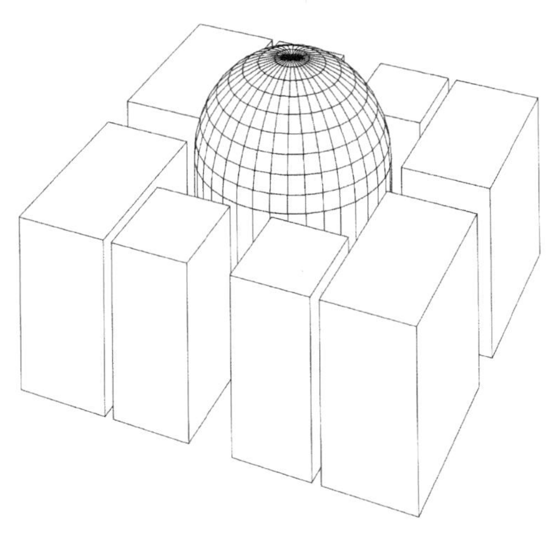

圆厅别墅平面简图，显示其空间结构

圆厅别墅的切面透视图

圆厅别墅的纵射透视图

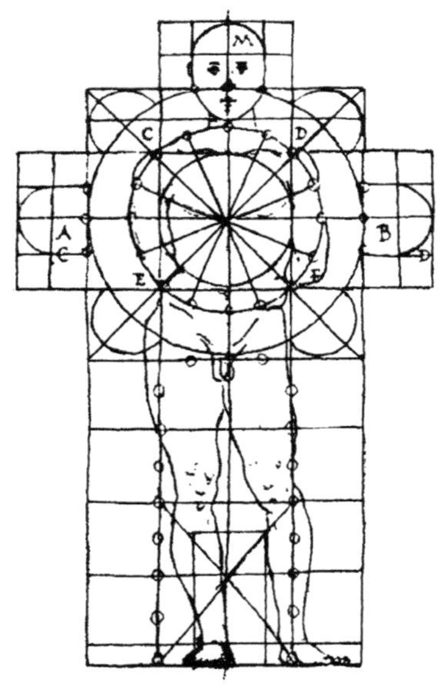


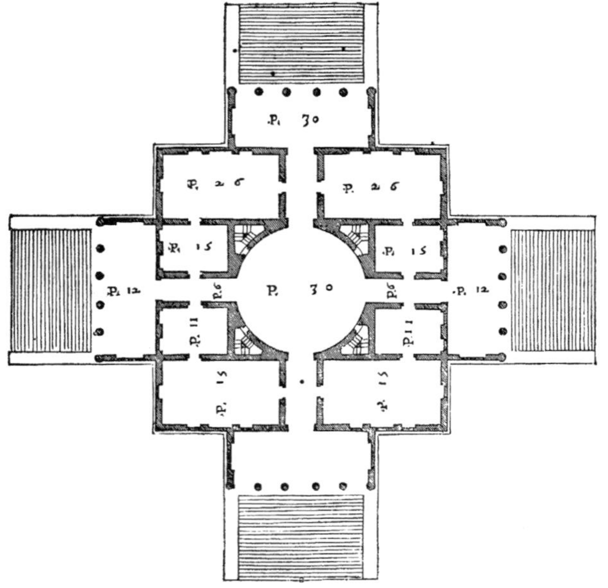


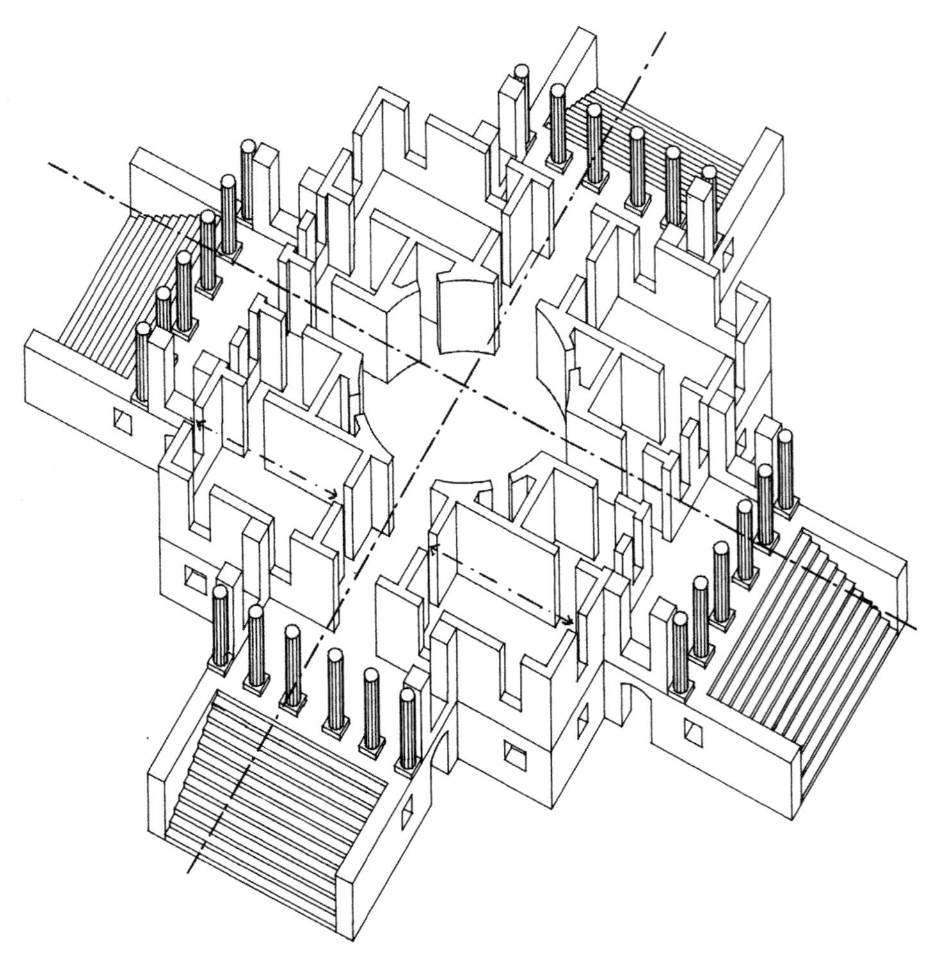

弗朗西斯科·德·乔治·马提尼根据人体比例设计而成的教堂平面图

帕拉迪奥的圆厅别墅，1566—1567年，显示轴线的等轴测图剖面

圆厅别墅的比例平面图，取自《建筑四书》

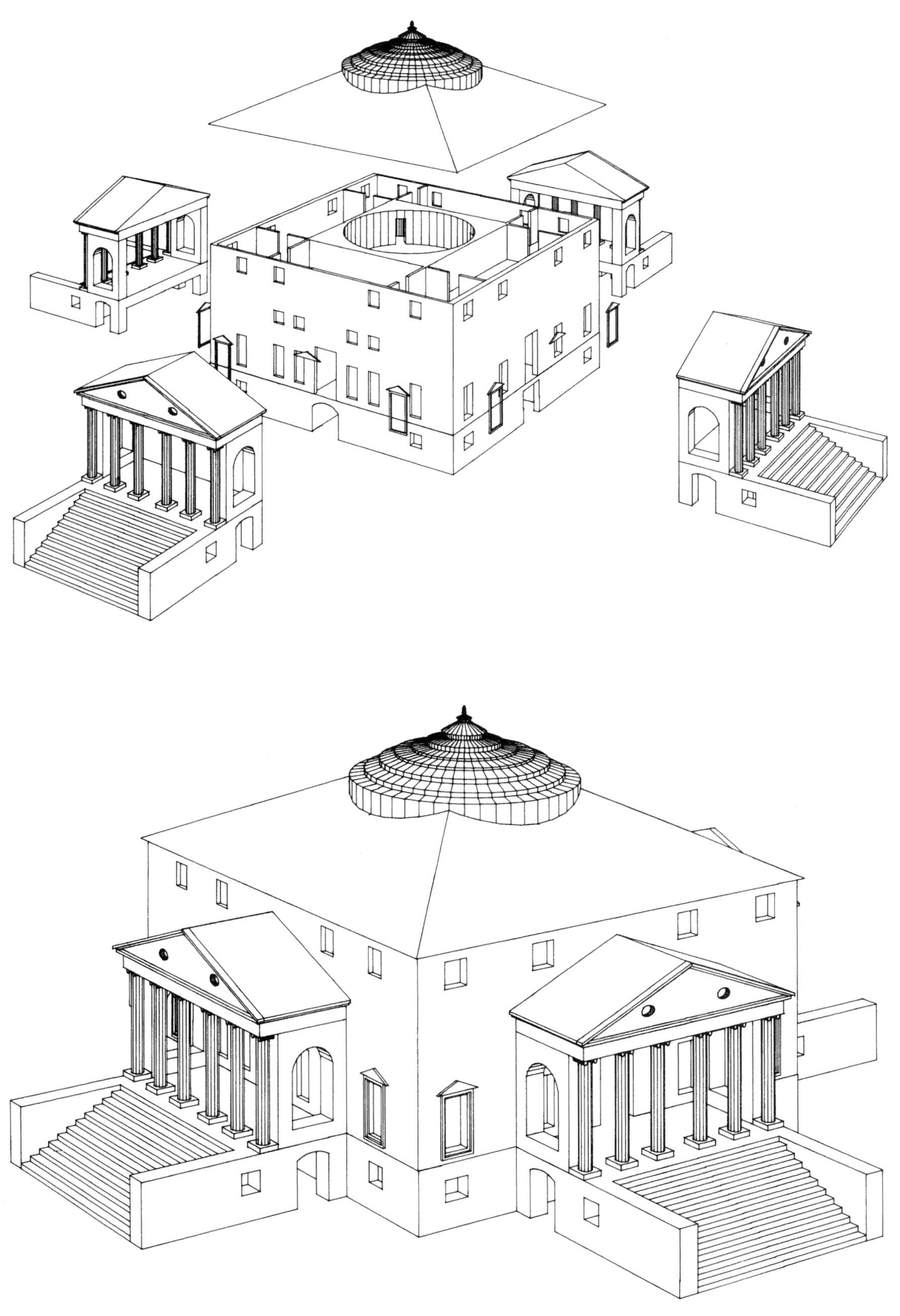

圆厅别墅的分解图，简化至只有关键构件

### 2.2.8 几何形体 | Geometry

基本的几何形体可以再细分为较小、次等的形状。若用这些形状来架构一个建筑设计，结果就会出现一个有等级差别、有组织核心的结构。这个建筑结构建立在几何系统上，表现出几何形体的组织，即由欧几里得的几何学来规范空间与材料系统，进而掌握整个建筑结构的几何排列。文艺复兴时代赋予几何学极高的地位与价值，几何学在当时扮演一个相当重要的角色。

在帕拉迪奥的别墅中，由于有这种空间材料或空间系统的安排，大的方块才得以分解成许多基本的几何空间。两条对称轴则更强化了这个有组织核心的结构。

帕拉迪奥在他的论述《建筑四书》（*The Four Books of Architecture*）中阐释了他的比例系统，特别强调简易比例（1 ：2，1 ：3，1 ：4 等）的重要性[10]。在《建筑四书》中，帕拉迪奥举了许多楼面设计的实例，设计中的比例转化成真正度量用的二十进制尺（Vicentian feet），并且用代表尺（piedi）的 P 来作标记。

### 2.2.9 文艺复兴时代花园的几何排列 | The geometry of the renaissance garden

早在文艺复兴时代，富有的城市居民在郊外都会有一栋住宅，这在当时已蔚然成风。以佛罗伦萨为例，有钱有势的银行家梅迪奇家族在城郊就拥有许多不同样式的别墅。坐落在菲耶索莱斜坡地上的梅迪奇别墅（1458—1462 年）便是一例。这栋别墅兴建的时间很早，比圆厅别墅还要早一百年以上。紧临别墅的花园依偎在斜坡上，分为两大块梯田状的区域。讨论帕拉迪奥的圆厅别墅时，我们将焦点集中在组成结构的内部组织上；探讨梅迪奇别墅这片妥善保存的花园时则不然，我们的注意力转移到文艺复兴时代花园组织排列的原则上。简而言之，这类的花园有一个建立在网格系统上的几何形状的布局，其空间组织来自整体景观的考量。花园的几何排列衍生自别墅建筑本身，但也有相同的考量，目的在于组织花园与整体的景观。

### 2.2.10 意象系统 | Pictorial system

对一个花园设计做景观分析时，我们通常会将其区分为两个系统，即意象系统（pictorial system）与空间系统（space system）[11]。空间系统涉及组成花园的空间、花圃和园区等主要格局的安排，所以和前面两章所提到的相关词汇没有冲突。意象系统则不然，它包括左右建筑形象的构件，也关系到这些构件如何在整个设计中组织安排的事宜。就梅迪奇别墅而言，这些构件特别指空间系统里那些独立的构件，如喷水池、湖泊、树丛和阶梯，但常常也指一些“神话般的”构件，如洞穴和小庙等。

在意象系统的概念与材料系统的概念之间，我们可以作一番比较。两者所关注的因素都是实物。分析一栋建筑时的重点是材料，我们视其为结构上的构件；分析景观建筑时所注意的也是材料，但我们却倾向于视其为兼顾形象与意义的构件（因此才称之为“意象系统”）。

同样地，花园设计也是由一个结构上的几何系统所支配，花园格局的规划取决于这个直线与轴线构成的系统。文艺复兴是一个实验几何系统如何发挥功用的时代，因为几何系统中的精准尺度与比例关系正好反映出上天所赐的典范。在尺寸比例观念的伴随之下，整个几何系统加于既有的景观之上。这正是城市居民立足于周边环境之中的方式。

如果仔细分析菲耶索莱的花园，我们便可以发现，整个尺度系统可以化简成一个 4.9 米见方的基本单位[12]。这个 4 个模度 ×4 个模度的正方形可以视为花园进一步设计的基本单位。此一正方形得自别墅建筑的几何系统，这里却是足以决定花园上、下区块的住宅几何系统。

花园的两个区块位于梯田般的层层排列上，主要为了配合佛罗伦萨与亚诺河（Arno）河谷的整体景观。在这个设计里，意象系统中的构件扮演次要的角色，而其位置的重要性逐次渐进，最后足以强化以整体景观为导向的结构布局。因此，意象系统中的主要构件包括喷水池、阶梯、点缀用的湖泊等，都分布在一条对称的轴线上，而这条轴线正好跨越两个花园区块，往亚诺河的方向延伸而去。

另一个重要的构件是与挡土墙平行发展的蔓藤小径。走在这条小径上，只要往一旁望去，就可以看见亚诺河与佛罗伦萨绵延不断的风光景致。这条蔓藤小径提供了一个前景，将眼前的风景尽收其中，强化了整个景观的景深效果。由于文艺复兴时代的花园在格局设计上非常依赖几何学，于是有所谓的“合于数理的配置”（rational staging）。

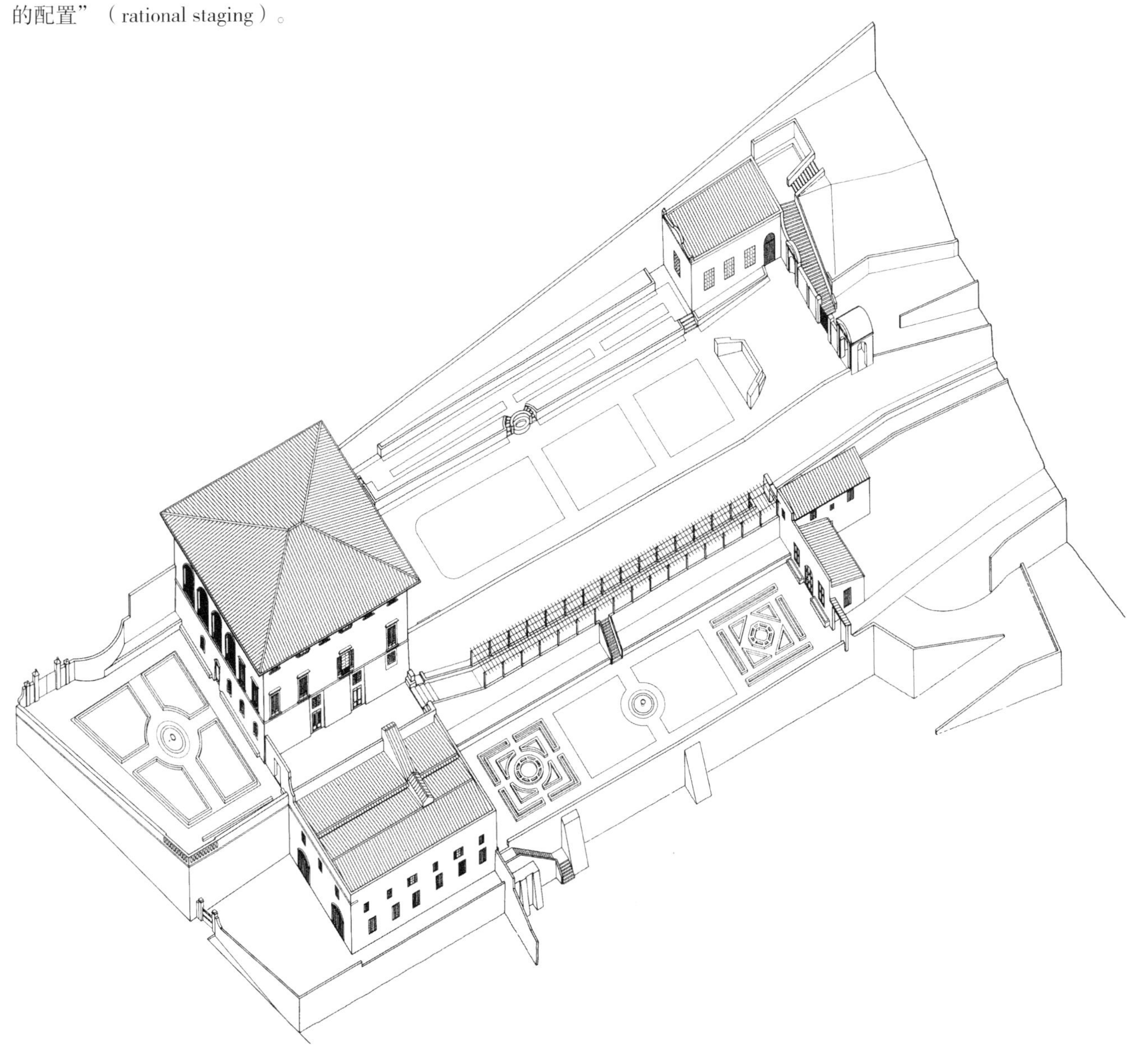

梅迪奇别墅的等轴测图

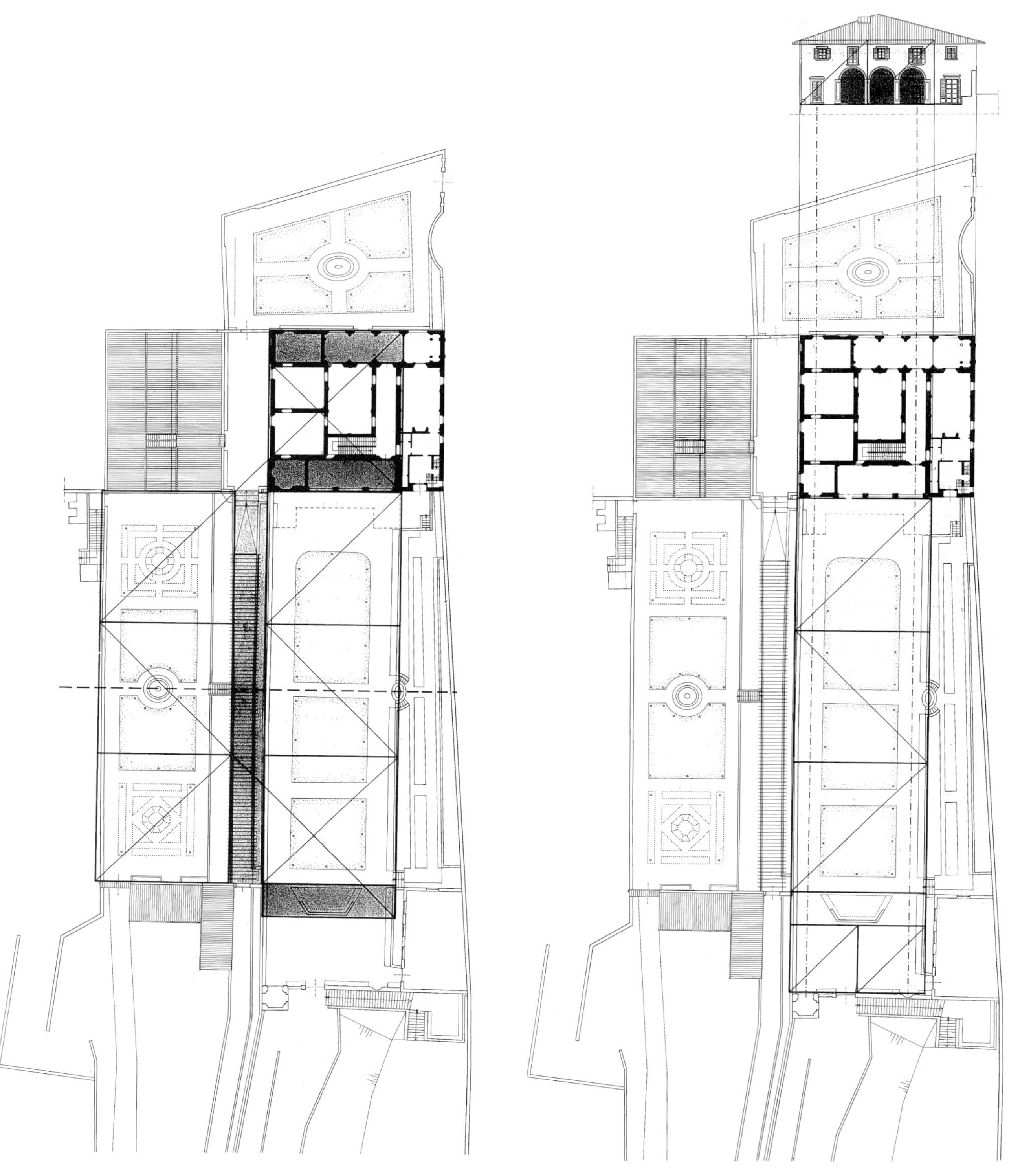

菲耶索莱的梅迪奇别墅的几何结构图，1458—1462 年

显示房屋与花园几何结构的平面图

## 2.3 改变与控制古典体系 | Transforming and manipulating the classical system

1633年，意大利建筑师弗朗西斯科·博洛米尼（Francesco Borromini，1599—1667）设计了罗马的圣卡罗四泉源教堂（S.Carlo alle Quattro Fontane，1633—1667年）。这座教堂位于一个十字路口，路口每个转角都有一座喷水池。圣卡罗四泉源教堂通常都被人们视为罗马巴洛克式建筑的一个代表作[13]。巴洛克风格的建筑使用与文艺复兴建筑一样的材料，甚至连设计工具都是同一套。考夫曼认为，基本上，巴洛克和文艺复兴的建筑体系是一样的。不过，巴洛克建筑所表现的却是完全不同的东西[14]。

巴洛克建筑有一个最基本的追求，就像是一种表达的欲望，通过形状、空间和光线的交互运作，带给人深刻的印象。其方法是制造出界线模糊的空间，这一点与文艺复兴的建筑大异其趣。

只要研究一下博洛米尼的圣卡罗四泉源教堂，我们立刻就会发现，文艺复兴时期鲜明的几何体系在这里已被一个更为复杂的体系所取代。在这个体系里，凹面墙和凸面墙此起彼落，甚至连教堂的正面也是如此。

### 2.3.1 几何学的转变 | Transformation of geometry

柱子的定位如何，并不影响轴线和柱距所架构出来的清楚结构。事实上，柱子、建筑正面和内部的波动完全结合在一起。博洛米尼将柱子与柱座之类的细节或构件归属为空间中的一大运动，某些人将此诠释为“动能”（dynamics）。要了解巴洛克建筑，形体转变是一个很重要的概念：整个体系、组合的构件、几何形状和细节等都是形体转变下的产物。

法国建筑理论家让·卡斯提斯指出，圣卡罗四泉源教堂的主体造型可以想象成一个希腊十字架，上面压着一个矩形。这使得整个建筑变为椭圆形[15]。椭圆形的屋顶也可以看成类似的变形所致。从几何学的角度来看，这种变形是整个几何系统沿着一条单独的轴线延伸所造成的。为了在三角穹隆（pendentives）上让平面和圆顶接合，墙壁必须是弯曲的，细部也都必须歪曲变形，所有的构件都要粘在一起，形成一个没有停顿的运动。希腊十字架的直角被去除，取而代之的是两支用途相同的圆柱。正如卡斯提斯所言：“博洛米尼再一次运用了重叠空间的方法，其主要特色就是所有空间安排的构件都溢出了空间范围的边界。由于空间组合的单位不再明确，所有的关联都有可能产生。”[16]

因为空间上的分野极为模糊，所以巴洛克建筑可以用许多不同的方法来解读。

### 2.3.2 远景效果的处理 | Manipulation of perspective

17世纪的法国处于专制政治体制之下，人们常称为“法国巴洛克”（French Baroque）的建筑风格在当时颇有发展。为了和16世纪的巴洛克建筑有所区别，本书中将称之为“法国古典主义”（French Classicism）。凡尔赛的宫殿、花园、小镇是此建筑风格最完整一致的实例，几何学的应用与远景效果的处理相当多。

1661年，法国国王路易十四决定，将他父亲原本用来打猎休息的小屋扩建成一个前所未见的复合建筑（complex）。他委托最有名的景观建筑师安德鲁·勒·拉诺特（André Le Nôtre，1613—1700，法国园林设计师）重新设计花园。至于皇宫的扩建工程，则由建筑师路易斯·勒·沃（Louis Le Vau，1612—1670，法国建筑师）与朱尔斯·哈杜安·蒙沙特（Jules Hardouin Mansart，1646—1708，法国建筑师）两人负责。为了让整个复合建筑更臻完美，他们在皇宫的前面建造了一座宫廷柱头（court capital）。设计与施建凡尔赛宫的过程历时50年以上。

不管是皇宫、花园和小镇，都以一种无与伦比的风格显示了“太阳王”（Sun King，路易十四的称号）至高无上的权力。为了达到如此的效果，文艺复兴时代所发展出来的远景空间组合系统，遂转变成一种处理视觉感官的工具。

在花园景观的设计要素中，拉长的视觉轴线是用来实现这个项目的最重要因素之一。这是一个开放的条状景观，沿着它看过去，人们的视野可以从皇宫的

圣卡罗四泉源教堂的正立面

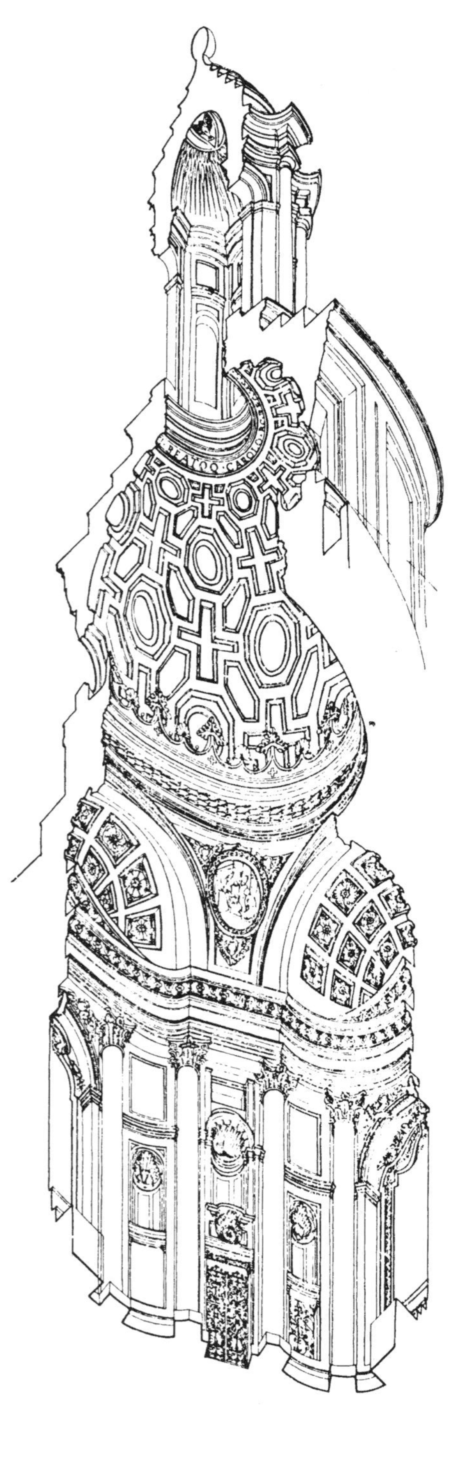

圣卡罗四泉源教堂的剖面图，
角落处有双圆柱

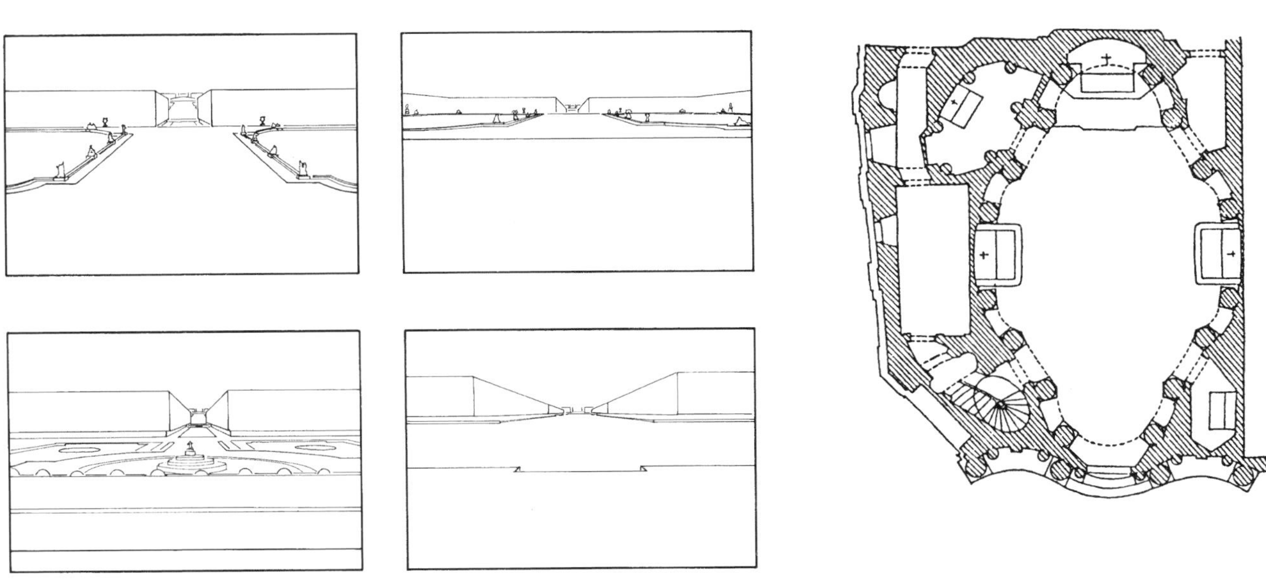

凡尔赛宫主轴的远景图

希腊十字架的变形

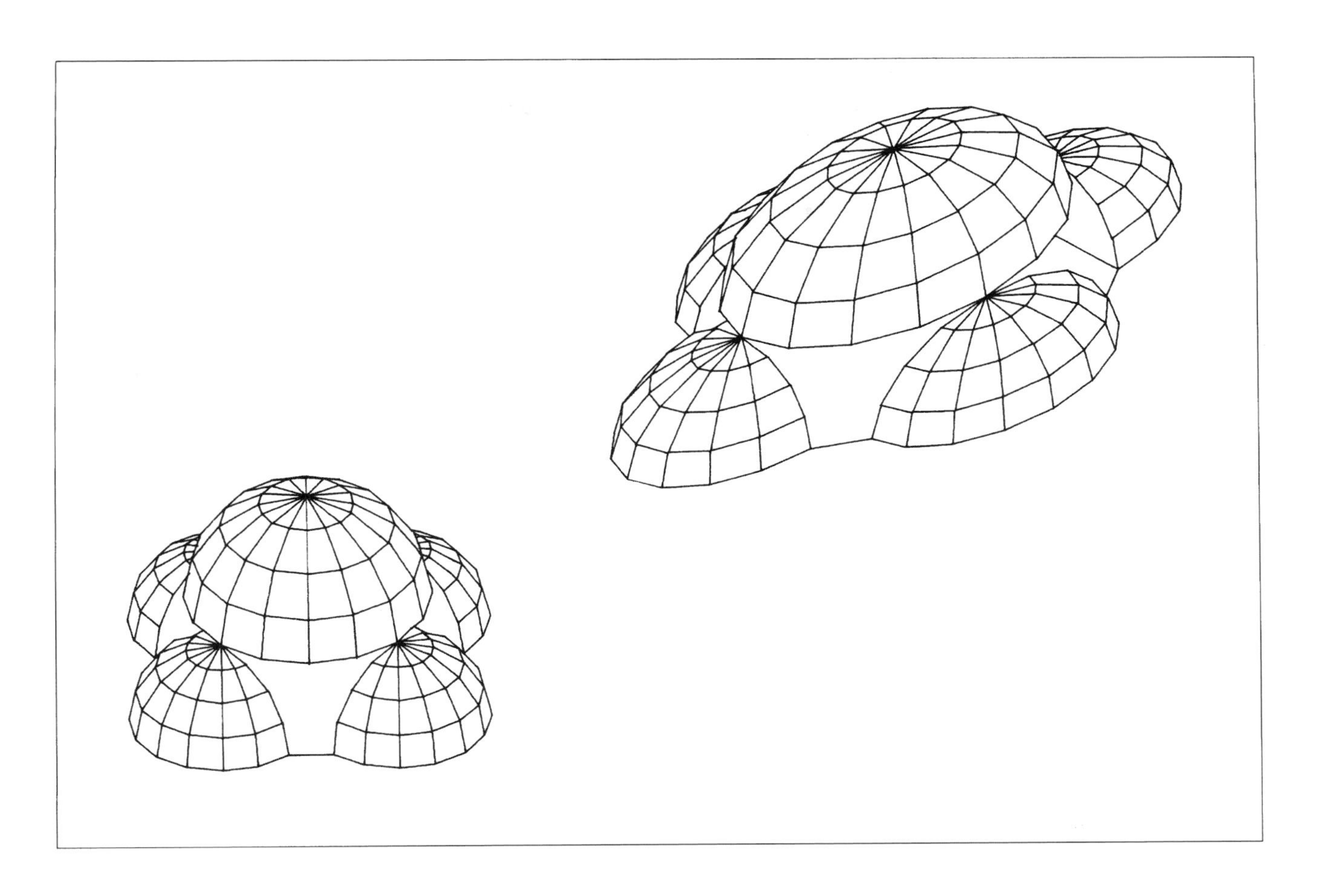

博洛米尼的圣卡罗四泉源教堂，1633 年

大厅往外延伸，越过后方的阳台、一大片草坪的花园和大运河( Grand Canal ),一直向地平线那头延伸过去。

帕拉迪奥运用视觉轴线，将他的圆厅别墅和周边的原野连接在一起；拉诺特则用大轴线当工具，让太阳王的宫殿能统治世界。从另外一种角度来看，拉诺特正是用这种方式让整座皇宫立于世界的中心。

第一期的花园建筑在设计规划时，大多沿袭文艺复兴时期遗留下来的既有格局。这部分是由原来花园的方网格延伸而来的。第二期的工程则是挖掘大运河，这一片凹地位于皇宫后的主要轴线上，长度可观。为了加强轴线所造成的远景效果，拉诺特特别加强控制远景方面的工程。他一方面修改整个景观的宽度，由正面的 50 米宽，向后方扩建为 150 米宽，制造出远近比例缩小的效果。另一方面，他在远景中加上一个小山丘，让景观的末端与远处的小山丘相连，远景的效果更进一步得到加强。

在第二期的公园设计规划中，景观左右了整个花园建筑的格局。矩形的格子不再是主体，取而代之的是构成一个星形的大型街道，这些街道穿过树木繁茂的地带。拉诺特利用景观的设计，将公园里各种不同的构件结合在一起，包括大运河的起点与更北面的大型建筑物。用来组织这个法国式花园的方法，绝大部分以诉诸视觉感官所见的形体为依归，这通常称为“形式配置”（ formal staging ）。

虽然拉诺特刻意与博洛米尼有所不同，但是他努力的目标还是在控制视觉感官，让观赏者留下深刻的印象。博洛米尼利用几何形体的变形达到此一目的，拉诺特所凭借的则是远景效果的处理。

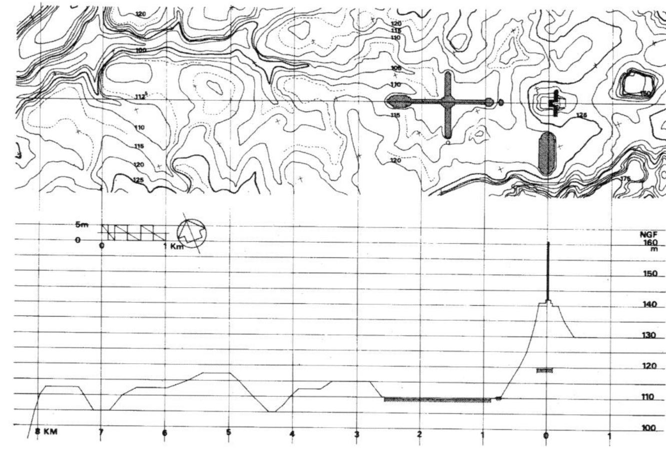


凡尔赛宫，地图显示出穿过大运河的轮廓线与剖面。剖面的垂直尺寸特别夸张

### 2.3.3 方网格在形式上的效果 | The formal effect of th grid

凡尔赛宫前是一片偌大的广场，它连接了皇宫和小镇，也是皇宫附近汇集的三条大道的中心点。主要的中央大道有 100 米宽，沿着大轴线向皇宫后方延伸而去，另外两条大道各朝东北和东南方向背道而驰。三条大道聚在一起，形成所谓的“鹅掌形式”（goose-foot）。这是在处理远景效果上常用的另一种手法。从广场望过去，可以看到那两条向外伸展的街道互成直角，给人一种由广角镜头向外看的效果。

这几条大道和小镇之间的关系是，小镇里可以从各种不同的角度看到皇宫，让人感受到皇宫的力量笼罩着整个小镇。基本轴线融入皇宫，化成皇宫前一系列较小的空地，更有助于加强轴线本身的远景效果。

就像希腊人在米勒图斯所作的一样，这座小镇本身也是建筑在网格系统上。两者有所差别，前者的网格系统原为中性，甚至没有功能可言；后者却在网格的形式上有所修改。拉诺特在花园里创造出许多“绿室”（green rooms），他所遵循的新原则也进一步运用在小镇的设计上。如此一来，被“挖空”的不是大片的绿地，而是大量的城镇建筑，目的是创造出更多的街道与广场。上述三条大道的作用是营造出景观，在整个城镇的结构组合上占有举足轻重的地位。除此之外，广场正好坐落在网格系统的几个交叉点之上。在城市的组织构造上放置这些空间时，决定性的因素在于建筑的对称与景观的导向等形式上的考量。大道与广场等形式上的空间系统置于中性的网格系统上，为小镇本身带来了一套有等级差别的秩序。在这种秩序下产生了一些特别的地方，为重要的建筑物提供了所需的空间。

这种网格系统在形式上的运作过程形成一种概念，持续了很多年，人们称作“古典城市”（classical city）或“巴洛克”城市（Baroque city），并且对许多城市的设计影响很大，一直延续到 19 世纪末，例如 18—19 世纪的巴黎、19 世纪的柏林和华盛顿。

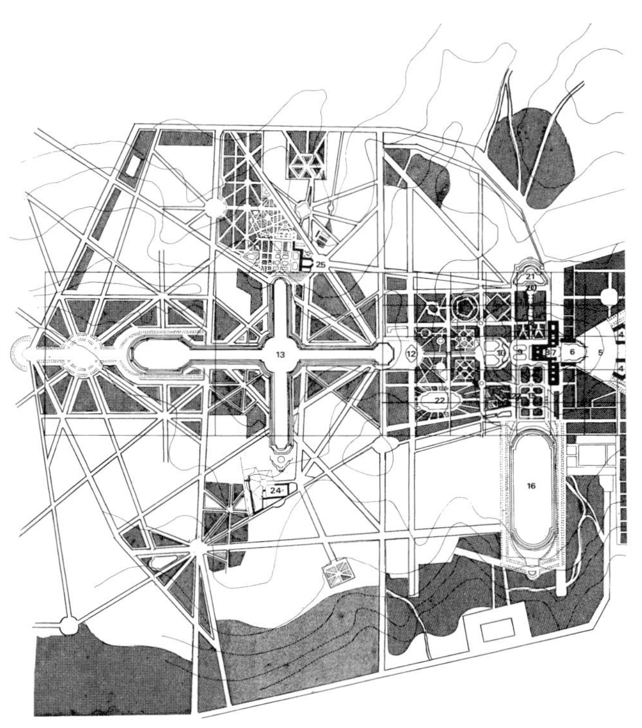

凡尔赛宫花园的俯视图

## 2.4 图画式与叙事式 | The picturesque and the narrative

当古典建筑体系普遍为人们所接受并以无数不同的版本征服欧洲时，18 世纪的英国则有另一种不同的发展，对后来建筑结构的设计有相当重要的影响（但常常被低估）。当时的人们越来越关心自然，在如今的人们看来，那其实是一种自发自主现象，有其本身的价值。当时让－雅克・卢梭（Jean-Jacques Rousseau，1712—1778，法国启蒙思想家、哲学家）极力主张要肯定自然的价值，而英国这种发展也为景观建筑形成了一种以自然为师的潮流。由于主导文艺复兴建筑与法国花园的是几何组合的原则，与自然一点关系也没有，设计师只好另外寻求解决之道。答案并不在建筑学界之中，而是来自业余爱好设计的一些人士。1740 年左右的一些英国公园对此有相当大的影响，然而最值得一提的是，设计者不是这些公园的拥有人，就是没有受过真正建筑训练的业余爱好者。

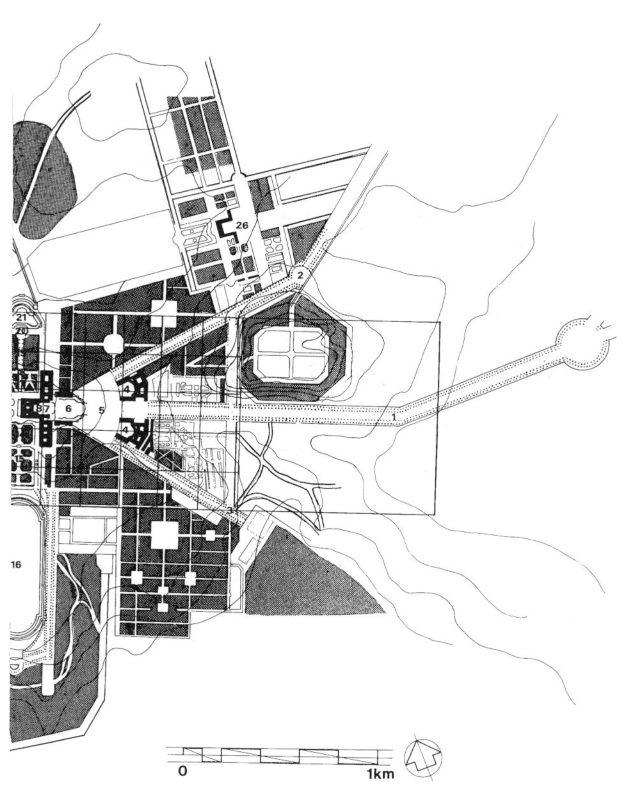


凡尔赛的城市平面图

在这些公园中，至今保护得最好的斯托海德公园（Stourhead，位于英格兰威尔特郡的一座庄园），它是由银行家亨利・霍尔（Henry Hoare，1705—1785）1741 年设计的。霍尔用三种方法来完成他的“自然”造型。他为既有的自然景观增添戏剧效果，从图画中寻找方法来组织场景，并且利用了自由形式的技巧。

霍尔为了避免用几何形状建造公园的主体外形，利用土地自然的轮廓来塑造公园的形状。他没有将基本的几何图形投射在自然的风景中，而是将当地自然风景戏剧化。他的手法是从风景中挑出既有的构件。我们将在第 6 章进一步探讨如何将自然戏剧化的过程。

### 2.4.1 图画式的景观 | The picturesque scene

为了确定公园建筑结构上最重要部分，霍尔转而求助于绘画。他的灵感来自 17 世纪风景画家们的画作，所以他将公园建造成一系列的景观，其中有一个景观更将法国风景画家克劳德・劳伦（Claude Lorraine，1602—1682）的画作活生生地展现出来。霍尔所采用的画作是劳伦的《阿尼亚斯与提洛岛海边的风景》（*Coast View of Delos with Aeneas*）。

霍尔会选择克劳德的作品并非偶然，因为他的绘画明明白白反映出一种结构组合的技巧，足以提供公园设计师所需的工具。专门研究克劳德的艺术史学家马索・罗斯里斯伯格（Marcel Röthlisberger，1929—）对其基本风格作了以下的概述：克劳德画中的前景与背景有很明显的区别。这两个景之间会有一段狭小的空间，放置一些大型的物体。在前景的对角线之间，他安排了一些较大的但细部很少的重点物体；一旁或两侧特别强调的事物则让整个组合定形。克劳德常常在画面的一侧运用色调与颜色的渐进转变，从前景事物偌大的轮廓逐渐变成背景中很小的形体。另一方面，前景和背景中物体之间的差异极大，不论颜色或比例都对比强烈。克劳德还有另一种基本风格，那就是他善于将外形简单、体积不大的物体融合在一起[17]。

从那时候开始，这种画家手法的组合技巧逐渐影响建筑与都市设计，可说是一种“图画式的配置”（picturesque staging）。对于英国花园建筑的设计，这些原则转变成前文中所述的配置手法，按照层次不同的差异，将景或物（如神殿）放置在公园景观中。建筑基地原有的自然风景正好为这些景物提供了背景。

单纯只是应用这些“图画式”的组合手法，对霍尔来说是不够的。因为这个方法预设每一个构件都有基本特质，设计师只有遵循，才能让景观发展。为了解决这个问题，霍尔只好转而利用文学中的题材。

### 2.4.2 叙事式 | The narrative

霍尔安排让公园里的景观沿着一条路线来发展，这条道路绕着湖边，描绘出维吉尔（Publius Vergilius Maro，公元前 70—公元前 19 年，古罗马诗人）的神话《埃涅阿斯纪》（*Aeneid*）中主人公埃涅阿斯（Aeneas）的流浪之路。周围的小山丘则有助于景观的设定。如此一来，公园可视为一个舞台或布景，游客则变成了观众。这条道路带领着他们绕过各式各样的建筑和景观，以视觉效果展现文学作品中的场景。

这条道路承载了整个故事，好比电影底片两旁穿洞的赛璐珞，可以变化成无数的形状。只有排序才是重要的。对于故事本身而言，形式的影响不大，就像是一卷底片，卷起来放好或是在地板上摊开成一圈一圈，都无关紧要。最重要的还是每一个场景的形式和组合方式，还有时间上的顺序安排。这些景观的环节有如在绘画中展现，道出了整个故事。

这个组合方式的难处在于每一个构件都会对整体的排序产生影响。事实上，每一个场景的主题都可以引出下一个主题。这一点揭示，想要做出这种看来很自由的设计，必须花费很多时间和力气，设计每一景时都要为下一景着想。

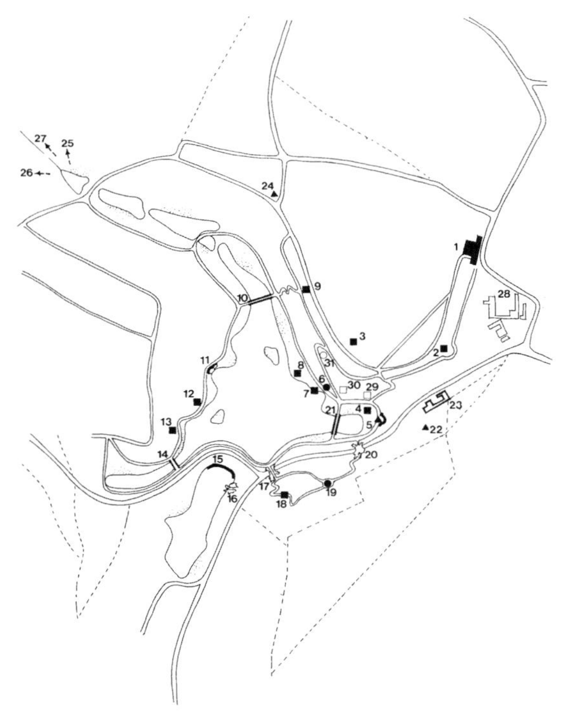

斯托海德公园的平面图

斯托海德公园

克劳德画作《阿尼亚斯与提洛岛海边的风景》，1672 年。
斯托海德公园的设计便是以此为蓝图

## 2.5 由配置到组合 | From distribution to composition

18、19 世纪的欧洲有几所著名的建筑学校，巴黎高等美术学院（Ecole des Beaux-Arts）便是其中之一。这所学院的前身是皇家建筑学院（Académie Royale d'Architecture），原为 1671 年路易十四在位期间所建造。该学院的目标是要宣扬一种“永恒的”建筑学。为了实现此目标，校长雅克－弗朗索瓦·布罗代尔（Jacques-Francois Blondell，1617—1686）回过头来研究维特鲁威的理念。历经皇家建筑学院与后来巴黎高等美术学院这两个时期对维特鲁威的理念进行了许多的修改，以求适应建筑设计本身复杂的特性，也反映出设计师们展现自我风格的需求。在这样的情况下，支持修改基本理念的力量，实来自人们在建筑学中追求一份永恒真理的热望。这些古典建筑体系中的转变让巴黎高等美术学院成为一个值得探讨研究的主题，尤其因为该学院存在于一个非常特别的时期，当时各式各样的设计风格都相当有技巧地混合交织在一起。

随着 18 世纪的时代演变，古典建筑体系中的分裂更为明显。在强调建筑学必须建立在永恒真理基础的同时，许多人一直在批评巴黎高等美术学院的理念，他们被称为“理性主义者”（the Rationalists）。这些建筑师们强调技术发展的重要性，不再刻意贬抑（见第 4 章）。在法国，这些不同于主流的看法终于在 1794 年巴黎理工学院（Ecole Polytechnique）创立后获得肯定。让·尼可拉斯·路易斯·杜兰德（Jean Nicholas Louis Durand，1760—1834，法国作家、建筑师）便是该校教师中的主力之一。我们会在第 4 章详细探讨巴黎理工学院的相关细节，接下来的内容主要还是讨论巴黎高等美术学院的历史。

巴黎高等美术学院创作的建筑中，首推夏尔·加尼叶（Charles Garnier，1825—1898，法国建筑师）的巴黎歌剧院（Paris Opera House）。在拿破仑三世与塞纳河管理局长巴伦·乔治－欧仁·奥斯曼（Baron Georges-Eugène Haussmann，1809—1891，法国城市规划家）所主导的都市整建工程中，法国于 1857 年举行了一个新歌剧院的设计竞赛。夏尔·加尼叶于比赛中拔得头奖，获奖的设计于 1874 年付诸实现。

综观而言，这栋建筑拥有 19 世纪所有具代表性建筑的特色。它有一个组织清楚的设计平面，完全遵循盛行一时的古典建筑结构的法则，沿着基本的轴线来安排对称的柱距。虽然该建筑以大量的纵射与装饰著称，尊重古典的建筑体系还是第一要事。尽管如此，巴黎歌剧院有许多特点在当时还是相当新颖的设计。这些特点所反映的是，对于空间结构上的某些构件，建筑师本人已经有不同的处理与看法。

### 2.5.1 结构组合 | Composition

巴黎高等美术学院的发展为建筑设计的组织方法与概念带来了重要的转变。配置（distribution）与排布（disposition）的概念来自维特鲁威，原本是用来描述一个设计的结构组合与排序。后来，文艺复兴时代以来一直盛行于绘画中的结构组合概念抬头，于 19 世纪后期进入巴黎高等美术学院的建筑学科中[18]。

伴随此一观念而来的是一种新的设计模式。于此之前，设计一栋建筑的主要外形时，最大的问题是如何在整体空间中根据古典的对称原则与柱距妥当划分空间。新的设计模式涉及更庞大、更复杂的计划，因为大型的都市于 19 世纪开始出现，结果为建筑设计师带来全新的要求。大型的建筑规模与复杂程度导致不同的组合模式，建筑物开始设计成一种“聚集体”（assemblage），也可以说是许多块状物与空间的构成组合。建筑物的主体外形不再经由划分或细分一个整体而得到。结合个别构件、组合不同元素的设计模式逐渐在设计中取得一定地位。

从配置到组合，这种概念上的转变还有另外一层意义。过去文艺复兴时代的设计师必须展现上天所赐的唯一典范模式；此后的几个世纪中，设计师的个性和特质却在设计上发挥着无比深远的影响。这一点很明显，只要我们想一想有多少建筑设计的竞赛将原创性视为基本考量，就可以了解这是一个不争的事实。

## 2.5.2 规划决策｜ Parti

与组合的概念平行发展的是“基本计划”“概念建筑设计”（parti）的概念[19]。这个概念源于法语的“作决定”（prendre parti），它涉及整个建筑设计的主体外形或整体的形式。最近，描述设计的初步阶段也用“概念阶段的研究”（conceptual study）一词。当全体集合、柱距的数目、古典的法则等说法不足以形容一个主体的外形时，就必须用这个名词来加以界定。

就某些方面而言，巴黎歌剧院的设计足以突显出一个建筑的转型阶段。尽管有一点偏颇，我们仍大致可以将它看成单一的体积。一旦我们在这张照片加上东西两侧的入口、突出的塑像以及那赫赫有名的阶梯上的吊灯，感觉就大不相同。从里面往外看，整个组合只不过是在一个完整的空间里作分配而已。然而一连串主要的空间，包括门廊、阶梯、主厅堂，却将设计工作提升到“组织”空间的层次。

## 2.5.3 动线｜ Marche

动线是另一个出现在19世纪的名词，字面上的意思是“脚步前进”[20]。在巴黎高等美术学院的术语中，它指的是详细察看整个设计，用走过整个建筑物的动作来代表一连串的空间。这个动线的概念让人能感受到，从一个空间到另一空间，纵射与转变会带给人不小的冲击。

在巴黎歌剧院中，动线不但是造成纵射的一种平行、线性的流动，同时也是一条沿着阶梯进行、自由穿梭于建筑中的路线。在这里，我们可以看到英国景观那种图画式的风格所造成的影响。

巴黎歌剧院的阶梯是夏尔・加尼叶作品设计的最高峰。与人相遇、看人与被看的动作都提升到高水平戏剧的层次。在加尼叶的妙手之下，人来人往的阶梯变得远近驰名，俨然是一种奇观，与舞台上的表演比起来，一点也不逊色。

巴黎歌剧院的楼梯

## 2.6 迈向新建筑 | Towards a new architecture

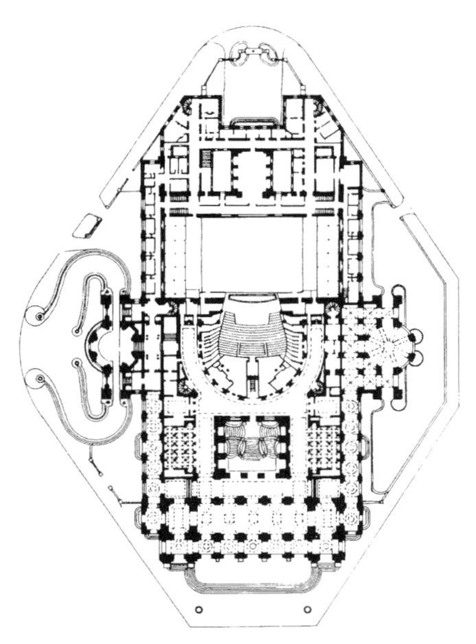

19、20 世纪之交，欧洲社会发生了巨大的转变。工业资本主义的兴起引发了一阵骚动，动荡之大，甚至波及既有的建筑环境。很多城市变成大都会，当时巴黎市长奥斯曼所主导的市容转变便是一个很好的例子。新的技术和建材为整个社会带来莫大的冲击，铸铁、钢材、玻璃和钢筋混凝土都开始使用于建筑工程中。经济与科技方面的变化持续扩大，寻找全新用语与组织原则的工作迫在眉睫，追求新式建筑的热望比过去更为强烈。当时热烈讨论的话题是，到哪里去找寻答案，该如何评估古典建筑体系的价值。

在这股转变的潮流中，有一位来自布鲁塞尔，名叫“维克多·霍塔”（Victor Horta，1861—1947，比利时建筑师）的建筑师，他被视为新建筑艺术的一个主要代表人物。委托他设计的大多是有钱人家，建筑以住宅为主。这些人不是在殖民地飞黄腾达，就是在工业发展初期大有斩获，他们住得起宽敞明亮的豪宅。社会的上流人士喜欢新的建筑构想，对足以表现个人风格的建筑形式很有兴趣。霍塔的新式建筑正好让他们梦想成真。1890 年，霍塔还以全新的风格为自己盖了一栋新住宅。

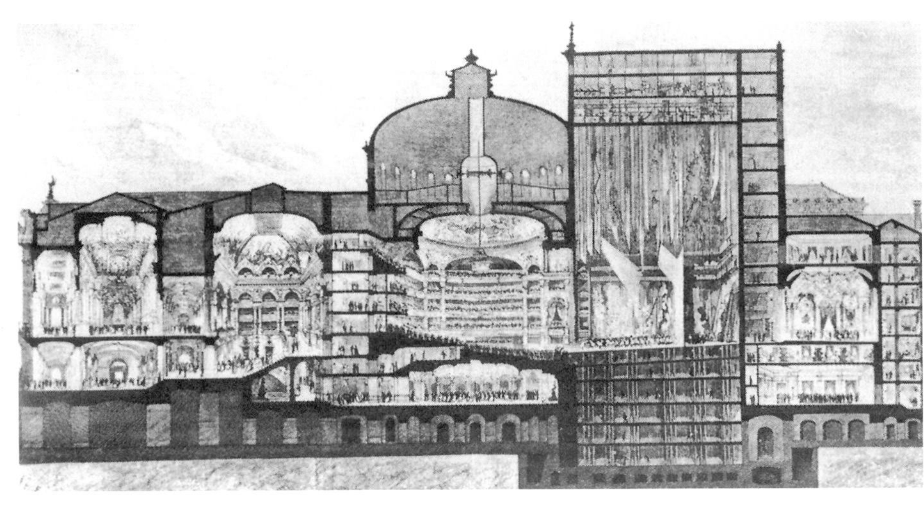

夏尔·加尼叶 1878 年设计的巴黎歌剧院

巴黎歌剧院的剖面图

### 2.6.1 轴线的转变 | Shifting axes

霍塔就是在巴黎高等美术学院的培养训练下成长起来的，但是他的作品尝试着打破古典建筑体系的规则，而且作法相当有系统、有组织。在装饰层面上，他大量运用来自植物中的代表生命的符号，并将其串联成形式结构，用以取代原先古典风格的装饰。然而，更具意义的是，霍塔尝试彻底改变整个古典建筑体系、基础以及所有的内容。

他着手研究不对称（asymmetry）所产生的效果，连自己的住宅都用垂饰来构成对称与不对称之间复杂的交互作用。空间轴线上的转变造成了空间中对角线的变化。通过钢铁结构的组成，霍塔让空间可以自由往返流动。最能看出这种效果的地方莫过于阶梯连接上层楼面的那个交接点。在这个点上，空间交互作用非常复杂，让人无法正确判断出到底是身在楼梯井中，还是在客厅中。

住宅的立面同样反映出霍塔在对称与不对称的关系上所作的探索。在这里可以看到他运用了石头、木结构、钢梁、支柱以及大量玻璃。

### 2.6.2 人体移动 | Movement

霍塔在空间轴线上作了改变，因此打破了古典建筑体系的空间系统。他用纵射取代一连串的独立空间，目的在于组成一个可以让不同空间流动融合的结构。

要了解霍塔所建造的空间结构，需要亲身走过其中，方能体会其奥妙。霍塔强化“动线”这个在巴黎高等美术学院尚属相当静态的概念。在巴黎歌剧院的楼梯设计上，加尼叶将这个概念提升到另一个层次；霍塔则更进一步引进轴线转变和空间连接两个概念。造访霍塔的住宅时，访客一登上楼梯，就会发现正置身于一个空间互相交织、错综复杂的世界中。

霍塔搬进自己住宅的两年以后，维也纳建筑师阿道夫·鲁斯（Adolf Loos，1870—1933，奥地利－捷克建筑师）写了一本名著《装饰与罪恶》（*Ornament and Crime*）[21]。这本书于1908年出版，内容对维也纳新兴的分离建筑学派（the Secession，在奥地利新艺术运动中产生的著名的艺术家组织）[责编注]多有批判（见第4章）。鲁斯在书中对批评分离学派那种近乎专制的作风大加批驳，转而让每一样东西都有其外表与装饰。

除了鲁斯对与霍塔针锋相对的维也纳分离学派大加鞭挞，我们也可以看到他所持的前卫观念与霍塔非常接近。鲁斯在古典建筑体系的基本理念上作了很多实验，同样也都应用在适于美观体面的住宅上，1928年的穆勒别墅（Moller House）便是一个很好的例子。

### 2.6.3 空间平面设计 | Raumplan

从正面看，穆勒别墅就像一个比例匀称整齐的白色盒子。即使去除所有的装饰或是所有古典形式的外表，别墅的正面还是符合对称、和谐、比例恰当的结构法则。不管谁走入其中或是仔细研究其平面与剖面，都会感觉仿佛置身于另一个世界中。正如霍塔的住宅，采用了轴线变化，介于对称与不对称之间。这里的空间安排没有古典的风格，不完全集中在房子四周。不过，有别于霍塔在布鲁塞尔的住宅，穆勒别墅看不见任何装饰的痕迹。那里的房间就像激烈破除迷信运动下的牺牲品，清晰的块状物与空间尤其对视觉造成莫大的冲击。

另外一个明显不同于霍塔的特点是，鲁斯在处理空间的结构组合上有自己的一套方法。在霍塔的住宅里，隔间的处理完全被交错的空间所破坏；在鲁斯设计的别墅里，每一个房间都有其整体的特性。鲁斯或许会将隔间的处理简化成层次上的差异，缩小空间分配或空间规划，但是在他设计的别墅里，哪一件东西应该属于哪一个房间，完全分配得一清二楚。

室内是一个屏障，可以隔绝外面的世界，这一点在人的视觉上有很强烈的效果。相对地，在房子里的感觉则截然不同，人们总是处于看人与被看的交互作用之下。由于有高度的视觉接触和轴线的变化，这些交互作用才得以持续；在人们的活动及房间的配置之下，居住者摇身一变而成为活动者。因此，你可以沿着对角的视线，由座位朝前门看去，望穿整栋屋子，

[责编注] 1897年，在奥地利首都维也纳的一批艺术家、建筑家和设计师声称要与传统的美学观决裂、与正统的学院派艺术分道扬镳，故自称“分离派”。

直到另一侧的花园（见第 3 章的配置与使用）。

鲁斯就是采用这些原则，将空间建构在单一容积中，此方法称为“空间平面设计”（space-plan）。在别墅的容积空间保持井然有序的情况下，空间平面设计可以为住宅里每一个房间提供适当的位置及高度，以配合房间的用途及整体格局。从外表看来，穆勒别墅的组织排列相当古典，结构对称均匀，比例恰到好处；但是从内部看来，它的格局自由，包含许多独立的房间，分别朝三个不同方向发展[22]。

### 2.6.4 自由平面设计 | Plan libre

穆勒别墅完工一年后，法国的建筑工人正为另一个“白色盒子”做竣工前的整理工作。萨伏伊别墅（Villa Savoye，建于 1929 年）位于巴黎西部，由勒·柯布西埃（Le Corbusier，1887—1965，瑞士 – 法国建筑大师、设计家）设计。霍塔在设计上多使用钢铁与玻璃等材料，实验的灵感来自这些新材料在用途上的潜力；勒·柯布西埃的构思则来自钢筋混凝土的现代建筑技术。这个技术让他可以运用荷载结构，并提供独立隔间时所需要的建材。他力主将材料系统加以细分，这种细分为现代建筑带来了重大的影响。柯布西埃认为这个主张有许多优点，会带来很好的结果。以此为基础，他提出了“新建筑五点”（five points of a new architecture）：①底层架空支柱（columns）；②屋顶花园（the roof garden）；③自由平面（the free floor plan）；④横向长窗（the strip window）；⑤自由立面（the free facade）[23]。

萨伏伊别墅可以说是勒·柯布西埃五点内容的具体宣言。在这五点中，自由平面设计无疑是最重要的。在萨伏伊别墅中，这个原则反映在一系列的圆柱设计上；这些圆柱排列在一个方网格系统上，风格近似哥特式建筑。

不过，在几个要点上，勒·柯布西埃也略微跳脱出这个网格系统。房间的安排和墙面的位置有时都偏离了网格系统。在一层的圆柱之间，有一大面墙自由地弯曲，强烈反映出自由平面设计的技巧。从立面看来，萨伏伊别墅的组织排列仍然有古典主义之风，设计上展现出和谐、对称而且比例恰当的特点。柯布西埃自己将这样的墙面视为一种自由的正面设计，一种没有荷载的立面，可以随意再细分。不过，若要将此正面再细分，就必须视柱距的大小再作决定。

### 2.6.5 建筑的安排 | Route architecturale

除了自由平面设计，勒·柯布西埃还运用了另一个方法来组织萨伏伊别墅的空间结构。柯布西埃相当强调借助动线来了解体验建筑设计，即我们在探讨英国景观建筑、巴黎歌剧院和霍塔的住宅时所谈到的活动路线。因此，他产生了“建筑漫步”（promenade architecturale）的构思。

这个概念应用在萨伏伊别墅上，成为一条由坡道通往屋顶的路线。于此，他不再拘泥于走动所带来的经验，而是将经验转化成组织住宅结构时所需的元素。勒·柯布西埃把动线当作独立的构件来处理，避开了英国花园在结构组合上的问题，让个别构件所作的修正不至于影响整体的建筑结构。

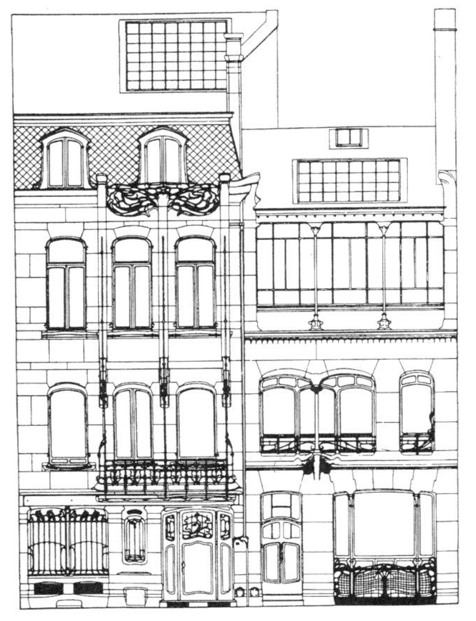

霍塔住宅的正面

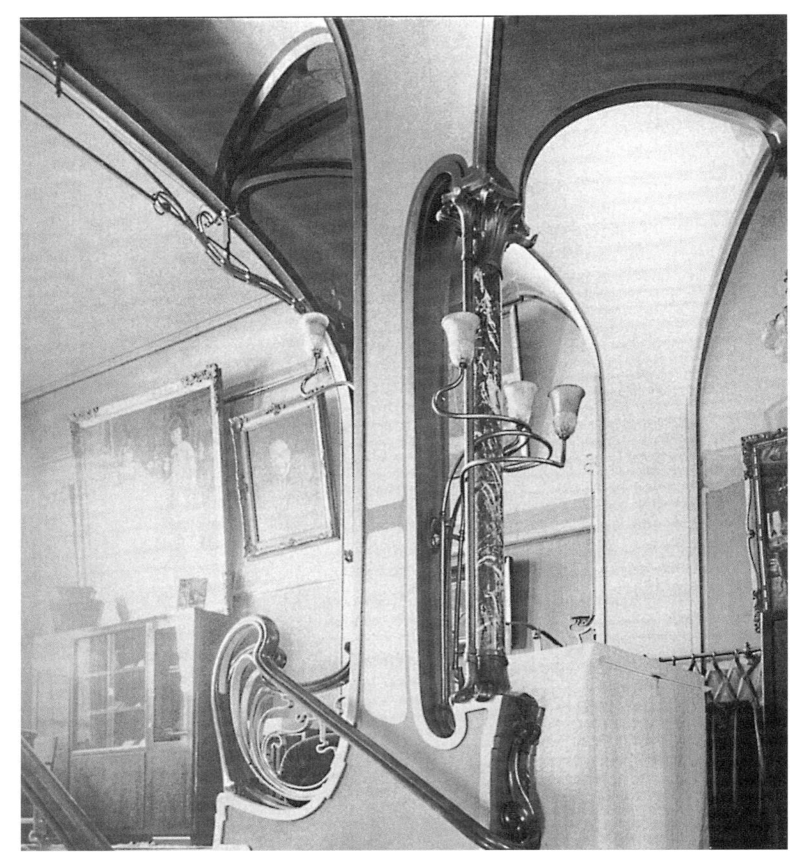

霍塔住宅的楼梯

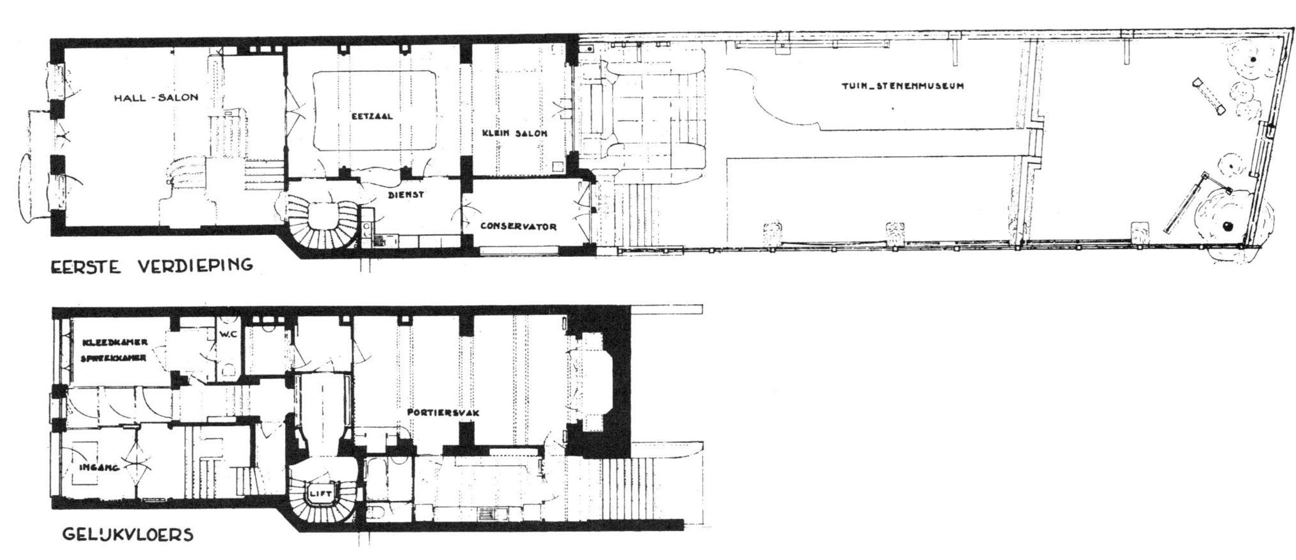


维克多·霍塔在布鲁塞尔亚美利加街（Amerikastraat）的住宅，1889—1901 年，一楼与二楼平面图

阿道夫·鲁斯的穆勒别墅立面，1928 年

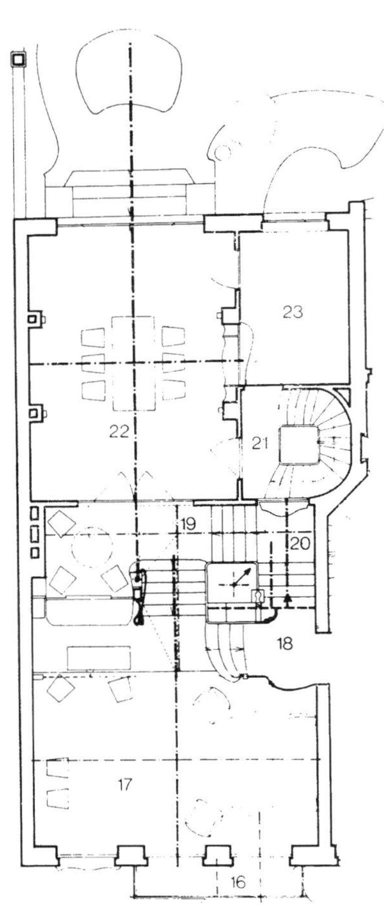


霍塔住宅的一楼平面图，轴线有改变

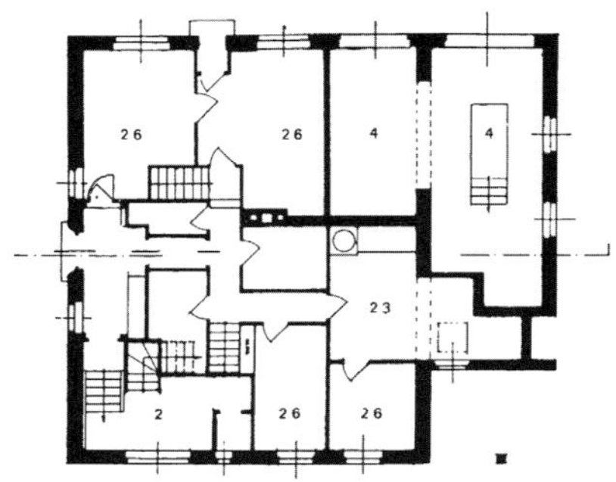


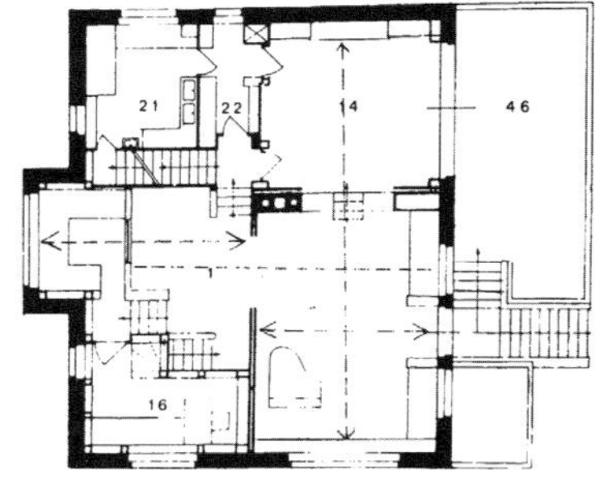


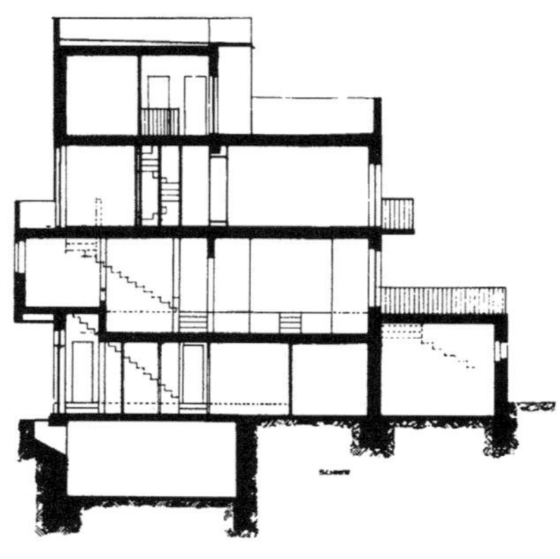

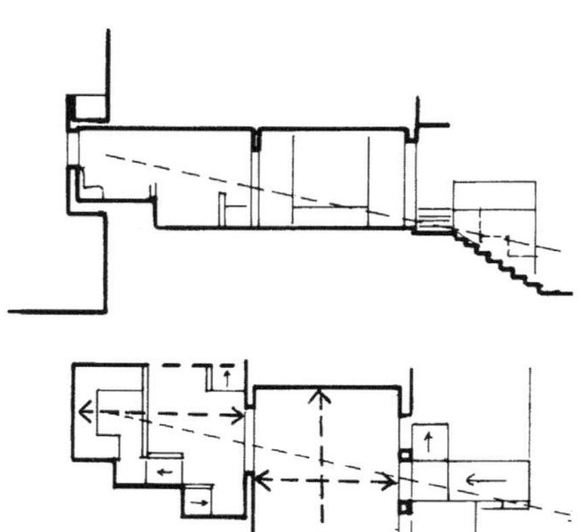

穆勒别墅的楼层平面图与剖面图

显示轴线的细部平面图与剖面图

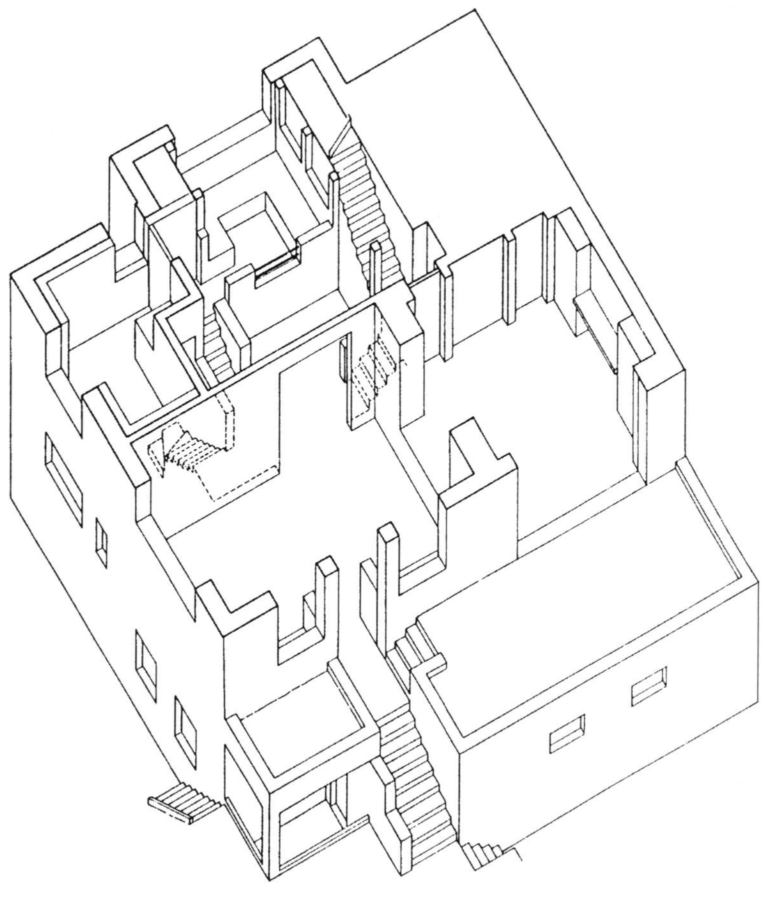

穆勒别墅的透视剖面图

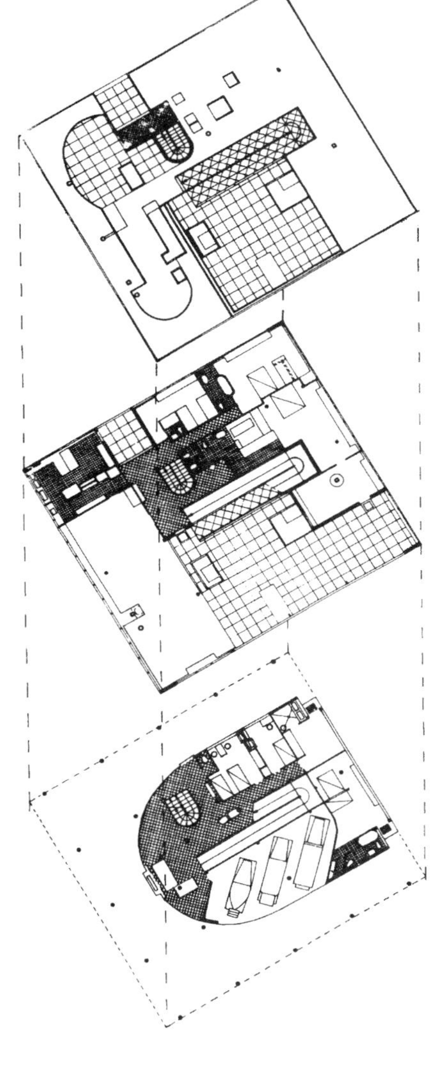

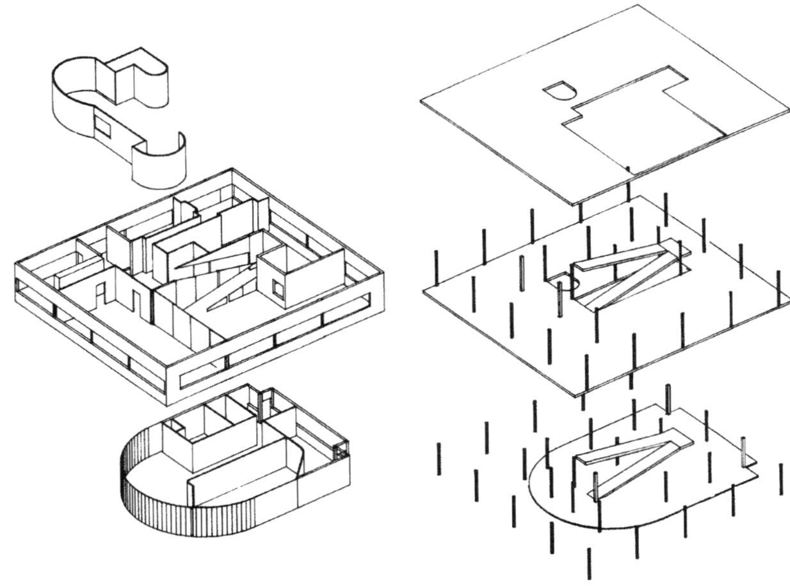

勒·柯布西埃的萨伏伊别墅，普瓦西（Poissy），1928—1930 年

萨伏伊别墅的分解图，区分空间系统与结构系统

萨伏伊别墅的楼层平面图

## 2.7 得到解放的空间 | Unbounded space

现代建筑的历史就像英国花园一样，难免有一些置身于外的人。这些人不受限于知识的束缚，因此能有新的发展。支持风格派（De Stijl）[责编注] 的建筑师们便是这一类型的人物。他们最重要的主张是“解放空间”，即不再受限于古典主义所设定的空间限制。在他们的眼里，空间不再是围墙所画出来的单一主体，而是一个全体共享的领域，属于宇宙的一部分。建筑不再是创造空间，而是在宇宙空间中划定一小块领域。

新的建筑形态有许多必备的条件，正如风格派的理论家特奥·范·杜斯堡（Theo van Doesburg，1883—1931，荷兰艺术家）所言：“新建筑必然反对立方体；也就是说，不再设法冻结不同功能的空间单位，放进一个密闭的立方体里面。相反地，新建筑要移动许多功能不同的空间单位（连同突出的平面、阳台等建筑物），从立方体中心向外分离。借着这种方法，高度、宽度、深度与时间（即想象的四维空间的整体组合）才能在开放的空间里有完全不同于过去的展现。如此一来，建筑才能有较为浮动的一面，抗拒大自然地心引力的牵引。”[24]

杜斯堡在文中彻底打破古典主义的原则，不再一味地将整体空间切割成自成格局的空间。空间必须相互流通；任何囊括所有构件、构成体积的建筑物（箱形体）都必须打破。

霍塔的设计让空间能连接在一起，不过他的做法依然是将“空间单位”包在一个总体积之中。杜斯堡希望在建筑上完成一种“全新的塑形表现”（new plastic expression）。他和鲁斯一样不用装饰构件。风格派所运用的塑形方式令人耳目一新。在这新形态的建筑中，建于 1924 年的施罗德住宅（Schröder House）是一个最好的例子。

20 世纪 20 年代早期，身为风格派一员的建筑师格里特·里特维尔德设计了施罗德住宅，屋主图拉斯·施罗德 – 施雷德（Truus Schröder-Schräder）本人也协助了设计工作。后来的几年之间，这栋简单的没有内院的建筑在国际建筑学的讨论上产生了相当重要的影响。这栋由小屋设计师与律师遗孀本人设计出来的私人住宅竟然有此力量，到底力量从何而来呢？在探讨这个问题之前，我们必须先认清一个事实：不管是建筑师或其委托人，这两个人都未接受过专业的建筑师教育。鲁斯和霍塔经常使用的是对称与和谐的手法，里特维尔德设计施罗德住宅时却从日常实用的角度来着手。

### 2.7.1 流动的空间 | Flowing space

施罗德住宅的概念设计建立于自由的空间设置上。在上层楼面的设计中，里特维尔德和他的委托人在实现风格派的理念上表现得最成功。这个居住的区域用滑动的窗格来隔间，可以看成一个大型的开放区域；借由向外突出的屋顶平面，整个区域更进一步向外界的公共空间延伸。里特维尔德借助省略角窗的竖框来加强这种效果，所以当餐厅的窗户打开时，这个角落的空间是完全开放的。

里特维尔德的空间概念由内向外发展，与文艺复兴时代由中心支配的几何系统截然不同。这一点印证了杜斯堡在前面所说的话：“新建筑……将许多功能不同的空间单位从立方体中心向外丢。”

杜斯堡希望完全去除建筑的重心，让所有的平面和容积体都真的在空间中流动。自此，摆脱形体的幻觉便一直萦绕着现代建筑，挥之不去。

### 2.7.2 自由组合 | Free composition

有一点必须说明白，在一栋完全没有古典建筑特色的建筑里，若还想拿古典建筑的工具来加以组合建构，那是白费心机。在施罗德住宅里寻找轴线、柱距、纵射、对称与和谐等原则，那是毫无意义可言。

[责编注] 1917 年，荷兰一些青年艺术家组成了一个名为“风格”派的造型艺术团体。主要成员有画家皮特·蒙德里安（Piet Mondrian，1872—1944）、特奥·范·杜斯堡（Theo van Doesburg，1883—1931，荷兰艺术家）、雕刻家乔治·万顿吉罗（Georges Vantongerloo，1886—1965）、建筑师雅各布斯·约翰斯·彼得·奥德（Jacobus Johannes Pieter Oud，1890—1963）、格里特·里特维尔德（Gerrit Rietveld，1888—1964，荷兰建筑师、家具设计师）等。他们认为最好的艺术就是基本几何形象的组合和构图。

问题是，里特维尔德到底如何安排他的设计呢？他用了两种方式来解决。首先，他使用正方形的纸，这是许多现代建筑师惯用的一种简单的工具。不过，里特维尔德并没有在设计时将所有元素安排在一米见方的格子里。他也没有将它当成是一个尺寸比例的基本系统，只是当它是最宽的一条线。尽管如此，如果仔细研究施罗德住宅的平面设计图，并不难重新架构出这一米见方的格子。

针对没有轴线、方格系统和柱距的房屋设计，我们称为“自由组合”，因为长久以来，建筑师们都一直接受直角系统所设下的限制。许多建筑师转而运用绘画中的组合原则来做建筑设计，里特维尔德正是其中一员。巴黎高等美术学院将这些原则带进了我们这个世纪，到了身兼画家与包豪斯（Bauhaus）学派大师的俄国人瓦西里・康定斯基（Wassily Kandinsky，1866—1944，俄罗斯画家、艺术理论家）手中，又多了一分当代的色彩。

掌握自由组合的方法中，有一种是所谓的“画家的眼光”（painterly eye），意即按照画家的方式来安排结构的组合。这是整合与区分之间如何交互运作的问题：组合构件之间若有太多类似的地方，结构便显得模糊暧昧；若是差异区分太烦琐，结构则变得杂乱无章。经验是最需要的工具，有助于在两者之间找到平衡点，关键在于清晰（clarity）、张力（tension）与动能（dynamics）三个因素上。这些词汇至今还在建筑设计的教育中使用。

在这个范畴中，相对于清晰的便是模糊与混乱。张力所指的是设计本身所激发的想象力有多少；相反的情况便是累赘。这样的概念可见于康定斯基指派给包豪斯学院学生的设计任务中。

康定斯基指导学生如何针对静物来绘制分析图。刚开始，学生先用相当简单的笔调来诠释分析的主题。然后，他们在第二层的描图纸上画出所谓的“张力线”（lines of tension），为整个设计作出诠释。这些线条代表整个结构中相对构件之间的对立关系[25]。至于动能这个概念，我们先前在巴洛克建筑中已经谈过，其目的在于表达蕴藏的运动与改变。在现代建筑中，尤其是风格派与结构主义（Constructivism），动能所指的是产生某种形式的状态；然而这种状态与古典的和谐状态迥然不同，它所创造出来的建筑要表达时间。为了达到这个目的，它运用了极端的比例模式，也摒弃了矩形的直角。不对称与浮动的感觉则是设计的另一个主旨，用来表现加速度与时间的感觉。

### 2.7.3 阳光、空气与空间 | Light, air and space

本章先前的几个段落或许会给人一种感觉，让人以为排序与组合都只属于大型私人住宅。当然，这是一种错觉。即使很多大型住宅的方案都是“造型的实验室”，排序与组合方面的新发展绝对不仅仅局限于这种类型的建筑。它在都市设计方面也造成了相当多的改变，我们可以在下面看到。

19 世纪末与 20 世纪初，古典建筑体系的城市受到越来越多的攻讦。19 世纪工业化大城市中贫民窟的居住环境相当可怕，这正是人们批评的焦点。

在 1928 年的国际现代建筑代表大会（CIAM，Congrès Interationaux d'Architecture Moderne）上，许多倡言改革前进的建筑师开始致力于寻求新的城市形态，让城市中充满阳光、空气与空间。他们的概念一半来自风格派的空间观念，另一半则来自美国人弗雷德里克・温斯洛・泰勒（Frederick Winslow Taylor，1856—1915，美国机械工程师，被誉为“科学管理之父”）在工作分析中用来组织空间的原则。

城市的街区就像封闭的空间，亟须对外敞开。一旦街区的周边打开，整个城市的组织结构便分崩离析，散落成许多不同的个体。从这个角度看来，城市便不再是一个由许多空间组合而成的系统。塑造城市的问题变成了如何组织不同的个体。

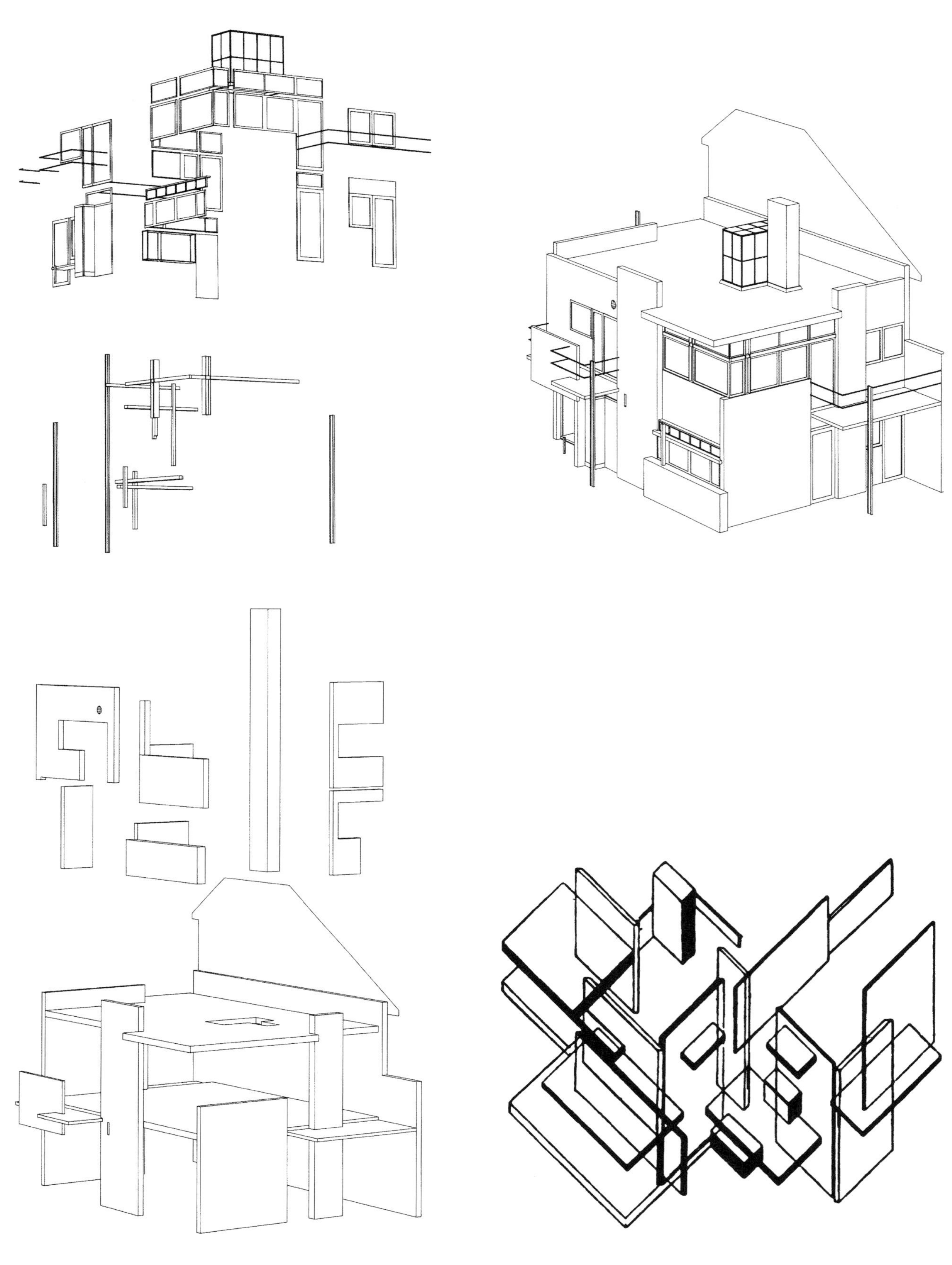

施罗德住宅的分解图

特奥·范·杜斯堡，艺术家工作室（Maison d'artiste）的草图，1923 年

### 2.7.4 重复所产生的节奏｜The rhythm of repetition

建于1929年至1931年间的魏斯豪森社区（Siedlung Westhausen）是此一发展中最具代表性的例子之一。它位于德国法兰克福近郊，可以说是该城设计师厄恩斯特·梅（Ernst May，1886—1970，德国建筑师、城市规划学者）雄心壮举的一部分。这项扩建工程计划本身是国民住宅实验计划的一部分，实验计划在1933年以前的魏玛共和国时代即已经展开。

魏斯豪森社区由梅与建筑师赫伯特·波姆（Herbert Boehm，1894—1954）共同设计。在这里，泰勒的空间组织模式俨然是一个相当严谨的建筑系统，和风格派的自由组合截然不同。对于魏斯豪森社区而言，一个房屋建筑的设计分析算是一张跳板，从而发展出包含所有细节的标准住宅。梅和波姆在设计中纳入了阳光、空气与空间的主题，发展出一个理想的住宅形态，将其放进一个理想的配置格局中，让住宅所在的街区能自由地坐落在"宇宙"的空间里。理论上，这个配置格局会不断重复，创造出一条街道、一个社区、一个区域、一个住宅区。所有的尺寸全依功能上的需要而定，街区的距离也在这种情况下确定。于是，尺寸比例形态完全被依据功能效率而定的空间系统所取代。

新的美学概念于此崛起。这是机械制造方面的美学，特征是重复、节奏，并且运用外表既抽象又具科技感的材料。

来到魏斯豪森社区便会发现，它绝非只是单纯用泰勒的表达方式来展现某一个理想。虽然所有的住宅单位都排列成行，但是通过许多精致的资源利用，住宅区的地位已大大提升，不再只是用来填满某个直线方格而已。

梅将街区建造成不对称的形状，让它们之间有所不同。这是在玩弄镜子中的影像，同时也在奇数与偶数的集合上大做文章。整个住宅区的末端，他用更高的门廊公寓来作结束。另一个设计要件是，魏斯豪森社区的建筑基地坐落在一处缓斜坡上。方网格系统与建筑基地斜面相互交错，使整个计划增添了一份活泼的色彩。

### 2.7.5 个别物体的组合｜Composition of objects

纵使有少数的建筑师与都市规划师领军冲锋陷阵，重复的美学还是无法攻占一席之地。对于单调的新住宅建筑，各方反应不同，其中以法国建筑师埃米尔·埃劳德（Emile Aillaud，1902—1988）最广为人知。

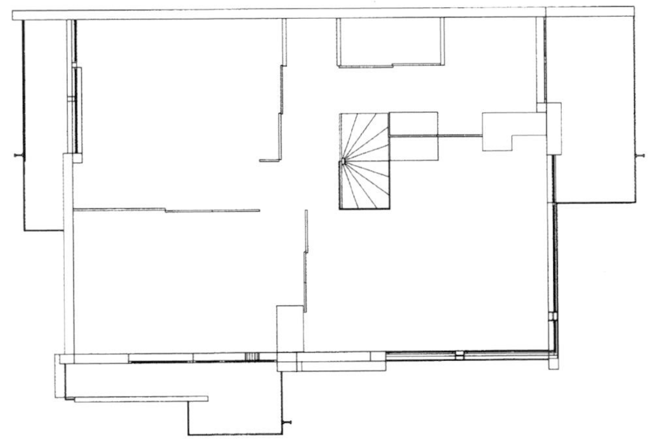

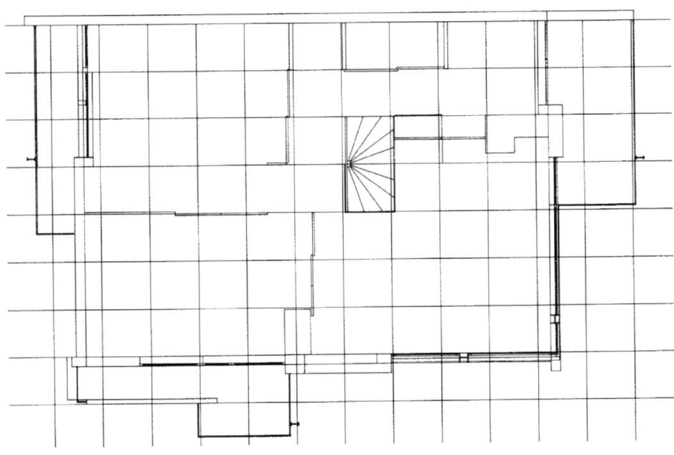

格里特·里特维尔德的施罗德住宅，1925年建于乌得勒支（Utrecht）的施罗德住宅平面图

施罗德住宅建于1米×1米的方格上

从 20 世纪 50 年代开始，埃劳德在巴黎周围兴建了许多住宅区，潘町社区（Pantin，1955—1960）便是一例。

埃劳德遵循现代开放式行列建筑的传统，但是与泰勒的原则背道而驰。他将潘町社区设计成一个许多独立物体在空间中自由放置的组合，最后得到的结果是光线与阴影交错、树林与远景相映。

埃劳德所运用的工具局限于两种物体，即门廊公寓与塔形建筑。门廊公寓又分为两种格局：一是长方形的区块，集合在一起后呈现出正方形的组合；二是轮廓略呈波浪状的建筑，串联起来呈现出一个很长的立面。后者正是埃劳德独特的风格所在，可以在他很多轮廓多变的作品里看到，为他的设计提供无限的形式变化。

塔形建筑以及由门廊公寓所形成的长方形和曲线区块，正是埃劳德组合成大师级建筑结构所依恃的三大构件。潘町社区位于两条路的分叉点，两条路像是一支叉子刺进一片广大的绿地。一个弯曲高耸的地带串联着门廊公寓组成的波浪形区块，构成了整个建筑区域的主体外形。这就像是一道墙，环绕着中央那一片风格独特的绿地，里面有微微滚动的绿茵和四处散见的绿树。当地的小学就设置在这里。塔形建筑则屹立在这块主体建筑的南、北两处。最后，沿着交叉的道路两旁，可以看到住宅与商店所形成的方形区块。

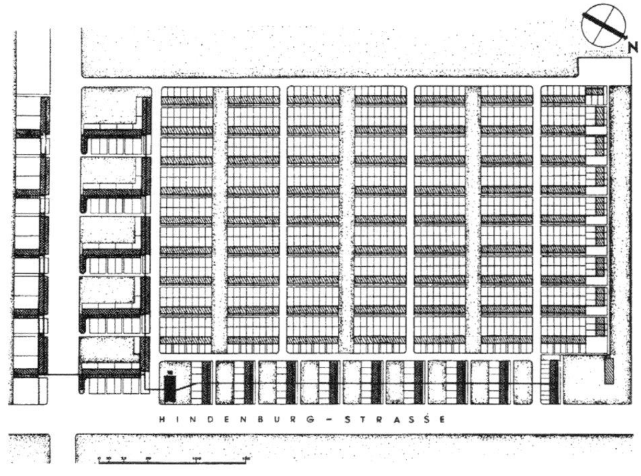

厄恩斯特·梅与赫伯特·波姆在法兰克福共同设计的魏斯豪森社区，1929—1931 年

魏斯豪森社区中的住宅

### 2.7.6 拼贴 | Collage

潘町社区的设计是自由组合的典型。风格派的自由组合仍然受限于直角的运用，埃劳德则完全摒弃使用直角。潘町社区的结构组合方式颇有亨利·马蒂斯（Henri Matisse，1869—1954，法国著名画家、雕塑家）愉悦的拼贴风格（Decoupées）。马蒂斯会动手为拼贴中的构件上色，剪下后组合成自己所要的样子。同样地，埃劳德也自己制作拼贴的材料，设计出自己所要的形状、高塔、曲线或直线画成的块状物。虽然每个构件都以几何形状为基础，整体组合出来的结构却只能视为一个自由组合而成的拼贴。这个拼贴所遵循的是意象组合与绘画时的原则。

人们很容易用设计平面的概念来做评断，也就是用俯视的角度来看这般大小的都市组合结构。然而使用者所经历的却是地面上的整块区域。换言之，如果要让如此自由组合的结构发挥最大的功能，足够的资源是必要的条件，才能支持地面上整个区域不断作检验修改。18 世纪时，人们用绘画来实现此目标。此后还使用了模型与三维空间的计算机虚拟实境，这两者对此有相当大的助益。

埃米尔·埃劳德于巴黎近郊所建的潘町社区，平面图，1955—1960 年

亨利·马蒂斯，《密码》（*Les codonas*），“爵士乐”（Jazz）系列中的拼贴图案，1947 年

## 2.8 将不确定的事物具体化｜Giving shape to the indeterminate

在20世纪的最后几十年里，人们的思想与价值观又有了一次巨大的转变，称为“后现代主义”（Postmodernism）。后现代主义和其他的“主义”不同，它并不是一种世界观。这个名词起初只是指一整套已经有所改变的情况[26]。因此，没有所谓的“后现代建筑”（postmodern architecture），而是后现代情况下所产生的建筑。

在这些后现代的情况中，有许多社会现象与文化现象来自20世纪后半期。其中有一个现象将在第3章的“战后时期”中讨论。另外一个现象则是那些伟大的意识形态失去原有的光彩。许多重要的主义销声匿迹，让人不再相信有唯一的真理存在。过去人们寻找唯一的真理，如今人们已经领悟到，一件事实可以从许多不同的角度来诠释。这一点完全表现在多元的社会里。在许多重要的“主义”衰败殆尽时，市场的观念随之兴起。人们相信，在众多规范社会的方法中，开放市场（open market）是最为无害的一种。

在我们这个时代，设计工作变得复杂，建筑计划本身变得模糊而不确定。建筑计划原本应该是针对未来建筑物的使用作预言，如今这种价值似乎正在慢慢消失。任何一个单一固定的建筑体系似乎都令人感到厌恶，取而代之的是变化性、多样性、策略性等字眼。如今所有的风格、所有的建筑方式、所有的形式都为此而定。速度、多变性、高速的图像及高速的信息传播等，全都为了刺激这一方面的知觉，因此奠定了当今所奉行的标准。

目前的议题是如何给这不可预测的世界下定义，用什么方法和工具。我们如何将不确定的事物具体化呢？这方面的追求产生了无比的活力，让人想起20世纪20年代寻求改革的那一份热望。

### 2.8.1 层次的安排｜An arrangement in layers

1983年，巴黎有一项比赛让许多人费尽心思，而且持续了很长一段时间。为了完成所谓“伟大的建设计划”（Grand Projects）[责编注]的一部分，巴黎获准建造一个“21世纪”的城市公园。基地是一处废弃的屠宰场，位置在巴黎拉维莱特流域区（Basin de la Villette）外围的高速公路旁。

这项计划深具启发性，但也非常模糊，它涵盖了整个都市活动一连串的内容，包括了博物馆、音乐厅、大量运动和游戏设备、主题公园（有关天文学、气象学等）、娱乐中心、游乐场和露天音乐广场。简单地说，这项计划包含了都市内所有的活动，花园和公园用地代替了原本的住宅区。

比赛的一等奖授予了一位瑞士裔的建筑师伯纳德·楚弥。他的公园设计包含了许多前述的原则，层层堆砌而成。在呼应后现代情况的前提下，楚弥自由而随意地运用西方建筑3000年来所累积的资源。许多同行将过去的建筑构件视为历史遗迹，楚弥却不以为然，反而妥善运用过去几个时代所拥有的设计工具与系统。巴黎公园最迷人的地方是，它汇集了建筑设计、都市设计和景观建筑三个学科领域。

为了处理这项计划的不确定性与复杂性，又要掌握整个错综复杂的基地，楚弥在公园里放进几个层层铺设的建筑系统，每个系统都在公园设计中扮演一定的角色。

对于游乐场和露天音乐广场所用的大型开放空间，楚弥用一种“表层”（surfaces）的结构组合来表达。这一层也包含了放置大型建筑的地面楼层，科学博物馆和演讲厅就在这里。

第二层包含了许多“线条”，连接线条与线性的构件，这些构件有成列的树木和街道等。这一层最重要的成分是曲折的路线，它们穿过整个公园，和英国景观公园的道路系统有异曲同工之妙。英国景观公园无疑是他灵感最大的来源，不同的是他的作品中没有叙述性的构件。

此一设计的透视草图上有一连串的符号，然而，正如这些符号所示，这些路线在计划中却是一系列的有如影片般组合的图像。

为了能容纳公园里无数的小构件，如电话亭、影视馆、咨询中心和托儿中心，楚弥精心设计了一些亮

[责编注] 20世纪80年代法国密特朗总统发起的大规模城市建设计划。

红色的小型建筑，他称之为“装饰性建筑物”。至此，参考英国景观花园的设计才告完整。各式各样的说明文字都进一步举证，不管是路线系统或是装饰性建筑物和行列树所组成的视觉图像系统，楚弥设计时的出发点都是英国景观花园的组合技术[27]。不过，由于计划本身已相当复杂，为了避开观景图像组合的复杂特性，他拆散不同的系统，让它们松散地重叠在一起。

从这个阶段开始，公园的组合看起来似乎很简单。“线条”层面上的路线系统、“表面”层面的大型空间以及“点状”层面的独立物体，它们都自成体系。将这三个层面重叠在一起，就可以得到公园设计的整体。

不过，借助这种拆散整体的动作，楚弥虽然避开了图像式组合技术所产生的问题，但却无法再控制组织公园结构时所需的设计工具。

很明显，楚弥自己很担心这整个计划是否能成功地运作，于是他将某种特性寄予三个层面的其中之一。这个层面就是包含装饰性建筑物的那一层。他将装饰性建筑物放置在方网格系统的交叉点上，让这一层有决定结构组合的功能，同时也提供公园使用者活动时的一个引导系统。

楚弥将左右全局的角色交给几何系统，这一点让人马上联想到文艺复兴时代的公园。梅迪奇别墅里的方网格系统让花园与房屋连接在一起；同样地，这里的装饰性建筑物方网格系统也足以让公园与外围的城镇连成一片。

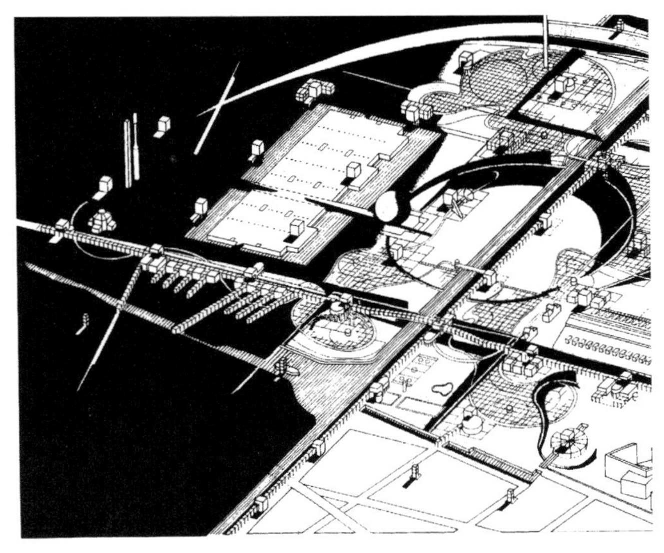

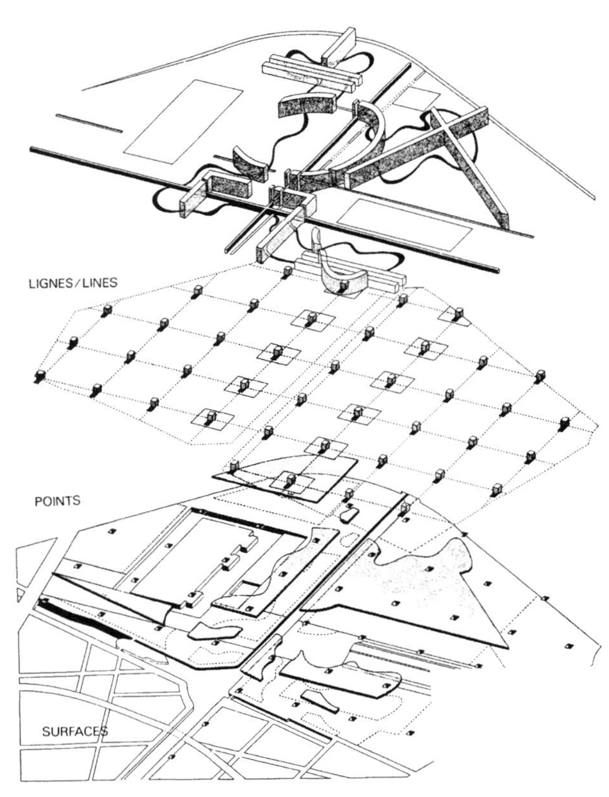


伯纳德·楚弥的巴黎拉维莱特公园平面图，1983—1993 年

伯纳德·楚弥 1983 年所绘制的巴黎拉维莱特公园设计图。为了能更清楚地传达其设计理念，他将整个设计分解为不同的概念层级

## 2.8.2 区域的安排 | An arrangement in zones

类似的后现代设计风格也可以在雷姆·库哈斯（Rem Koolhaas，1944—，荷兰建筑师）的艾瓦别墅（Villa dall'Ava，建于 1991 年）中看到，而地点也同样在巴黎。在这栋别墅中，库哈斯融合了近代建筑史上各式各样的构件与元素。他的做法并非直接挪用，而是和楚弥的设计一样，将来源不同的设计工具结合在一起。只要对近代建筑史有一些基本知识，就能够找到这里所运用的许多设计原则，例如“自由平面、带有横向长窗的自由立面、路德维希·密斯·凡·德·罗（Ludwig Mies van der Rohe，1886—1969，德国－美国建筑师）清楚有序排列的镶嵌玻璃、源于风格派所主张的对重力作用的否定以及阿道夫·鲁斯模式的组织配置。尽管与实际情况极少有类似之处，解读这些构件还是可以让我们想象建筑的奥妙所在。

楚弥以方网格系统支配整个公园设计的结构组合，库哈斯则选择用区块（zoning）来处理。这种处理方式不久后被用在城镇规划的设计上，而非郊区别墅的设计上[28]。库哈斯将整个复杂的结构分成三条纵长的区块，安排在基地上。中央的区块又分为三个较小的区域。区域的划分虽然严格，每一个区域里的设计却极为自由。由此看来，划分区域应该是将不确定的事物具体化为一种理想的工具。由带状区块或区域的划分来组合一个结构，这样的设计方式绝非首创。建筑研究基金会［SAR（Foundation for Architectural Research）］在 20 世纪 60、70 年代已经提出都市区域划分的原则。有一部分的结果显示，区域划分也开始应用在需要较大弹性的建筑计划上，尤其是还在设计阶段的时候。许多都市规划与大型建筑物的设计都采用这一方式。库哈斯在两方面受到很大的影响：一是纽约某些摩天楼的个别楼层作用不同（尤其是市中心运动俱乐部（Downtown Athletic Club）的大厦）；二是荷兰将海滨新辟低地切割成带状的土地与河川[29]。这两种影响驱使他对都市区域规划做出了全新的诠释。他第一次使用区域划分时（1983—1988 年），地点在阿姆斯特丹北部的矩阵

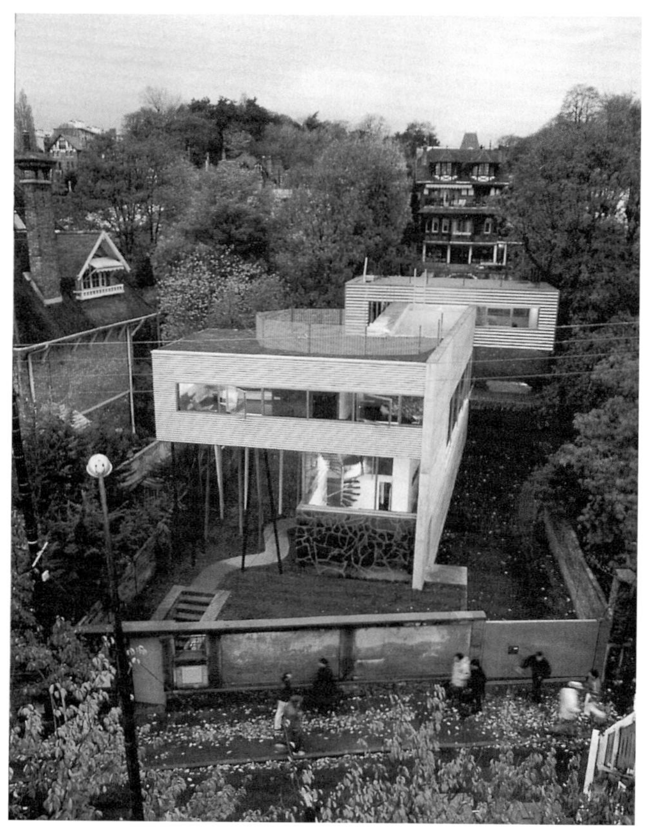

雷姆·库哈斯的艾瓦别墅，巴黎，1991 年

湖—广场（IJ-plein）住宅区。在他的大都会建筑事务所（OMA，Office for Metropolitan Architecture）参加巴黎公园设计比赛的作品中，这个做法甚至贯穿了整个设计。大都会建筑事务所规划将整个设计中的基地划分为不规则的条状区块。库哈斯希望通过这种方式将一个模糊不定的计划定型，却又不需要具体说明整个计划将如何付诸实现。原则上，大都会建筑事务所的设计只是在基地上画线设定，用线条来分隔各种建筑功能。每个区域都有自己的设定：网球场设置于狭长的玉米田旁边，另一长形区块上放置行星的模型，还有一个区块上则设有孩子们的动物园。从狭长区块的宽处走过，就像是以蒙太奇手法来组织空间一样，如同看到电影中串联起来的景象[30]。

区域划分、蒙太奇手法、配置排列等设计时使用的工具都和变动移位有关。运用这些工具时产生了一个问题：到底这些工具能不能用来规划空间的结构组合，还是仅仅是与设计的用途有关的工具。我们将在下一章中再回来探讨这一主题。

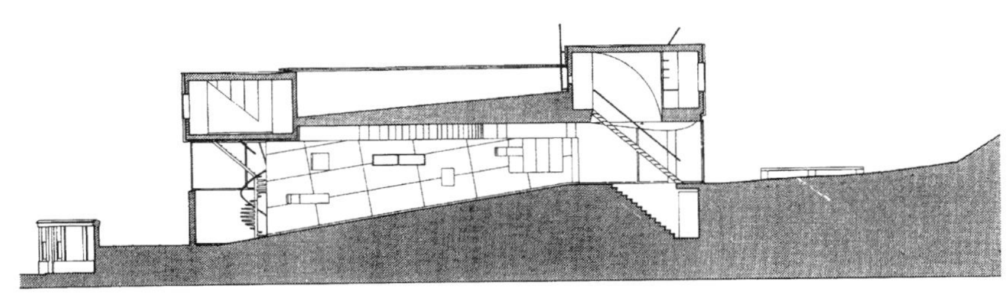

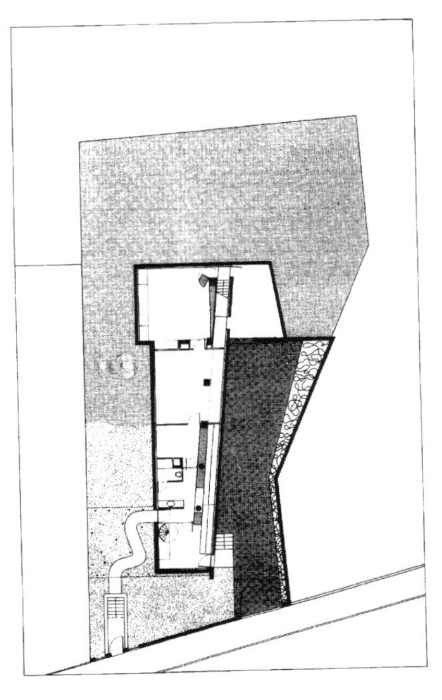

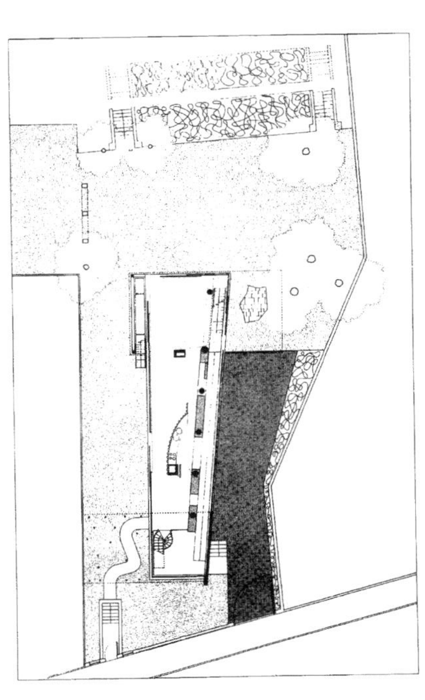

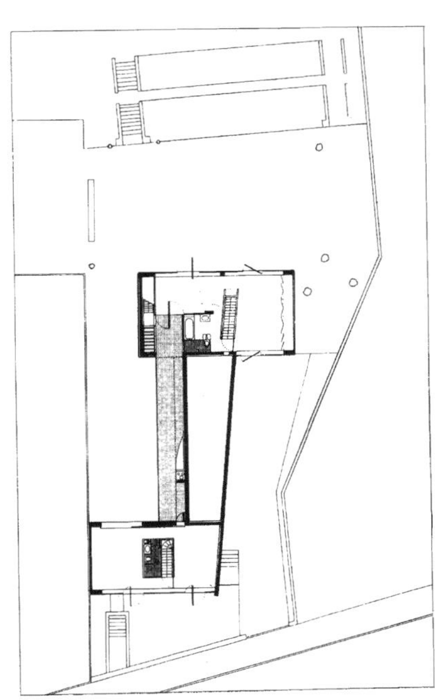

艾瓦别墅的地面层平面和剖面

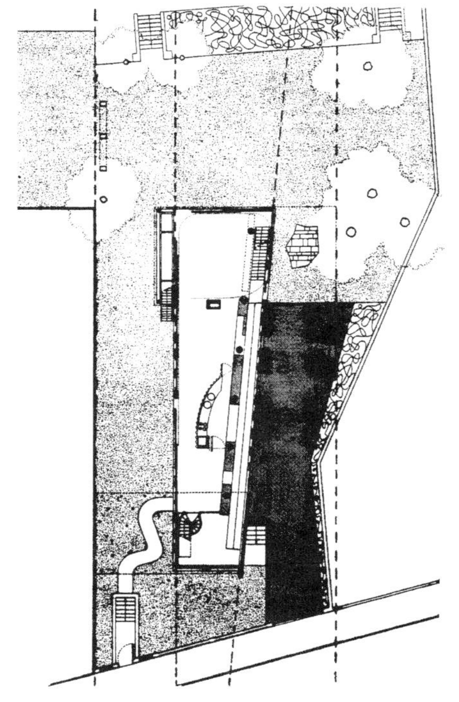

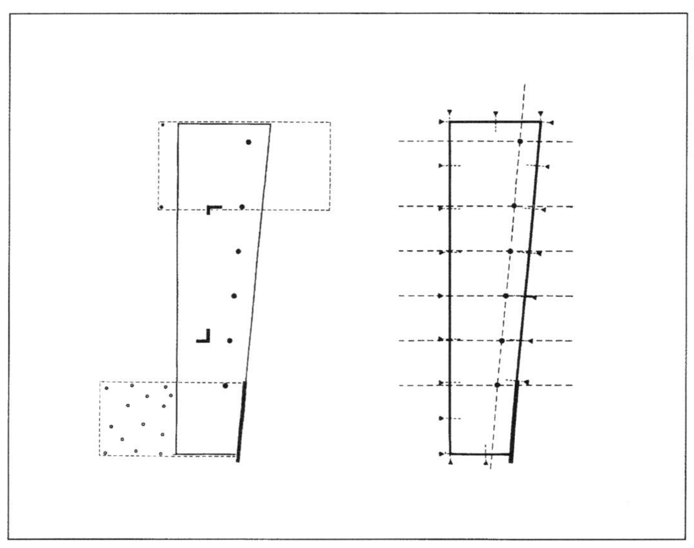

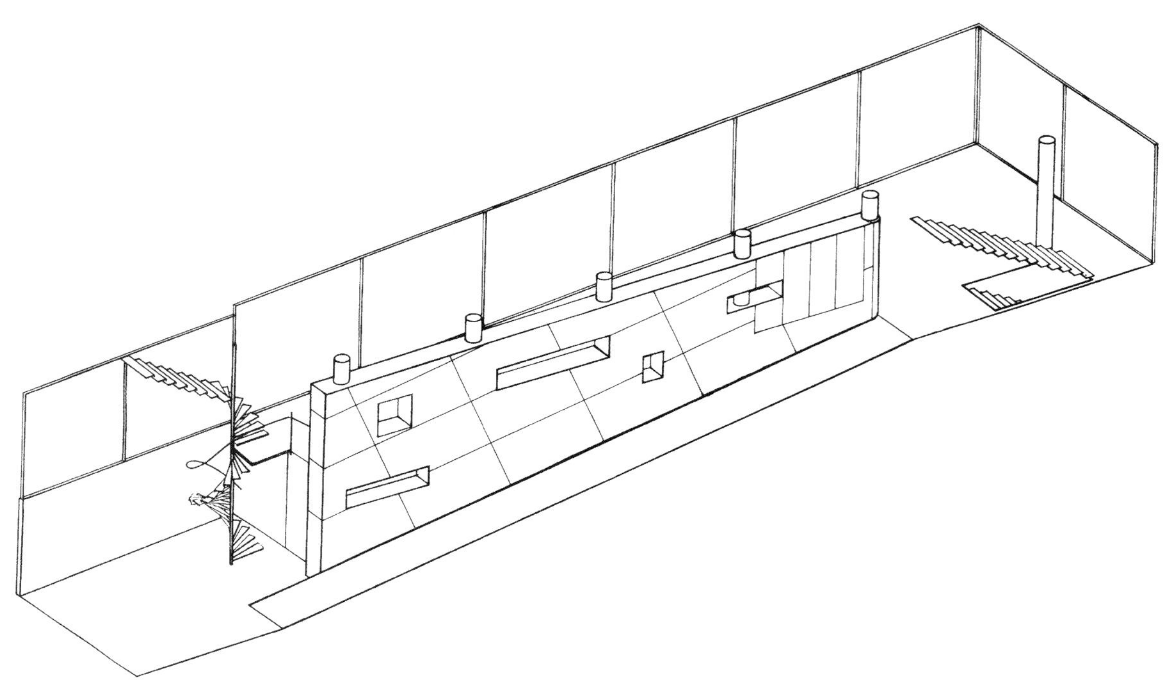

艾瓦别墅的平面图，显示了它的区块

艾瓦别墅的条状等轴测图

艾瓦别墅的平面图，显示它的柱距与组织系统线

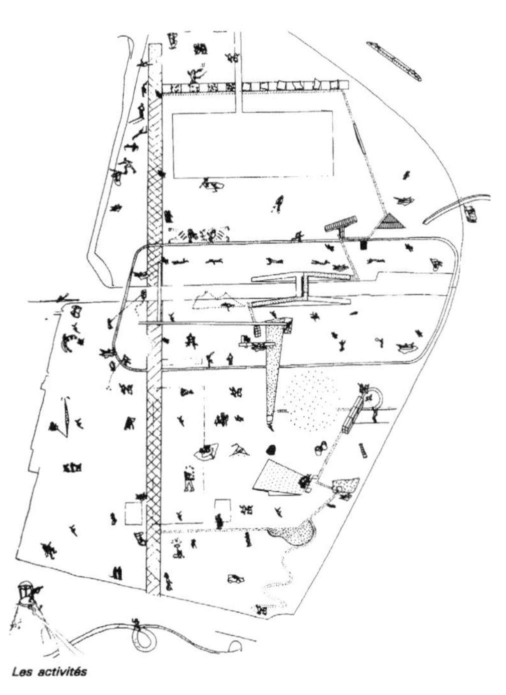


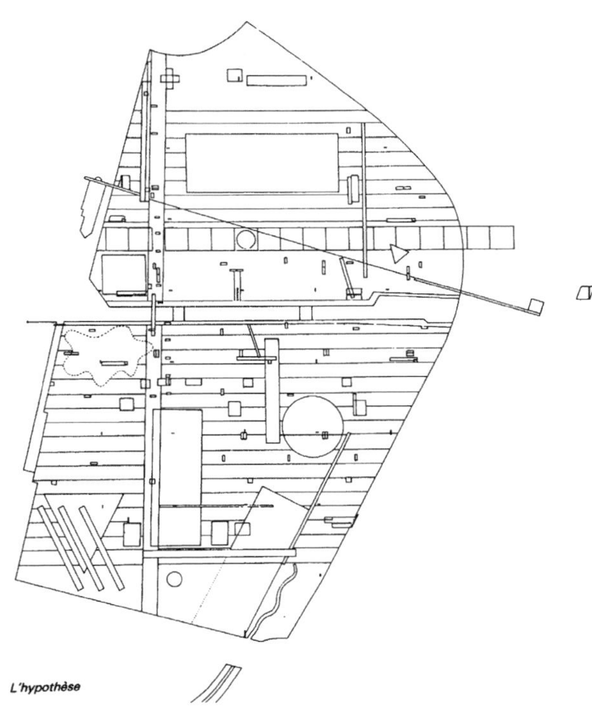


雷姆·库哈斯于巴黎拉维莱特公园设计大赛的参赛作品，1983 年

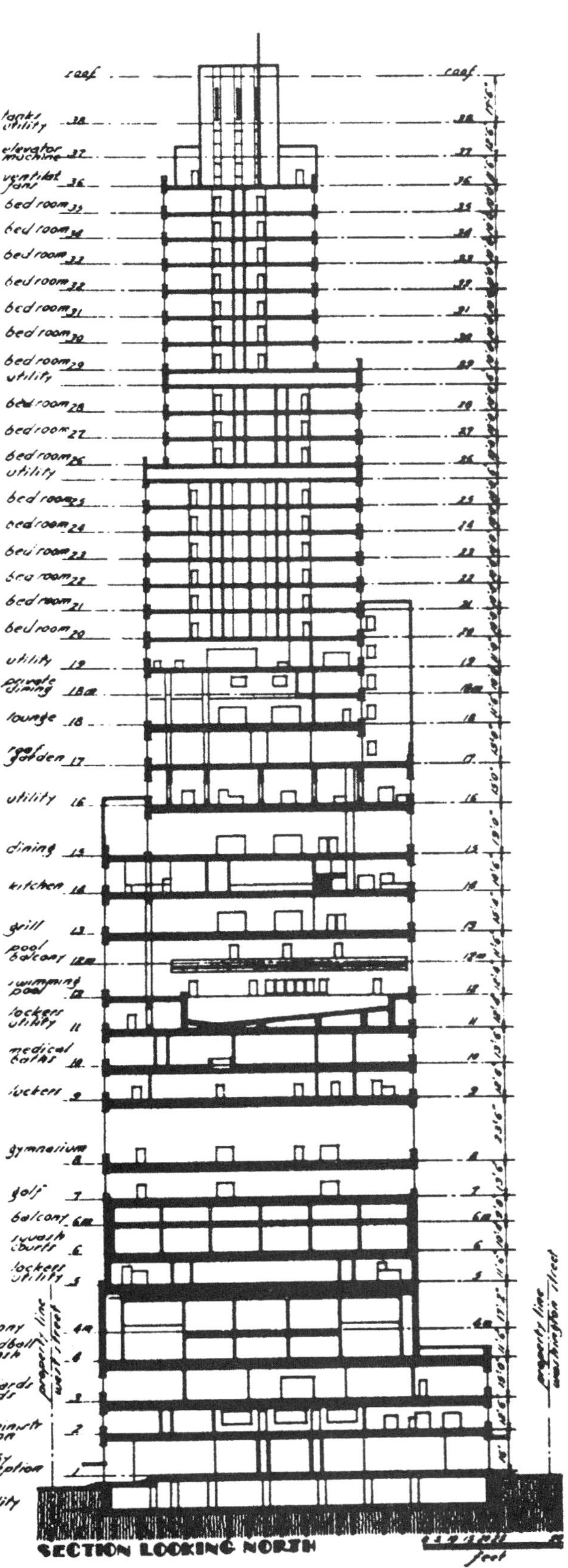


斯戴里特与凡·弗勒克设计公司（Starret & van Vleck）设计的纽约市中心运动俱乐部，1931 年

# 第3章 设计与使用

## Design and use

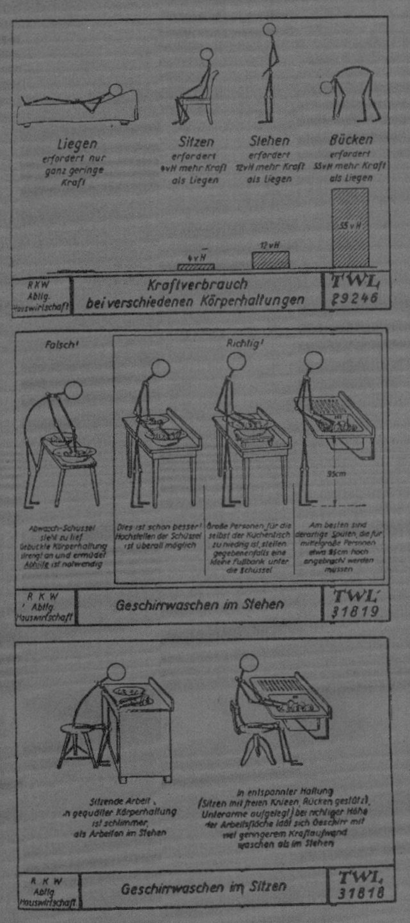

## 3.1 导论 | Introduction

上一章讨论了组织排列建筑构件时所使用的各种方法，大多以抽象的名词来描述物质与空间。它描述了18世纪以来，叙事题材和空间观念如何变成足以影响建筑发展的因素。叙事方面的元素足以打破人类的感官知觉与身体动作之间的隔阂。

这一章将仔细研究建成环境的使用与真实空间的关系。在本书的背景脉络中，我们可以了解建筑和城市的用途足以产生许多社会规范与需求，我们也将特别探讨这些规范与需求如何转化成建筑的语言。

约翰·萨默森（John Summerson，1904—1992，英国建筑史家）如此描述人类活动与建筑之间的关系："在实际的限制下，建筑可以开发我们自己的能力，让我们本身戏剧化，提升日常生活行动的层次，更可以将人类的心灵提升至天使的境界。这一切之所以能完成，全因为建筑与实际功能的关系密不可分。将属于建筑的动作戏剧化（没有建筑便做不到），与音乐毫无关联，这些动作包括穿过一扇门、从窗户望出去、登上阶梯或走上阳台等等。这个范畴纯粹属于建筑，一方面限制它的动作，另一方面却加强它的意义。"[1]

萨默森所提到的建筑本身的例子，只是针对建筑物的尺度而言。然而我们可以很容易将这样的描述与一座城市或公园的空间联想在一起。台阶或窗户之类的名词可以很容易地转换成露台、拱廊或广场。

接下来的部分将讨论一些实际的案例，从实用的角度来分析一些建筑主题，看看这些主题在空间设计的历史上如何发展。

### 3.1.1 概要档案 | The brief

设计过程中，通常先由委托人或出资团体向设计师表达方案本身的使用目的。正如第1章讨论过的，现在的做法通常会制定一个程序计划，或是将使用者的需求列表，即"概要档案"。这样的做法并非想象中那样，它不会自动出现在眼前。许多设计师所依据的是一种综合的档案，它结合了事先制定的各种需求、许多约定成俗的必备条件以及某些被视为理所当然的期望。

### 3.1.2 区别用途 | Differentiated use

几个世纪以来，随着科技与社会的发展，分工越来越细，工业化与人口流动性增高，城市和建筑非常需要将空间分类规划，才能容纳人类新形态的活动。这个过程仍在持续进行中。20世纪的后50年中，新形态的活动比比皆是：看电视、用计算机或是使用桑拿蒸汽浴等。但是，就科技发明或社会变迁所产生的活动而言，这些只不过是三个随意取样的例子而已。

其他类型的活动已经失去原来的意义。早期升火煮饭是一个相当吃力且重要的工作，如今打开煤气炉或电炊具却只是动动手腕的日常动作。许多活动的意义都经过多次的改变。例如，在犹太人的传统中，煮牛奶和煮肉要分开进行，这是一个卫生上的问题。在炎热的沙漠气候中，食物很容易遭到污染。到了20世纪，冰箱和空调器的出现使得这种习俗失去其特殊意义。尽管如此，现在这个习俗依然保存下来，成为社会认同与历史的一部分。这个活动存留有形式上的重要性。

### 3.1.3 诠释设计中的用途需求｜Interpreting use demands in the design

人类活动都有发生的地点，这个地点在社会的背景环境中占有一定的地位，并且会随着时间而改变。这个改变必然会重新塑造活动地点的空间形式。空间设计不只是把人类社会的需求转化成实际的应用，它同时也包含了设计者对于这些需求所给的诠释。在以下段落中，我们将运用历史上的一些例子来审视设计、诠释与应用这三者之间的关系。

这个简短的历史之旅分为三部分。第一部分所讨论的是 1900 年之前的建筑，这段时期大部分是在工业革命发生之前。第二部分所探讨的是 1900 年至 1945 年之间的建筑，这段时期西方社会快速成长，“功能主义”（functionalism）俨然是建筑的主流。第三部分的重心则放在 1945 年以后的建筑，通过设计方案来审视建筑师、都市规划师和景观建筑师如何面对西欧及北美快速发展的社会需求。不过，我们千万不要僵化地看待这一分为三的模式。20 世纪 20 年代的建筑师提倡就不同的功能来组织建筑设计，诸如此类的想法需要很长时间的酝酿，绝非一夜之间就能产生。任何一个 19 世纪的例子都可以证明，一栋住宅的空间设定足以影响建筑设计。这样的情况发生得很早，至于奉行功能主义的建筑师将日光指示器（daylight indicators）纳入设计中，则是在很久之后才发生的事。

## 3.2 1900 年之前的用途观点｜Aspects of use prior to 1900

在欧洲的空间设计史中，社会组织与个人角色都是了解建筑设计的关键。这同时也是认识罗马文化时的重点，只要想想罗马帝国对欧洲大部分地区及地中海地区的空间规划干预有多少，就能对此有所了解。罗马帝国不只是一个城邦亟于扩展领土下的产物，时间一久，它逐渐变成了涵盖当时整个已知世界的政治实体，并且以安全与和平上的保证来约束人民，形成了罗马和平时期（the Pax Romana）。[责编注] 在实现此目标的过程中，有计划地介入、干预及扮演一个决定性的角色，特别是道路、高架引水渠、防御工事等公共设施的安排、农田面积与灌溉区的规划以及建立新城镇的工程。这样的经营模式使罗马帝国能在幅员广阔的地区维持秩序，进而发展出一个繁荣的城市文化。

为了建立殖民地，罗马帝国制定了许多严格的法规，同时兼顾实用与宗教上的考量。这些城市的外形通常呈矩形，城市的周长在典礼上决定，由祭司用双脚走出边线，然后在线上建筑围墙。对于该如何筹划一座城市，罗马人与希腊人不同（见第 2 章的米勒图斯），他们对组织排序的概念涵盖了每一个层面。这些层面包括街道的直线配置、农田的分配、城墙内的简单组织，甚至个人住宅内部的格局。每一个层面上所作的努力，都在追求相同的空间关系，其目的不外乎表达诸神于宇宙中建立的秩序。

因此，罗马的城市安排在一个棋盘式的格局上。两条主要街道左右了整座城市的方网格系统，由北而南为纵向街道（cardo），连接东西的是横向街道（decumanus）。这两条主要干道的交点常常位于城市的中间，成为整座城市的中心点。这个交叉点正是广场与神殿的所在地，其他的公共建筑通常沿着两条主要干道布置。街道的两旁则为商店，经由拱廊及柱廊连接干道。设计蓝图很简单，区分很明显，帝国中各处皆然，所有的公民都了解。

[责编注] 大约公元 1—2 世纪在罗马帝国统治下的相对平和时期。

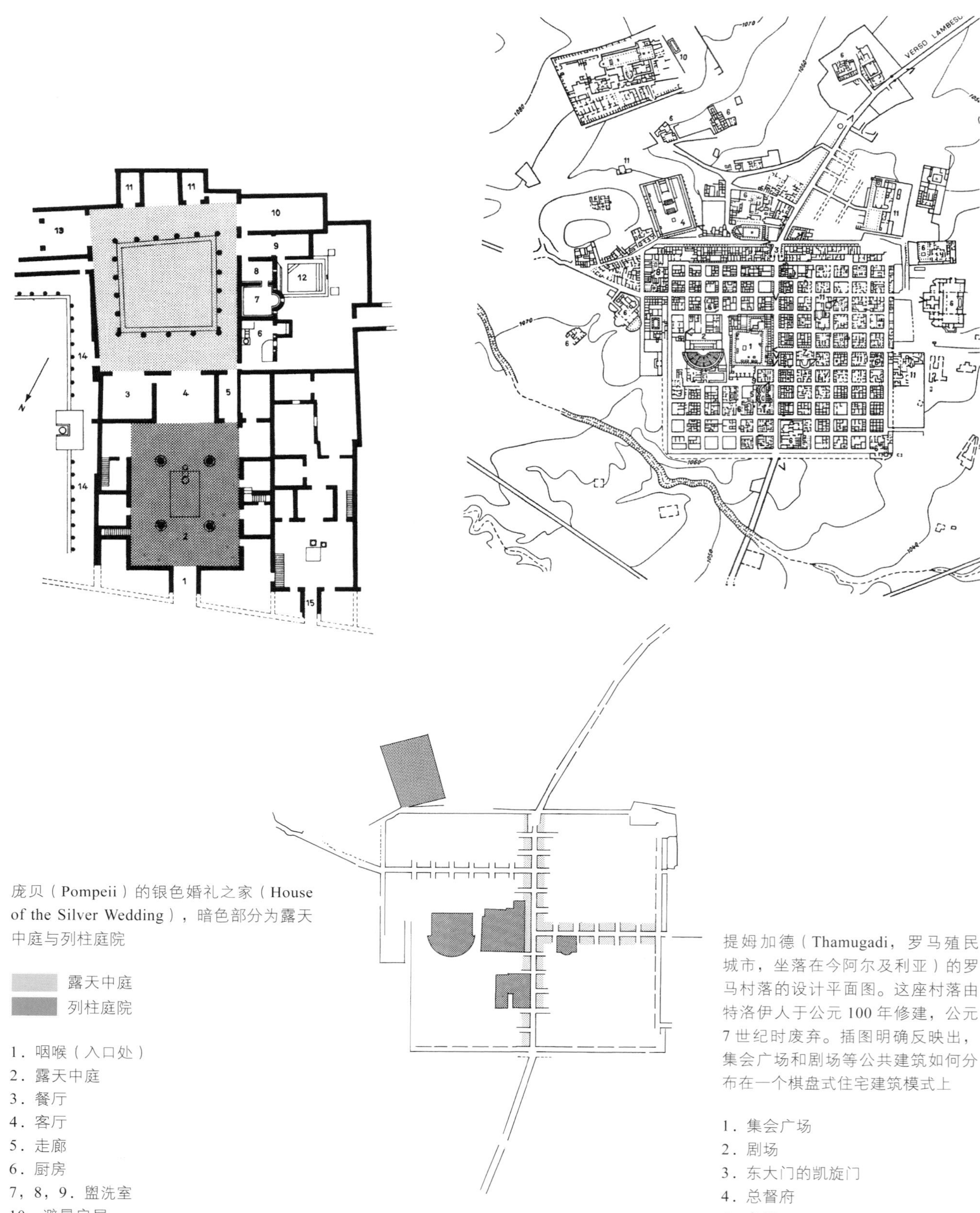

庞贝（Pompeii）的银色婚礼之家（House of the Silver Wedding），暗色部分为露天中庭与列柱庭院

露天中庭
列柱庭院

1. 咽喉（入口处）
2. 露天中庭
3. 餐厅
4. 客厅
5. 走廊
6. 厨房
7，8，9. 盥洗室
10. 避暑房屋
11. 卧室
12. 蓄水池
13. 遮棚走道
14. 花园
15. 相连房间的入口

提姆加德的公共建筑与商业地区

商店
公共建筑

提姆加德（Thamugadi，罗马殖民城市，坐落在今阿尔及利亚）的罗马村落的设计平面图。这座村落由特洛伊人于公元100年修建，公元7世纪时废弃。插图明确反映出，集会广场和剧场等公共建筑如何分布在一个棋盘式住宅建筑模式上

1. 集会广场
2. 剧场
3. 东大门的凯旋门
4. 总督府
5. 市场
6. 公共浴室
7. 图书馆
8，9. 私人住宅
10. 天主大教堂（公元3世纪）
11. 小礼拜堂

### 3.2.1 公共与私人之间的过渡空间｜Transitions between public and private

街道的配置，如柱廊的使用等，足以说明罗马人对各个都市区域之间如何转接相当感兴趣。维特鲁威在他的书中特意以极大的篇幅，说明如何防止有害健康的寒风吹到大街上。编年史家利巴尼奥斯(Libanius，314—394）在公元360年左右以文字描述了小亚细亚地区的一些罗马城市，他在报告中特别强调私人住宅、公共建筑与街道空间之间的转接方式。他指出："当你走在（主要街道）上时，你会发现一连串的私人住宅，其间夹杂着许多公共建筑，有神殿、公共浴室等；由于距离不远，区内的居民要去哪里都很方便，而且每一个入口都在柱廊内。这是什么意思呢？这长长的描述想说些什么呢？对我而言，最舒适、最有益于都市生活的是社会与人们之间的往来。相信天神宙斯也会同意，有了这些才能算是一座城市。"[2] 这种城市与私人住宅、公共与个人之间的转接过渡似乎有一定的规范原则，足以组织罗马富裕市民的房子（domus，拉丁语中"家"的意思）。

或许我们应该先看看"私人"（private）这个词的起源。它来自拉丁文中的动词"privare"，意思是剥夺。对于罗马人而言，私人领域的形成是整个社会空间被剥夺的最大原因。他们认为，空间原本是一种公共的资产，个人因自己的需求将空间划分为小单位。传统罗马城市中的房子可以说是这个概念的实践。维特鲁威对此有以下的描述："我们必须有原则上的考量，区分出哪些空间应该属于私人所有，哪些应该与外人分享。私人空间在没有得到主人邀请时不得进入，如卧室、餐厅、浴室及其他用途类似的地方。公共空间则是每个人都可以进入的地方，即使没有得到邀请也没关系，如门庭(cavaedia)、列柱庭院(peristyles)及其他用途目的相同的地方。"[3]

公元前4世纪以来，存在于意大利中部的罗马住宅只不过是一些小房子，它们围绕在一个宽阔、露天的中庭（atrium）周围。中庭里有宗祠、火炉及餐桌。房间就是卧房、餐厅及仓库。贯穿整栋住宅的动线沿着纵向的轴线发展。访客必须走过"咽喉"，即街上商店之间一条狭窄的通道。中庭后方则是一座有围墙的花园，经由一条通道可以到达。

许多房间围绕着中央开放的空间，这是一个基本原则；公元前2世纪以后更进一步向房屋后方延伸，形成一个或多个列柱庭院。这些庭院的空间很大，同样是开放的花园空间，可以让家人往后方撤出。列柱庭院的形成，让罗马人的生活空间与外界大众取得联系。不过，从另一个角度来看，这个家庭专用的第二聚会空间也突显出家庭隐私的特质。中庭传达给外面世界的是家族传统的社会地位，列柱庭院则是一种非正式的家庭空间。公共空间与私人空间的过渡关系改变，造成另一种结果：随着玄关（vestibule）的出现，这个过渡空间变得相当正式。

### 3.2.2 象征与实用｜Representation and utility

前述的例子只强调公共空间与私人空间的差异，其他许多方面都避开未谈，例如维特鲁威用风向来安排房间的考量或是厨房之类的辅助空间如何定位的问题等。

下一个例子将回到1500年，离我们生活的时代更近一点，讨论的重心也有所不同。15世纪末，威尼斯贵族的主要收入来源发生变化，从海外贸易转变成意大利东北维内托地区（Veneto）的本土耕作。这些低洼的沼泽地大部分是威尼斯刚刚征服的地区，需要宣慰安抚，也需要灌溉设施。新领土的统治者需要前哨站(outpost)来维持秩序，控制广大的农耕地区。这些前哨站拥有别墅山庄的外形，但绝非佛罗伦萨贵族与市民的郊区住宅，与之前所述的圆厅别墅更是大异其趣，不能算是健康的乡间去处。在维内托的别墅中，理想的乡村生活与农事的需求形成冲突；住在这里的人必须看管整个农区，别墅则是新主人的化身[4]。这些住宅特别强调其象征意义，刻意突显出反映新主人社会地位的建筑配置。这些想法所呈现的是，人类活动、建设工程与建筑物的功能都一样经过慎重的组织安排，表现出新社会的稳定。

安德烈·帕拉迪奥设计的埃莫别墅（Villa Emo，1559—1565年)由三部分构成，其中有两部分是侧厅，内有较多实用的空间，如厨房、酒窖、马棚、工具架以及存放谷物和鸽笼的房间。这些鸽子是用来与威尼

埃莫别墅，从凉廊圆柱间看过去，视线沿着横切农地的轴线伸展

埃莫别墅，宽大的台阶与中央主建筑的凉廊

斯联络用的信鸽，因为主人碍于政务，必须留在城中。

不过这座别墅最为惊人之处是位于中央的独栋建筑，那是主人一家离开城市到此所居住的地方。这栋建筑端正地坐落在几千米长的中心轴线上，不但将整个庄园一分为二，同时也是别墅的入口处。住宅区块位于中心轴线上的中心位置，说明了地主与农民之间的从属关系，也展现出地方秩序与宇宙秩序的一致。这栋中央建筑完全不同于罗马城中的住宅，它所表现出来的是，这里的公共区域与私人领域之间几乎不分泾渭，所有的空间都是典型的接待区，并且反映出主人的社会地位。这一点特别反映在设于中央建筑内的房间，它们有凉廊（loggia，即有列柱的长走廊）及主厅（sala，即主要的大厅），经过一段宽敞且不算短的台阶才能到达。整个庄园的事务都在这些房间处理，庄园主也在这里接见当地百姓。中央建筑的其他房间各自也有用途特点，但是多用于其他方面，如用餐、睡觉等。

古代罗马城镇的住宅中，空间的配置导致私人领域的形成，并且产生了进入室内时的顺序惯例，两者分野鲜明。相对地，帕拉迪奥的16世纪别墅展现了一个有象征意义的建筑计划。就其建筑本身的组织而言，足以表现这一层意义的是，该别墅的家居空间设置在一大群柱子后的两翼部分。

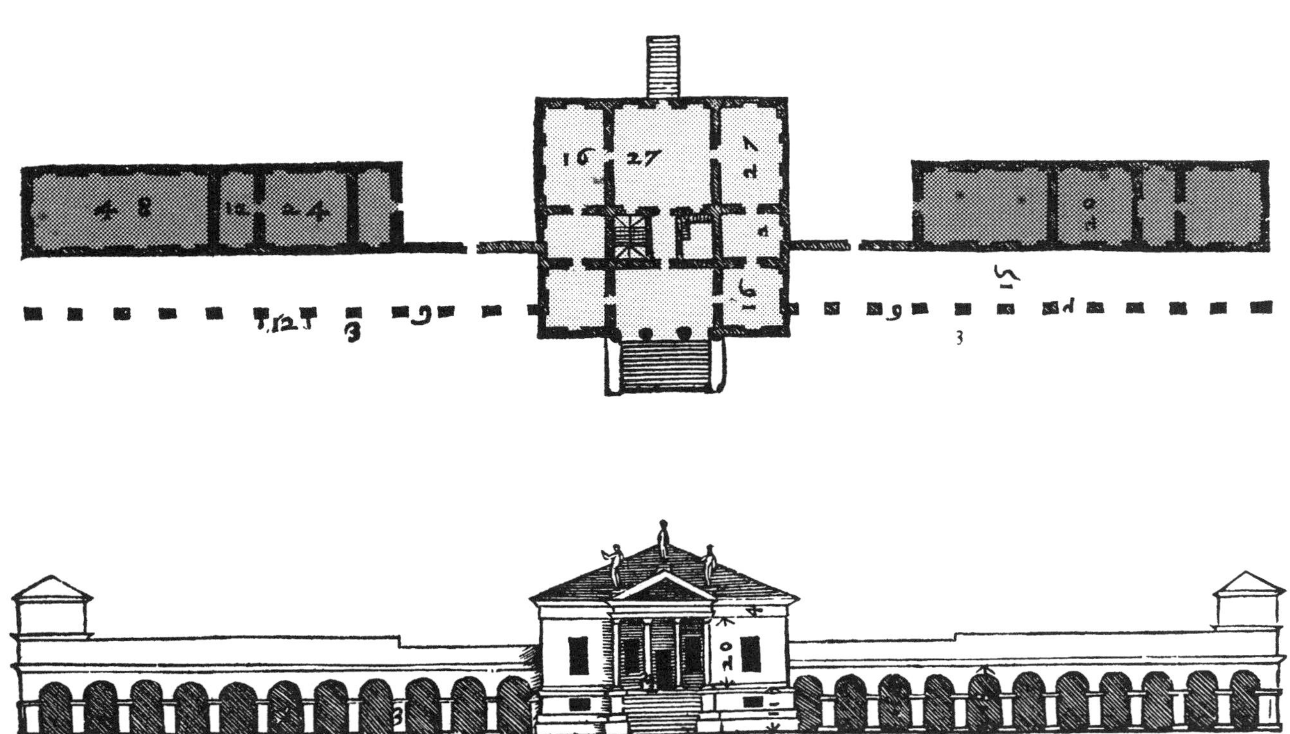

安德烈·帕拉迪奥，埃莫别墅（1559—1565年）
平面和剖面

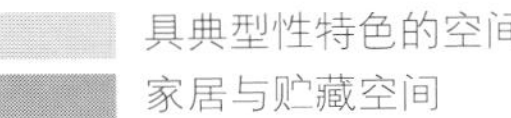

具典型性特色的空间
家居与贮藏空间

## 3.2.3 新时代初期的城市 | The city at the dawn of the new era

中世纪时期，欧洲城市经历了一个缓慢却稳定的成长过程。大部分欧洲城市的扩建发展都没有一定的规律，城市的形成通常取决于景观环境的地势。都市活动都经历过形态类似的分化与重整，整个过程在经年累月后才逐渐成形。一般而言，都市环境的社会构造与劳力分工也会呈平行发展。居民因职业不同而形成不同的团体，有陶艺匠人、皮革匠人、布料商、铁匠与木匠等。时至今日，这些职业上的差异与单一团体所属的活动从街名上仍可见一斑。稠密的建筑物之间原本有很多工作场所，可能会造成都市发展的阻碍，然而此时已迁至市郊。在阿姆斯特丹，运输公司坐落于港口一带，距离市中心还有一大段距离。集中于市区里的有宗教建筑、行政机关、教育与培训大楼等，它们组成了城市的主要构成要素。第 5 章将详细探讨中世纪阿姆斯特丹的建设史，并辅以一些说明都市活动如何分化的插图。

14 世纪以来，稳定成长的途径毁坏殆尽，这要归咎于好几种因素。欧洲贸易的扩大、金融经济的发展以及 16 世纪后方兴未艾的海外贸易，这些都在文化上及社会上造成莫大的转变，大大影响了欧洲城市的发展。

前面一章里，我们探讨了文艺复兴及早期巴洛克式建筑设计的发展过程。现在我们将焦点集中于 1550 年至 1650 年间的活动，观察新兴活动及重新诠释过的行为如何对城市形态带来冲击。通过举例说明的方式，我们将仔细观察两个足以作为欧洲国家发展的典型范例：一为罗马，这个反对改革的天主教圣地；二为早期中产阶级商人冠盖云集的阿姆斯特丹。

这两个城市的故事显示出，同一个时期中，两股不同的力量同样会对都市规划产生决定性的影响。不过它也同时反映出另一个事实，人为因素的介入与施行方法和这两股力量有直接的关系。简而言之，罗马的例子包括许多企图利用建筑来恢复教廷权威的计划，这正是宗教改革者不齿的做法。阿姆斯特丹则不然，它在 17 世纪经历了彻底的转变，这个转变竟然整合了都市生活的实际需要与都市上层对地位表征的需求。

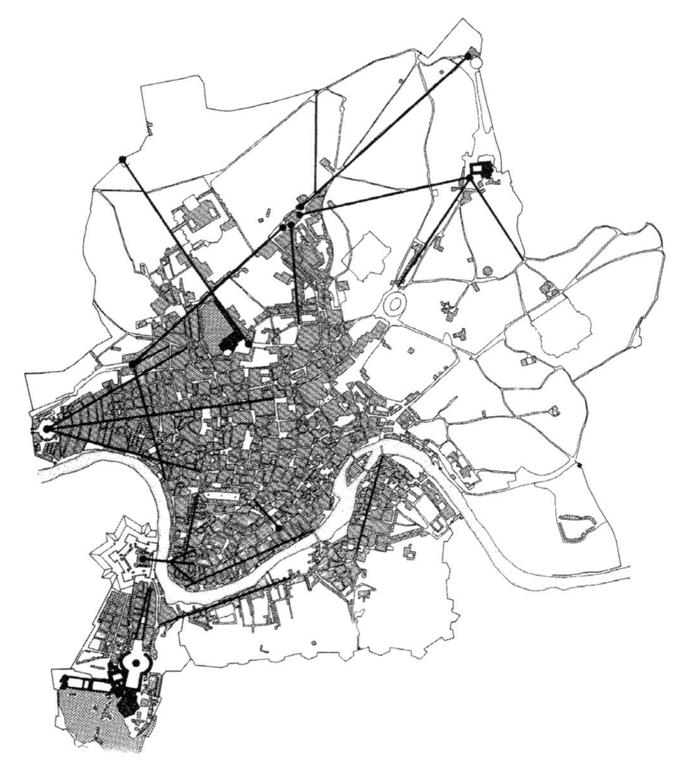

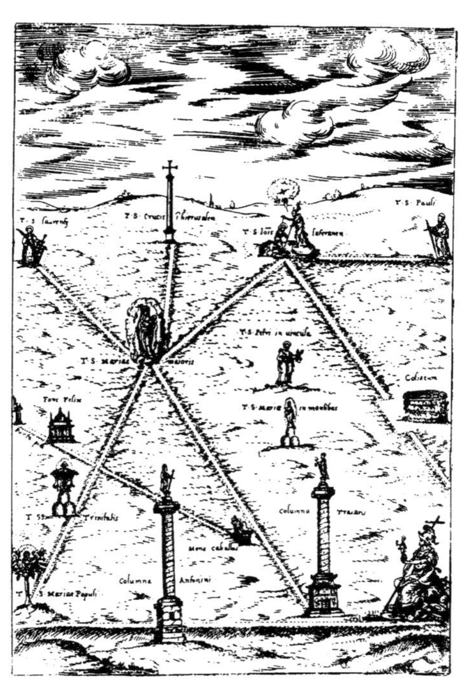


罗马 18 世纪的城市设计平面，特别标示的为教皇西斯托五世在位时所建的旧马路与主要街道

罗马，1588 年绘制的显示纪念性建筑之间的联络网

### 3.2.4 圣城中教廷权威的表达 | Expressing church authority in the Holy City

1585年，教皇西斯托五世（Pope Sixtus Ⅴ，1521—1590）就职时，除了过去罗马黄金时代的一些遗迹及回忆之外，昔日古代罗马的辉煌光彩早已颜色褪尽。自从高架引水渠废弃之后，这个中世纪城市的范围只局限于台伯河（Tiber）沿岸一带。原来修建有集会广场与神殿的丘陵上一片荒芜，只剩下一、两座供朝圣的教堂。

西斯托五世在位期间（1585—1590年）许多计划开始推行，目标都相当明确。目标之一便是为当时积弱不振的教廷开发新的经济来源，办法是恢复丘陵地的灌溉设施，并且以善意的人为因素介入其中，激励制造业发展。然而整个计划最引人注目的地方却另有目的。通过巧妙连接七个主要的朝圣教堂，西斯托五世和后来的教皇们让罗马拥有了今日的风貌，成为天主教的中心。

西斯托五世充分利用某些既有的建筑构件。首先，罗马有七个重要的朝圣教堂散布于这座中世纪城市的周围；虽然这些教堂坐落在奥勒良皇帝（Emperor Aurelian，214—275）于公元271年所建的城墙内，但其所在地仍属荒凉。

另一点则来自一个古老的风俗仪式。那是一种游行的仪式，在当时的背景下重新得到诠释。许多文化中，社会活动经常伴随着一个有宗教性质或世俗色彩的游行仪式。这是一个非常古老的现象，用一场游行的盛会来陈述一个故事，有时候用演员表演，有时则由人群拥着雕像前进。游行以一长列的队伍前进，途中经过城中或城郊几个特定的地点，主要的角色、跑龙套的小配角、旁观者们都是这场大众表演的一部分。这个传统可以追溯到古代的西方文明，其年代与一些为游行而设的建筑不相上下。例如在罗马时代的集会广场上，我们仍可看到一系列的拱门，那正是战士们凯旋荣归时游行用的。中世纪时，原本宗教游行的路线变成一般的道路，在罗马的新计划中再度获得青睐。

西斯托五世及后继者所采取的是分段实施的策略。首先，他们将方尖碑（obelisk）作为一般的设施树立在重要位置及朝圣地。这些地点包括位于人民之门（Porta del Popolo）、圣母大教堂（Santa Maria Maggiore）、圣约翰·拉特兰大教堂（St.John Lateran）以及圣彼得大教堂（St.Peter's）。这些方尖碑放在每栋建筑物前的重要位置，在朝圣的路途中形成一个当时鲜为人知的网络。到了下一个阶段，方尖碑之间多了道路来连接，这个网络在城市的形式上留下相当强烈的视觉效果。城中的广场大多开辟在方尖碑周围。由于有这些人为因素的介入，教堂才得以随时保护没有围墙的开放式广场，直到后来才让它们成为城市本身的一部分。更由于新开辟的街道循直线前进，朝圣者随时都可以看到沿街的一连串活动。此外，这些新的街道还能满足马车这种新兴运输工具的需要[5]。

西斯托五世的计划绝非偶然形式，而是适应实际使用上的需求所作的措施。新的路线系统让教堂与教堂之间连成一线，提供了游行活动前进时的路径。重要的交叉点、笔直的街道与方尖碑合而为一，形成了一个紧密连接、容易解读的网状系统。罗马城的特质自此定型，也因此永远掌握在教廷手中。

### 3.2.5 商业城市中的居住与工作 | Living and working in the mercantile city

阿姆斯特丹的经验与罗马相去甚远，它在 17 世纪的发展完全不受统治者左右。在阿姆斯特丹的变迁过程背后，那股强大的驱使力量来自该城身为商业贸易中心的全新角色。16 世纪末，港口急速成长，商业活动欣欣向荣，从荷兰南方、西班牙及葡萄牙大批涌入的难民，导致阿姆斯特丹的人口激增。1585 年，修建三条新水道的工程展开，城市扩建计划深受文艺复兴审美与几何概念的影响。在将阿姆斯特丹塑造成一个商业重镇上，中世纪的传统扮演一个相当重要的角色[6]。这个传统形成扩建部分中的最小构件：新建的运河沿岸出现狭长的土地区块，很像旧城镇中的景观。

运河旁的房屋发展清楚地显示，崛起中的商人阶层努力让梦想和希望成真，转化并表达在这些住宅的楼面设计与建筑上。

17 世纪初，阿姆斯特丹的房屋在样式上仍旧遵循着中世纪的传统。大部分设计简单，有时也会充当仓库或商店使用。狭长形的土地代表了一种建筑结构的方式：房屋的前面部分（voorhuis）供商业活动使用，后面部分（achterhuis）则是家居生活的地方。有时候，后者会搭建在另一块地基上。如果土地面积够大的话，

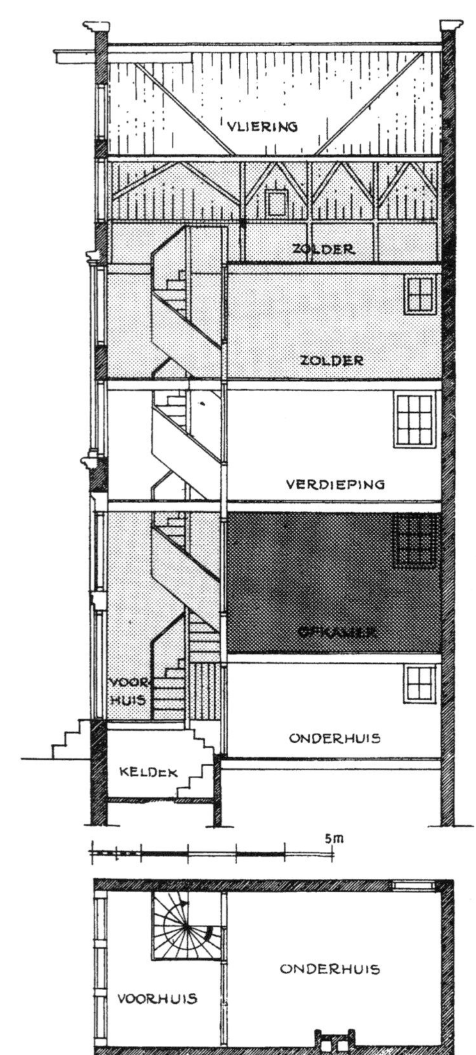


阿姆斯特丹，17 世纪早期典型运河岸住宅的剖面图

工作区域
居住区域

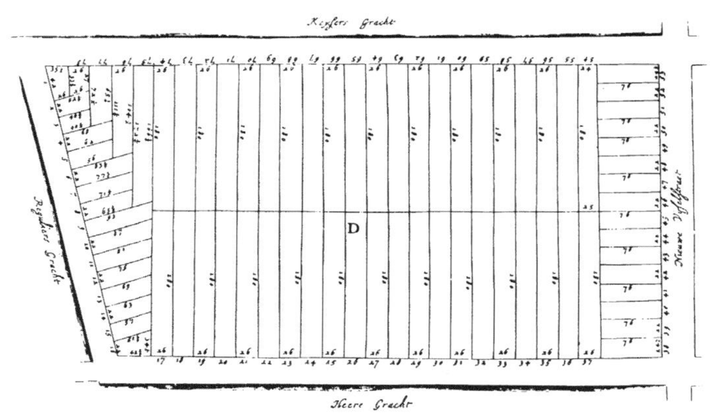


阿姆斯特丹，两运河间的格局规划图

房屋的后面部分会出现第二个空间，作为额外的居住空间或储藏室。房屋前面部分的上层通常不超过地面的二层或三层，供工作、储物及居住使用。居住区域及工作区域的分隔线穿过房屋中央，并且清楚地将两者区分开来。

新共和政府繁荣壮大之际，新兴的都市精英分子开始希望他们的住所能反映出新近得到的社会地位。如此一来，17 世纪商人住宅的楼面设计得以突飞猛进的发展。1639 年，菲利普·温布恩斯（Philips Vingboons，1607—1678，荷兰建筑师）所设计的住宅建于国王运河街（Keizersgracht），该建筑将不同功能的空间划分得特别清楚，从外表就可以看出它分为居住与工作（商业）两部分，不失为一个非常典型的例子。房屋前面部分高耸处是一个小房间，使在这里进行事务管理工作的经理不受外界干扰，可视为一间侧房或办公室；房屋后面部分的入口位于走廊的一端，是一个新的建筑构件。这个旋转空间绕着内部庭院，将光线传送到房屋后半部及前半部上层的居住区域。内部隔间依照功能来划分，但是从建筑外观可以看得相当清楚。运河旁的房屋有两种不同的高度，还有典型的起重横梁（lifting beam），让人一看就知道原来有其商业用途。

菲利普·温布恩斯设计的住宅（1639 年），建于阿姆斯特丹的国王运河街 319 号，原图为建筑的立面与平面。平面清楚显示出办公室为一特别的空间，从正面看去，略为抬高一些

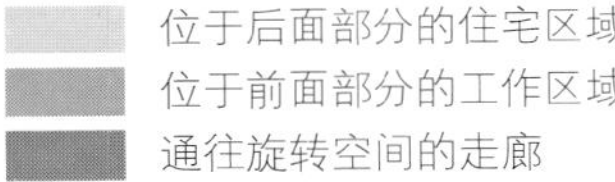

位于后面部分的住宅区域
位于前面部分的工作区域
通往旋转空间的走廊

### 3.2.6 兼顾工作及居住的具有指导意义的方案｜Pilot schemes for work and dwelling

1594年，荷兰工程师西蒙·史提芬（Simon Stevin，1548/1549—1620，数学家、工程师）写了《城市建筑的组织计划》（*Van de oirdening der steden*），这是第一篇用荷兰文探讨都市规划理论的论述，也是最重要的一篇。史提芬在文中提出了一个商业城市及其所属河港的设计，设计中有许多表达概念的示意图，图中反映出16世纪末人们如何使用一座城市。这些示意图也让人想起过去一些理想的都市规划，尤其是意大利的都市规划。史提芬的示意图以15世纪末的荷兰城镇为对象，以城镇功能为目标。示意图中，他摒弃了放射状或向中心点集聚的结构概念，不再追随意大利式城市的设计概念。这是一个合于逻辑的做法，对于荷兰而言，城市的商业活动远比防御工事重要。舍弃了放射状的配置安排后，他在示意图中将住宅、商业建筑与纵贯城镇的三条运河整合在一起。这个运河系统中还保留了广场，作为公共空间及行政管理、教育、商业等机关的用地。这里还有重要的市集、教堂、学校、救济院，边缘处才是皇室宫廷所在之地。其他所有供城市四个区域使用的公共设施都位于城中四个广场上，分布得很均匀，广场集市所卖的货物也各有特色[7]。

史提芬的设计简单而有特色，对于荷兰当地与欧洲西北部的都市扩建计划影响非常深远。这全都是因为它能应付17世纪新兴的大规模商业网，满足其功能上的基本需求，并且为主要的都市活动提供一个清楚合理的区域架构。此外，它的示意图还可以向四面八方扩展，这一点更适合商业城市，因为商业城市的特性之一就是向外扩展。这一篇论述之所以重要，不只是因为它对都市计划有所影响，同时也因为它让我们看到17世纪的城市在功能配置上的概念如何发展。

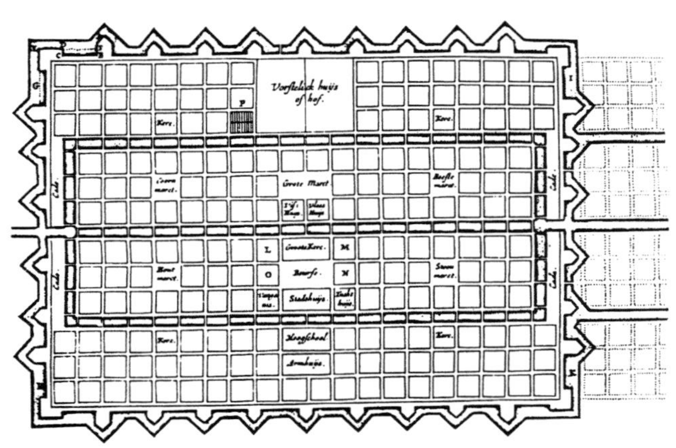

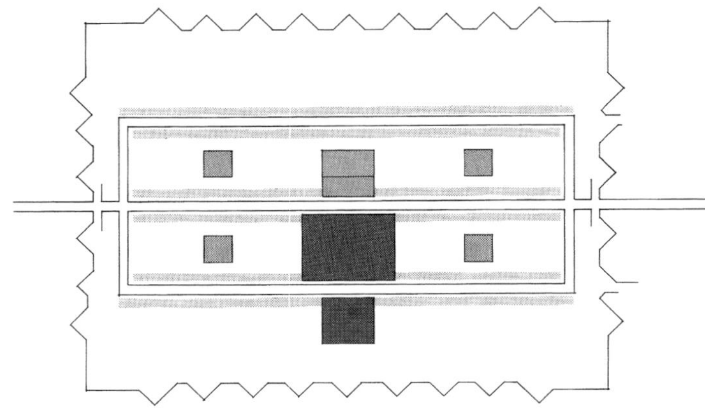

西蒙·史提芬绘制的商业城镇图（录自《城市建筑的组织计划》）

城镇的功能组织

## 3.2.7 房间与通道 | Room versus circulation

安德烈·帕拉迪奥的别墅是其他欧洲国家建筑师汲取灵感的重要源泉。英国是一个特殊的案例：17、18 世纪时，那里老一辈的地主与刚崛起的富商阶层融合在一起。新兴的阶层与新的建筑形式同步发展，在后来的三百年中对英国的建筑产生实质上的影响。这种新的建筑形式就是乡间小屋（country house）。

乡间小屋承袭当时算是“现代”的古典英式室内格局，到了 17 世纪时面临了重大的变化。意大利北部的别墅没有将公共空间与私人空间明白分开来，英国的乡间小屋则以不同程度的“公开性质”来安排空间。从埃莫别墅与罗杰·普拉特（Roger Pratt，1620—1684，英国建筑师）于 1650 年设计的科勒希尔之家（Coleshill House），我们可以清楚地看到，英国人将房屋所有人的私人空间与公共的活动空间区分得很清楚。英国的乡间小屋非常重视隔间的形式，这一点和 16 世纪的意大利别墅不同，与温布恩斯的运河房子较为接近。仆人及主人一家之间有所区别，完全表现在建筑的格局配置上。建筑师普拉特本人认为，在房子的中间配置标准长度的走廊，可以防止房内的人被来往的人侵扰。普拉特还认为，如此一来，主人也不会看到其他房间里工作的仆人[8]。

楼面的设计也因此在走廊与房间的区隔上下了更大的功夫。17 世纪时，正如帕拉迪奥的别墅格局，房间都是紧密地连接在一起；后来每个房间越来越独立，最后变成从走廊才能进入。空间变得愈来愈像现在的房间，结果每个房间逐渐形成各自特有的功能。18、19 世纪出现了典型的英式乡间小屋，那是一种大型的乡间住宅，每个房间只有一种用途，从名称上便可一目了然。这种形式的房子可说是许多房间的集合，其中包含了为特别活动及特殊气氛所设的房间，有餐厅、早餐室、图书室，还有女士专用的休息室（drawing room，原为退避房（withdrawing room）），让她们可以避开男士吞云吐雾下形成的烟幕。

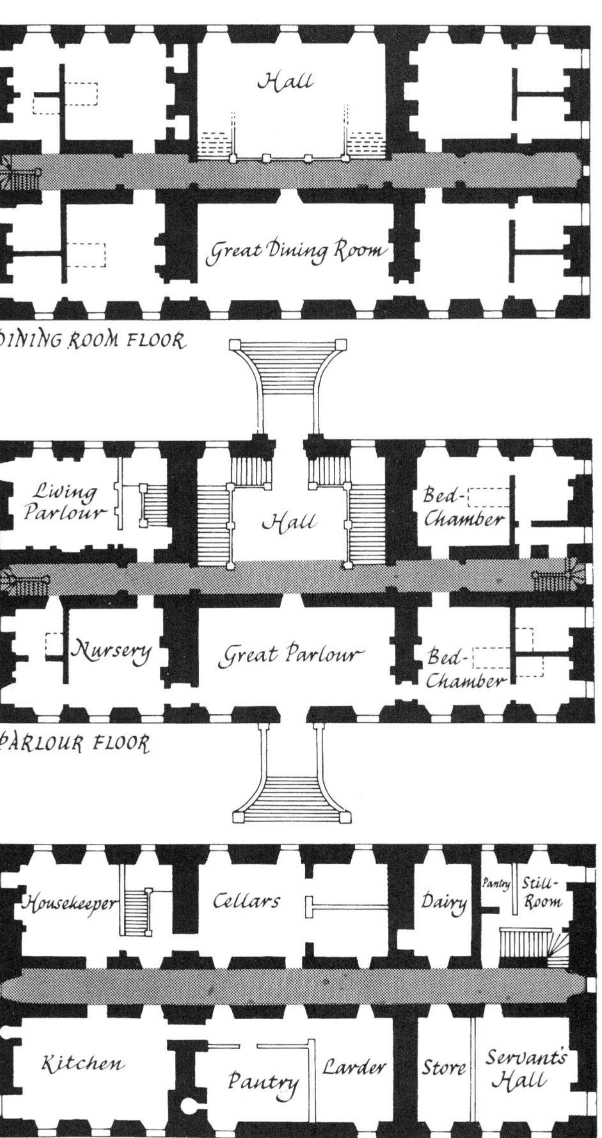


罗杰·普拉特的科勒希尔之家（1650 年）

 走廊

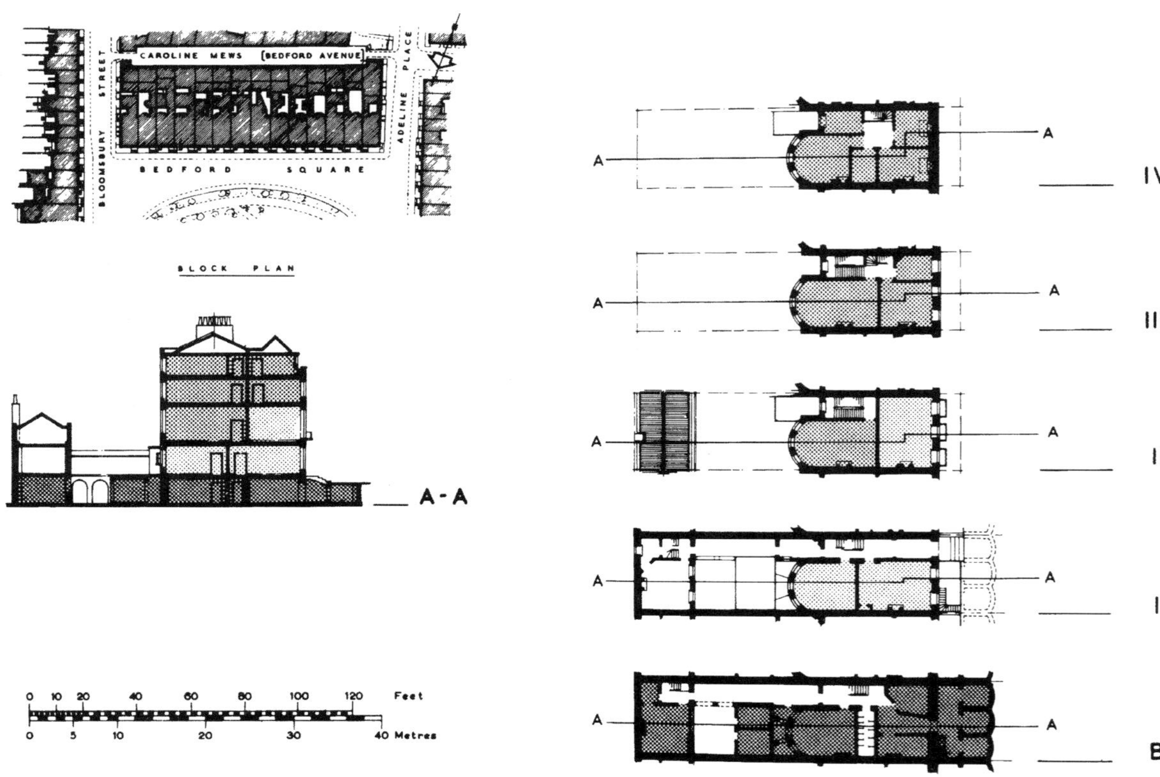


伦敦布鲁姆斯伯里区（Bloomsbury）的贝德福德广场（Bedford Square），1775—1780年，南侧立面。这些是其中一栋房子的平面与剖面图，让我们看到18世纪典型的英国富有人家所居住的城镇房屋。它的地下室延伸至广场下方，内有厨房、地下室和仆人的住房。通常餐厅都设在地面上。一楼的高度比其他楼层高，内有客厅，可以俯视外面的街道。其他的房间则设定为卧房

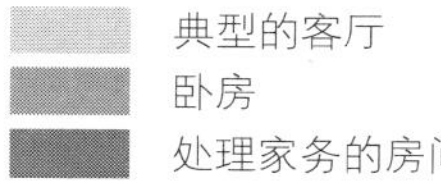

### 3.2.8 标准化与规格化 | Standardization and specification

18 世纪英国城镇里的住宅和帕拉迪奥的别墅一样，居住空间与通道配置之间的关系有明显的改变。同时，当时的房子也清楚呈现出另一种建筑的趋势，此一趋势在后来的两个世纪中才取得主流地位。伦敦、巴斯（Bath）和爱丁堡城里的住宅通常不是由私人委托兴建，而是由掌握特定市场的承包商出资营造，并且确实从中获得不少利润。新住宅必须符合一般大众的需求，因为在兴建过程中并不知道谁会住进去，过去只为了配合某些人使用的模式已不再适用。结果导致对于标准规格化的需求大增，需求之大，远非独栋房屋所能相比。住宅的实用性必须经过明确的估计，考量到个别空间有不同的活动，而这些活动的背后是一个相当复杂的传统体制，更关系到个别居住者的社会地位。

这些事实很清楚地表现在建筑的楼面设计上。前面提到的大部分例子中，各楼面设计中所包括的房间都没有任何附带的功用；英国城镇的房屋则不然，每一个房间不但都有特定的名称，还有一定的惯例来规范。面对这么一个买方与使用者皆不可知的市场，建筑业者（从当时起即指承包商及开发商）与建筑师必须用可以度量的名词及数字来表达居住的乐趣或舒适。英国城镇住宅的例子让我们清楚地看到，使用效能及方便性的基本条件、防火设施的管制条例以及委托人的改变，都足以导致一个新住宅形式的出现[9]。

伦敦兴建大型的住宅区，让城市（商业中心）及专供居住用的郊区之间变得泾渭分明，后来影响更深及欧洲大陆。这种市、郊之间的差异导致城市景观彻底改变：市、郊之间清晰的界线不在了，随着居住地区的高度渐减、建筑密度渐低，城市的范围才能得以界定。中产阶级从城市中出走，带着他们生活形态中那种温暖的家庭舒适，远离都市现实所带来的创痛。德国作家沃尔特·本杰明（Walter Benjamin，1892—1940）如此描述这样的发展："就私人而言，如今的居住空间与工作场所已形同对立。前者与人的内心一致，办公室则是另外一种居住空间。在办公室里，个人必须面对现实，他需要用内心的空间来支撑他的幻梦。"[10] 这个发展是住宅区的滥觞，任何形式的侵扰都必须阻隔于这个单一功能的地区之外。

### 3.2.9 居住与舒适性 | Dwelling and comfort

在 19 世纪的英国建筑中，有关舒适的概念持续发展，设计内容变得更为精致。伦敦及其他大城市的工业快速发展，产生了新的建筑使命（车站、办公室大楼、工厂等）；随着铁路网的扩大及地铁的出现，郊区也逐渐成长发展。有钱的市民与中产阶级对于居住舒适性的需求越来越高，更多的发明出现，只是为了适应居家生活的方便。如此一来，居住环境的舒适性变成了建筑研究的课题之一。

建筑师查尔斯·沃塞（Charles Voysey，1857—1941，英国建筑师、家具设计师）于 20 世纪初绘制了采光示意图（sunlighting diagrams），在这方面是一个很好的范例。沃塞在示意图中指出，家庭里各种不同的活动最好依照理想的采光设计来安排。大湖区（the Lake District）[责编注] 有名的乡村住宅，便是沃塞将示意图付诸实现的设计之一。阳光及英格兰最负盛名的温德米尔湖（Lake Windermere）景观左右了这栋建筑的格局，使得它分成视野良好的居住空间与招待用的侧厅。在房屋格局的安排上，这一分为二的隔间如同两个相连的容积体，侧厅的位置居次，居住空间则占主位[11]。

[责编注] 位于英格兰北部，被誉为英格兰境内最美的地区。

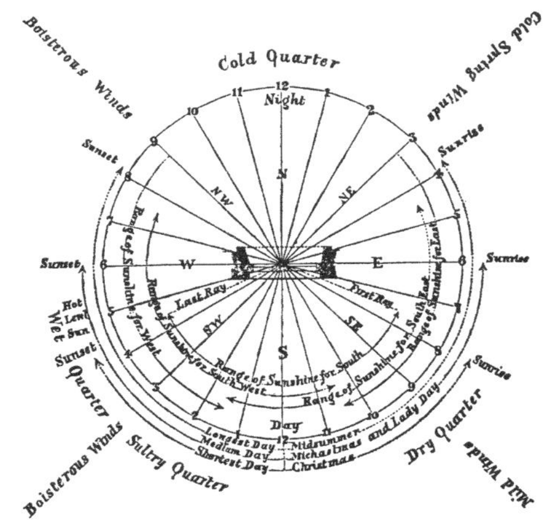


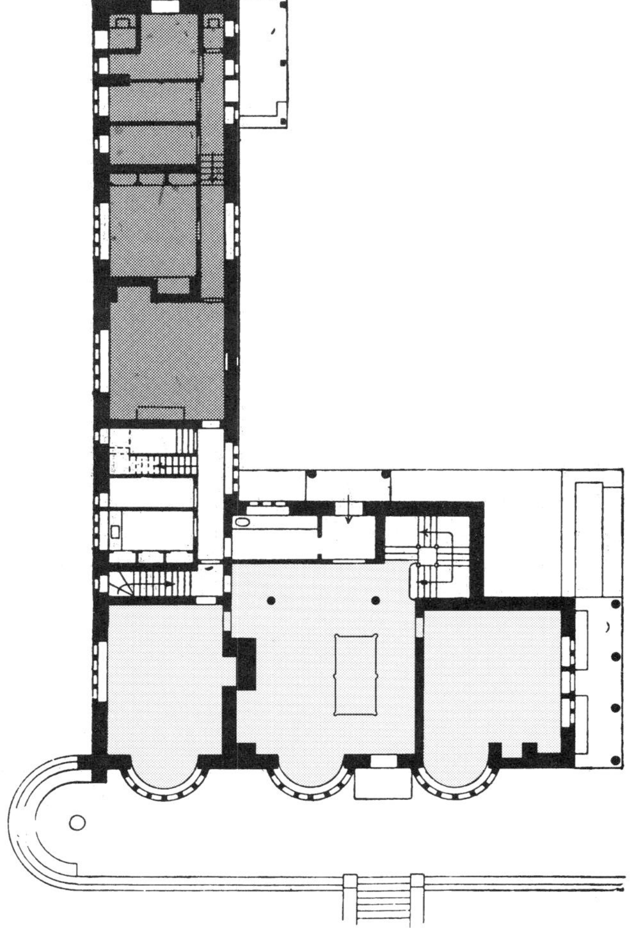

采光示意图

查尔斯·沃塞于 20 世纪初所绘制，大湖区畔的住宅，1908 年，平面图

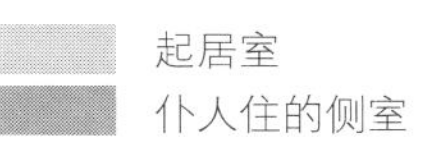
起居室
仆人住的侧室

## 3.3 功能主义 | Functionalism

由于 19 世纪的工业化大都市快速发展，住宅建筑变成一个社会问题，为数众多的人口必须在短时间内取得容身之处。

在此之前，住宅建筑的营造者一直将共识定位在实用价值上。此外，我们之前所举的例子都只有简单的目标，且常常只是为了适应富有人家的需求。这一点在 19 世纪有了很大的改变，兴建的速度很快，卫生条件极差的住宅更充分证明了这样的转变。由于工人住宅设备有限，所有的注意力便集中在必要性与实用功能两方面。

### 3.3.1 依功能分区 | Separating the functions

19 世纪时，大型的工业企业及新型的运输方式出现，对城市的格局配置有了新的要求。例如，铁路的出现俨然是一种新的运输方式，它无法轻易融入既有的都市结构中，只是切穿过去而已。工业规模与日俱增，毫无住宅用途的商业中心开始出现，这一种景象首先出现在伦敦，随后在欧洲及北美其他地区的大城市也相继出现。逐渐地，工业区及商业中心不再与住宅区连接在一起。这样的发展大多归咎于市场机制的因素，由于商业区的地价水涨船高，很少人能够在这些地区继续居住下去。

1850 年之后，住宅的品质开始受到重视，因为霍乱、结核等传染病曾经肆虐一时。为了解决都市一大群住宅的卫生问题，国际现代建筑代表大会（CIAM）的建筑师们极力倡导居住区域及工作区域必须分开。这个主张的重点在勒·柯布西埃的《雅典规章》(*Athens Charter*，1933 年）中有详细的叙述与整理。他更加以严格分类，将居住（Dwelling）、工作（Work）、娱乐（Recreation）与交通（Transportation）作为都市规划的四大方针。

1935 年，由柯内利斯·范·伊斯特伦（Cornelis van Eesteren，1897—1988，荷兰建筑师、城市规划师）负责阿姆斯特丹规划机构，制订了一个《总体扩建计划》（General Extension Plan—AUP）。这项计划完全根据国际现代建筑代表大会的提案发展而成，估计阿姆斯特丹未来成长的前景，以此作为着手的起点。该城的成长过程中，人们将发展一些以绿地分隔的郊区住宅；每一个住宅区有专属的日常生活设施，方便直接取用。那里没有商业区，其基本设定是男性的居民必须到城中其他地方工作，例如西区新建的码头等。

史洛特普拉斯湖（Sloterplas，阿姆斯特丹西部的一个人工湖）与阿姆斯特丹森林（Amsterdamse Bos）这两个娱乐区是计划中很重要的构成元素。两者延续了所谓"民众公园"（public park）的传统，即公园设计以娱乐用途为重心。因此，阿姆斯特丹森林有划船的水道、水上运动中心、运动场、露天剧场以及供人骑马的小路及农田。

### 3.3.2 功能关系与人体移动 | Functional relations and movement

奉行功能主义的建筑师从美国科学家那里找到了灵感，尤其是科学管理的创始人弗雷德里克·温斯洛·泰勒。20世纪20年代时，他们作了一项调查，研究如何将一个楼面设计切开，给予设计本身最大的客观标准。然而他们更向前迈进了一步。他们不仅组织整理建筑的功能，并且着手设定必需的最小尺寸规格（minimum dimensions necessary）。他们宣称，形式和功能是相同的，功能足以创造出形式，而陈旧的原则已经不再适用。美国建筑师路易斯·沙利文（Louis Sullivan，1856—1924）说："形式永远追随着机能。"（Form follows function.）长久以来，人们一直将这一信条视为标语口号，牢记在心[12]。这一套概念深深影响了"法兰克福厨房"（Frankfurter Küche）[责编注]的设计师格蕾特·舒特－里霍茨基（Grete Schütte-Lihotzky，1897—2000，奥地利女建筑设计师），促使她设计出公共住宅的模范厨房。她把自己的设计视为一部机器，整个构想建立在"机能隐含着形式（a function implies a form）"的概念上。在她的厨房中，所有的动作都发展自人体工程学的基本需要，同时也被这些需求左右[13]。人体工程学（Ergonomics）研究的是，人类身体在不同活动下，什么才是最健康、最不会疲劳的姿势。这项研究源自追求高效能生产技术的工业，但是建筑师很快便加以利用，将其转化成空间的形式。因此，在预设一个动作需要多少表面空间时，便可以用数量的形式来界定。许多动作有一个共同目标，例如准备食物，可以依不同的功能归类，并且以量化的名词来描述。在这样的情况下，有可能在一个（考量功能的）计划中事先拟定实际使用时的需要。如此一来，设计研究便转而变成探讨这些动作所需的空间尺寸及位置。

古斯塔夫·多雷（Gustave Doré，1832—1883，法国画家、雕塑家），19世纪伦敦工人区

[责编注]以高效率、低成本为标准设计的现代化厨房，其许多构成元素，如"L"形工作台面、等头高的壁橱、灶具上的排烟罩等依然是今日厨房的中心特色。

阿姆斯特丹的“总体扩建计划”，1935 年

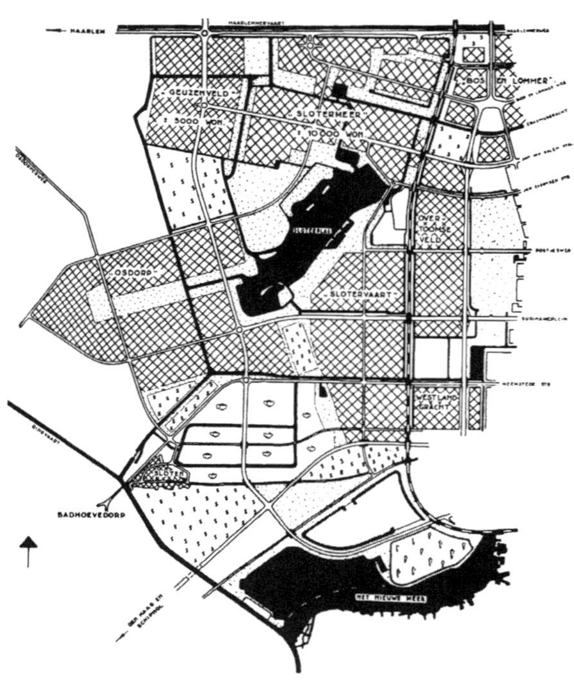


西阿姆斯特丹，“总体扩建计划”的细部

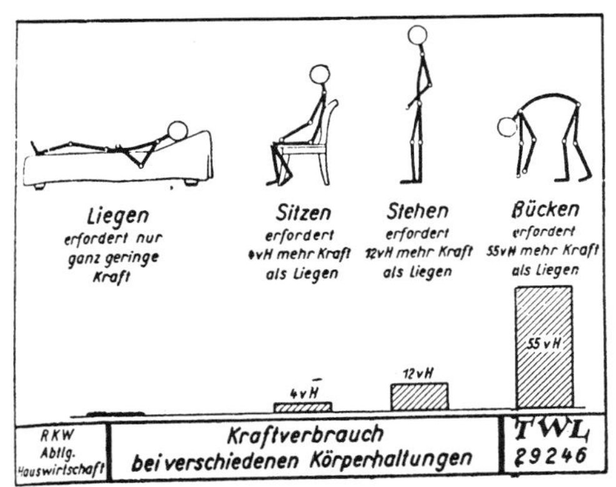


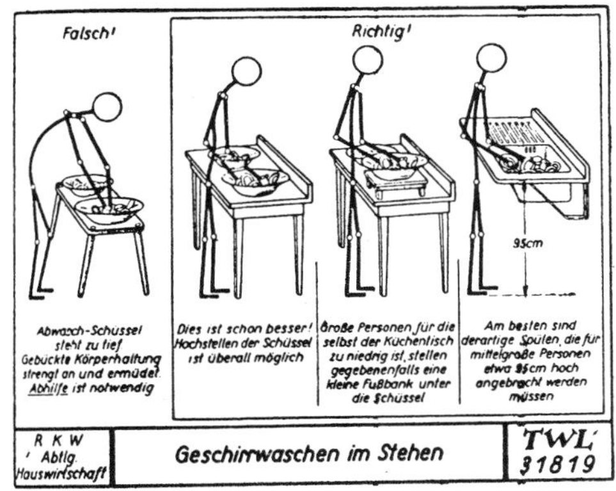


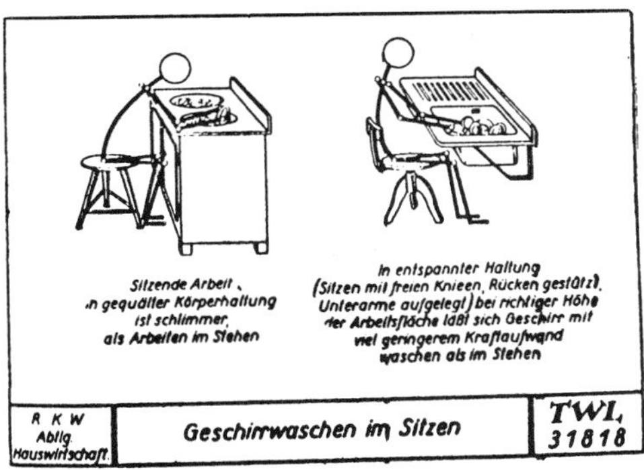


人体工程学研究的插图，探讨日常家居生活中所消耗的精力

## III. Küchen und Hauswirtschaft.

**1. Die Küche:**

In allen Wohnungen ist die sogenannte **Frankfurter Küche** von Frau Architekt Schütte-Lihotzky mit einigen Variationen eingebaut worden (Typ in Bild 25, Ansichten in Bild 26–29).

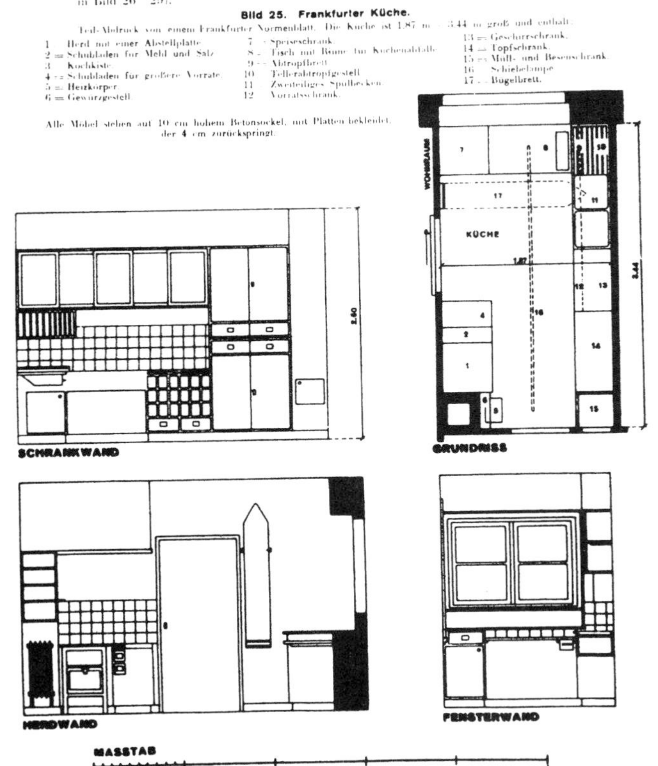

**Bild 25. Frankfurter Küche.**

Teil-Abdruck von einem Frankfurter Normenblatt. Die Küche ist 1,87 m × 3,44 m groß und enthält:

1 = Herd mit einer Abstellplatte.
2 = Schubladen für Mehl und Salz.
3 = Kochkiste.
4 = Schubladen für größere Vorräte.
5 = Heizkörper.
6 = Gewürzgestell.
7 = Speiseschrank.
8 = Tisch mit Rinne für Küchenabfälle.
9 = Abtropfbrett.
10 = Tellerabtropfgestell.
11 = Zweiteiliges Spülbecken.
12 = Vorratsschrank.
13 = Geschirrschrank.
14 = Topfschrank.
15 = Müll- und Besenschrank.
16 = Schiebelampe.
17 = Bügelbrett.

Alle Möbel stehen auf 10 cm hohem Betonsockel, mit Platten bekleidet, der 4 cm zurückspringt.

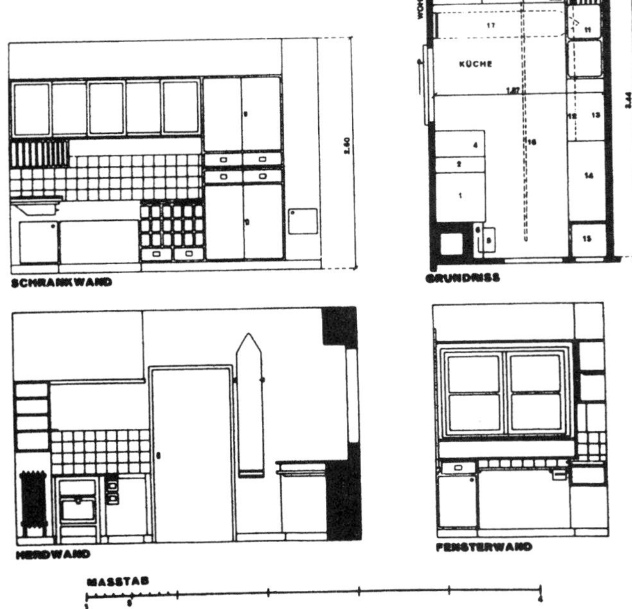


“法兰克福厨房”，格雷特·舒特－里霍茨基 1926 年绘制

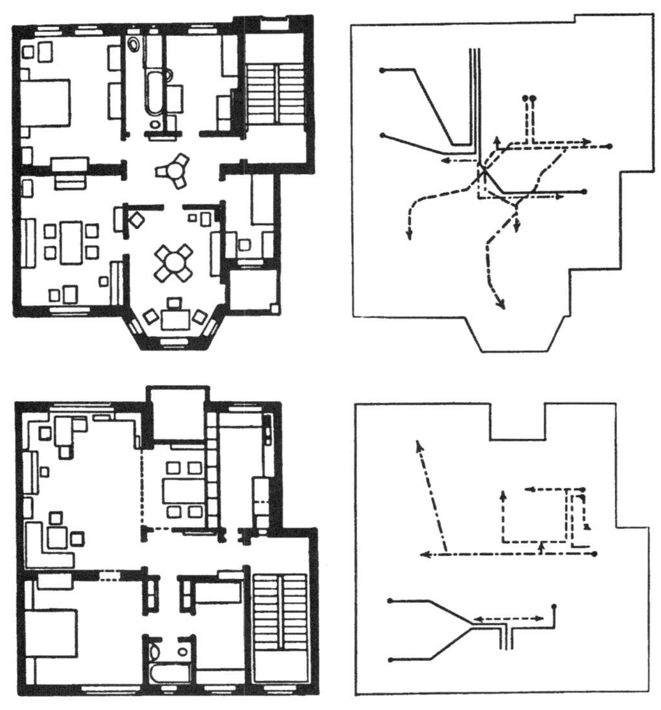

传统与现代设计平面中的动线研究。亚历山大·克莱恩 1931 年绘制

### 3.3.3 日夜的用途 | Day and night use

上文针对以功能为导向的厨房做了一番研究，但只是说明了公共住宅的某一层面。有些研究人员甚至尝试记录日复一日发生于房屋中的活动，有系统地制成示意图。亚历山大·克莱恩（Alexander Klein，1879—1961，俄国建筑师）就房屋的用途制作了一系列的示意图，这是一个耳熟能详的例子。克莱恩的出发点是，要将行动及活动分类，可以视其发生在白天或夜晚而定。通过将每一个活动定位在某个时间，他希望在活动所需的最小空间上有所发现。有一个例子将这种方法应用得非常好，那就是约翰尼斯·亨德里克·范·登·布鲁克（Johannes Hendrik van den Broek，1898—1978，荷兰建筑师）于 1935 年设计的作品。他以该作品参加一个极具影响力的低成本工人住宅设计竞赛。设计中每一部分的用途都有非常严谨的规定，甚至于以一天中不同的时段来细分。不同种类的功能单位，如客厅、卧房、厨房及浴室，也都以最客观的标准来分类。不过，尽管这个标准再客观，也只有当设计师能想象得到所需的空间，才算适用[14]。

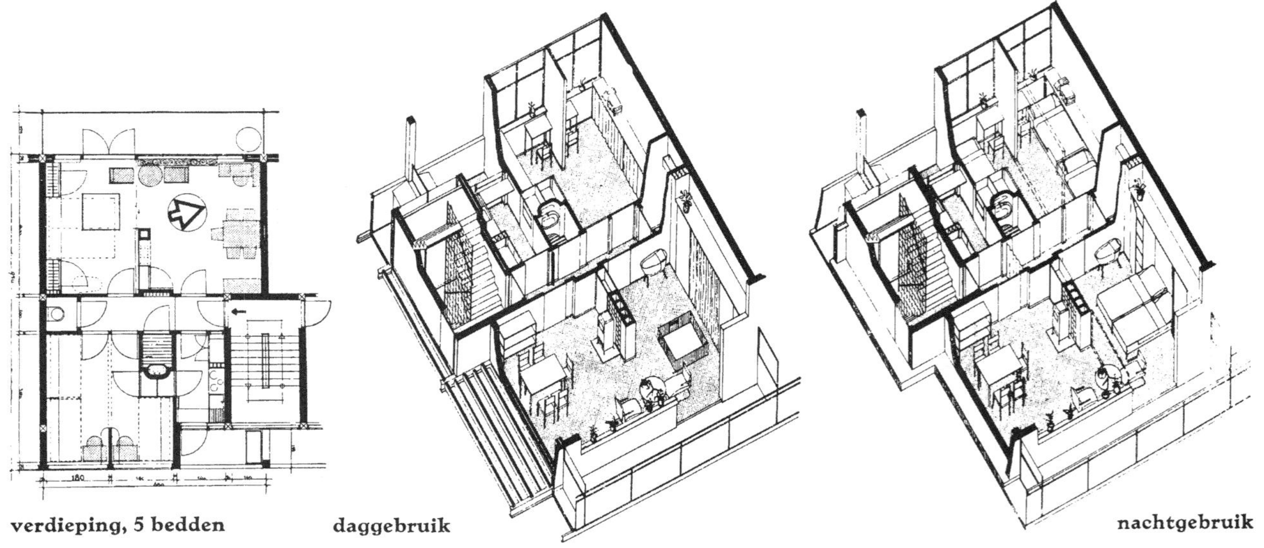


范·登·布鲁克参加低成本工人住宅设计竞赛的作品，1935 年。添加家具后的楼层平面图

范·登·布鲁克参加低成本工人住宅设计比赛的作品。显示日夜用途的等轴测图

### 3.3.4 设备中枢 | The utility core

二次大战期间及战后不久，在泰勒从事研究活动的美国，建筑师们开始设计所谓的“居住的机器”（machines à habiter）。这种设计的重点在于，屋内有很多设备（如厨房和卫浴）的位置设定都必须迁就管线的配置。在这些“服务性”空间（servant spaces）外，便是一些形状不甚固定的起居室、卧室等，可称之为“接受服务”空间（served spaces）。服务与接受服务之间的差异有多少，可见于弗莱彻兄弟（J.and N. Fletcher）1945 年的作品。他们在房屋中央设计一个机械及设备中枢，集中所有生活必备的用具与设施，就像是将一个功能示意图活生生地搬到现实中一样。

布克敏斯特·福勒（Buckminster Fuller，1895—1983，美国建筑师）于 1938 年设计了一组现成的套装浴室，可说是将产品合理化（product rationalization）与人体工程学结合的最高表现，并证明两者足以决定建筑构件的外形。这组现成的套装组件经过精细的计算，完全符合预计所需的空间，更可以轻易地移到另一个地点安置。

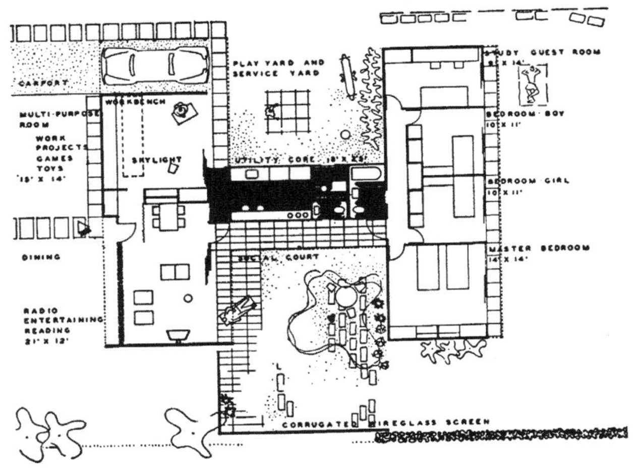


弗莱彻兄弟，中枢住宅平面图，1945 年

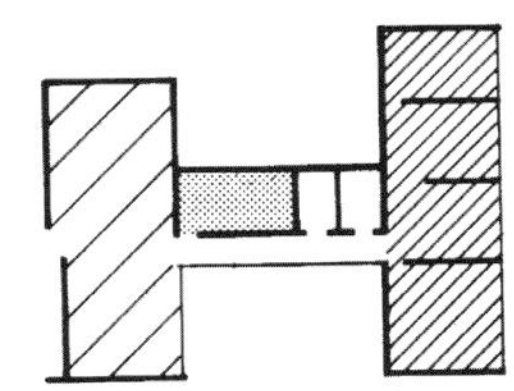

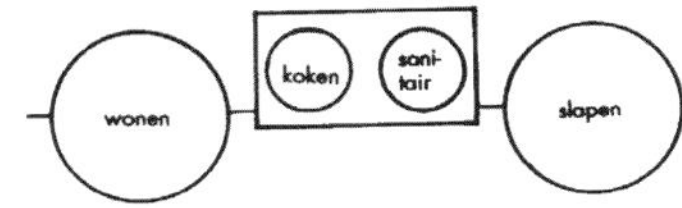


中枢住宅，相互关系与功能组织

浅阴影：起居室
深阴影：卧室
公用设备

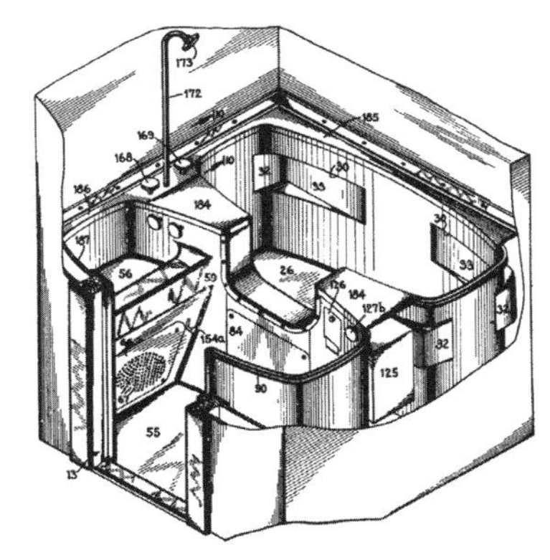

布克敏斯特·福勒设计的套装浴室，1938 年

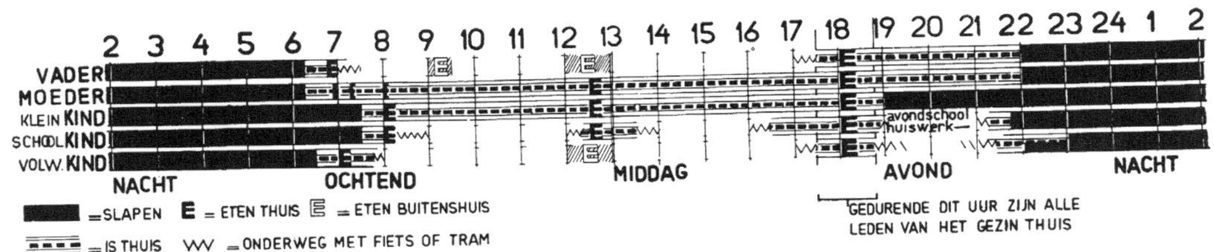


马特·史坦（Mart Stam），家庭成员每日生活行程表，1935 年

### 3.3.5 第二次世界大战后的设计研究及实际运用｜ Design research and practice after World War Ⅱ

第二次世界大战后，功能主义者的前卫思想变成一般建筑中常见的构件。这种情况在罗斯福总统任期内得到很大的支持，当时美国政府第一次为人民广建大型的住宅区。但是，大战前建筑师所发展的公共住宅及都市规划，对西欧的影响更为深远，特别是北欧、英国、（当时的）西德及荷兰等几个国家。这些观念，加上对生活最基本需求的探讨，对于国家重建的工作尤为重要。

战争爆发前的几年，德国建筑师兼工程师恩斯特·诺依费特（Ernst Neufert，1900—1986）出版了一本相当厚重的书，书名为《建筑设计手册》（*Bauentwurfslehre*，1936 年）。这本书是一个非常珍贵的宝藏，内容几乎记载了每一个日常活动所需使用的表面积，这本书在 20 世纪 50 年代成为一本标准著作，至今仍有许多建筑设计以它为参考模板。诺依费特与他的工作人员们测量了所有的东西，从最小型的鸽舍、最有效率的旅馆房间，一直到大型室内停车场中最好的疏导系统。《建筑设计手册》自始贯彻一个想法：做好完整的建筑功能分析，几乎就可以创造出一个客观的设计。尽管其他作家可以用更有视觉形象的言词来表达这种乐观的专家思考逻辑，诺依费特的书对建筑师的影响之深至今仍然无法衡量。功能主义者的思想体系一步步地影响政府制定的法律及标准，荷兰对于公共住宅最低使用面积——垫子的规定（matjes）便是一例。

为了解决大规模改建的问题，大量的研究致力于如何将设计的限度扩张到最大，默默地从功能上的需求中找寻线索。20 世纪 50、60 年代时社会科学与自然科学对设计的影响日益增加。对于决策机制的形成与扩张设计限度的过程，当时的相关研究将两者视为战争所产生的效应，这些研究于战后依然继续进行。战后，建筑设计被视为是一种三维空间的配置安排，可以通过严格的实验及数理模型加以复制。形式不再是过去观念中那种自成一格的类别，通过形式来思考，只会让设计师摆脱不了传统与个人情绪的限制，无法采取纯粹科学的态度。克里斯托福·亚历山大（Christopher Alexander，1936—，奥地利建筑师）引入数学与计算机科学的新科技，获得对传统建筑的抽象概念。这种想法的前提是，厨房、卧室和花园之类的构成元素会组成一个看来很完整的配置。排除了所有的东西，却留下一个先入为主的观念，想要取得一个“纯粹”的分析是不可能的。因此，在他所著的《论形式的综合》（*Notes on the Synthesis of Form*）一书中，亚历山大提出一个适用于一般情况的方法，以此来解决建筑设计方面的问题[15]。他将设计问题定义为“必须满足的必要条件”，并且认为这些必要条件之间都有一定的关联，使得它们难以个别实现。亚历山大引入科学的方法，用来追踪这些关联，并加以分析，让建筑问题的底层结构浮现，解决的方法也以合理的方式呈现出来。

## 3.4 战后时期 | The postwar period

亚历山大的思考原则是，纯粹以科学分析人类的需求与活动，辅以心理学和经验学识，便可以产生很好的设计。这种专业技术人员所持的乐观态度在1950年后遭到质疑与批评，反对的声浪来自国际现代建筑代表大会上的年轻成员，如阿尔多・范・艾克（Aldo van Eyck，1918—1999，荷兰建筑师）、彼得・史密斯与埃里森・史密斯夫妇（Peter Smithson，1923—2003； Alison Smithson，1928—1993。两人都为英国建筑师）。他们极力攻讦，评论这是一种盲目的信念，主要且直接受到战前功能主义者遗孽的影响。范・艾克如此写道："他们（编者注：指战后重建工程中的'现代'建筑师）把社会改革的抱负放在建筑上，而且固执地将建筑变成他们理性思考下的产物……他们一直在生命的旋律中弹奏错误的曲调，并且去除他们不想听的音符，但是他们的方法却出了差错，太多的音符拿掉之后，其余的音符只能发出相同的声音。"[16]战后重建工作中，功能主义者将空间设计简化成机器，只求社会进步，完全没考虑到人类一些无法量化的需求。

如何将一个方案中的使用功能与设计形式连接在一起，这样的问题再度浮现，迄今一直与我们并存，不论建筑师之间或是一般大众与建筑师之间，它都是一个关键的主题，时至今日，早已无法理清这两者之间的关系本质何在。在下面的例子中，我们会看到战后设计师所遵循的两个发展方向。一方面他们试着改变"原始"功能主义在功能排序上固执的本质，转而以弹性活泼为目标。另一方面，他们注重研究人类活动的文化脉络，视其为实际应用上的一大重点，并以此为出发点，重新诠释、运作及利用以功能为导向的建筑计划。

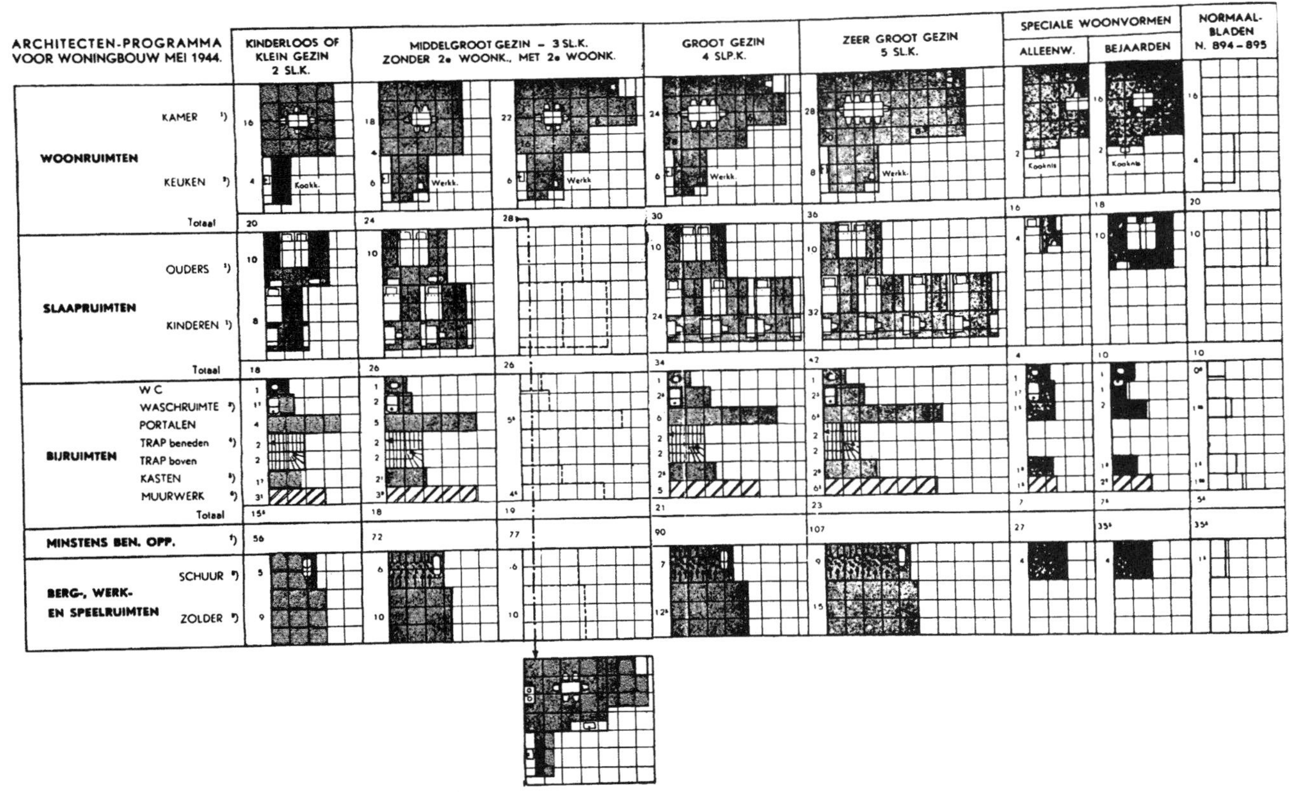

荷兰住宅设计标准，1944 年

### 3.4.1 建筑用途的共通性 | The universality of use

有些研究探讨人类活动的意义，如美国建筑师路易·康（Louis Kahn，1901—1974）的作品便是一个很好的例子。有人认为将建筑功能客观地安排组织起来，就足以架构出有意义的建筑，对于这样的做法，康并不赞同。他试着将建筑计划转变成一种本质元素，称之为“建筑存在的意志”。他以相当有力的文字，将这个想法写在他1960年所著的《秩序说》（*Order is*）一书中。以下是书中的一段节录：

“空间的本质反映出它想变成的东西

音乐厅是一个安东尼奥·史特拉第瓦里（Antonio Stradivarius，1644—1737，意大利提琴制造家）所制的提琴，或是一只耳朵

音乐厅是一架具创造力的乐器为巴赫（Johann Sebastian Bach，1685—1750，德国作曲家）或贝拉·巴尔克（Bela Bartok，1881—1945，匈牙利作曲家）调好了音

由指挥家演出抑或是一个会议厅呢？

空间的本质中有心灵、有存在的意志

以某种形式存在着

设计必须紧紧跟随着意志”[17]

康萃取了建筑设计中的精华，将其转化成人类活动的原型。这些活动的空间包括了工作场所、书房、住宅、街道及聚集场所，正是所谓“接受服务”的空间，也是日常生活所用的地方。相对于此，他另辟了“服务性”的空间，包括洗手间、花房等诸如此类的地方。这样的区分对建筑计划的诠释相当重要。在康的观念里，建筑的“意志”（即功能主义者所谓的计划本质）与建筑材料结合后，便产生了一种建筑形式。乍看之下，他似乎只是将功能主义者的理念变得精致一点，但是他所用的诠释方式却反其道而行。对他而言，建筑计划的本质不只是呈现有效使用时所需的条件，同时也反映出人类追求自由及安全的那种最深层的欲望及意志。在这一连串的想法中，有一个构想是：服务性的空间需要一个圆柱体的形式，接受服务的空间则应该为矩形。

康曾经设计了位于加州拉霍亚（La Jolla）的萨克生物学研究中心（Salk Institute）。在这项设计中，他对设计工作本质的追求延伸至建筑计划的核心。该研究中心分为三个综合大楼，每一栋大楼构成该研究机构的一个重点部分，分别为属于私人的宿舍区、半公开的实验室大楼以及公用的会议中心。设计中，这三幢综合大楼（会议中心至今仍未兴建）分布在建筑基地上，从一地到另一地时必须经过实验中心。宿舍区及会议用的两栋大楼向外突出，如同两座中世纪的城堡，在那宽阔的基地上遥遥相望。在每一个访客的印象中，实验中心看来毫不起眼。假如有具体的印象，那就是设计师希望告诉每个科学家的话：他们的研究工作只是整个社会整体的一部分，所以他们应该站在社会成员的立场，为社会大众服务。

在实验大楼里，服务性的空间（即为数不少的设备与器材）隶属于接受服务的实验室。虽然如此，这些空间所扮演的角色仍很鲜明，定位相当清楚，正如康许多建筑设计所展现的一样。在这项设计中，他将这些空间与建筑结构整合在一起。这方面的问题将于下一章讨论。在这个整合过程中，每个实验室的上方产生了一个坚固的服务性楼层，这个楼层的高度由开放式桁梁系统来决定。这个系统架设在整个实验室里，让下方“接受服务”的空间在进一步细分时可以灵活变通。

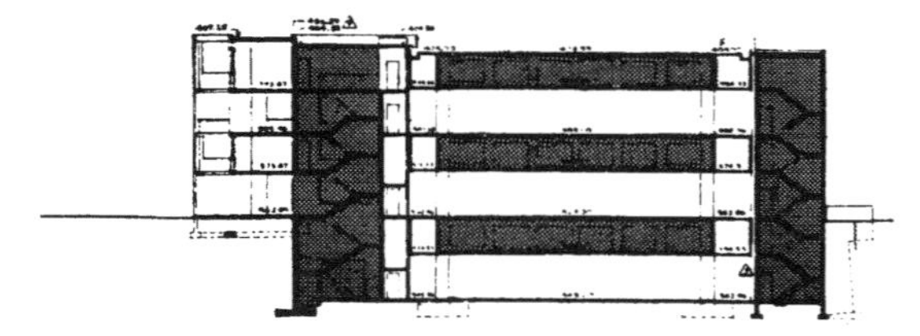

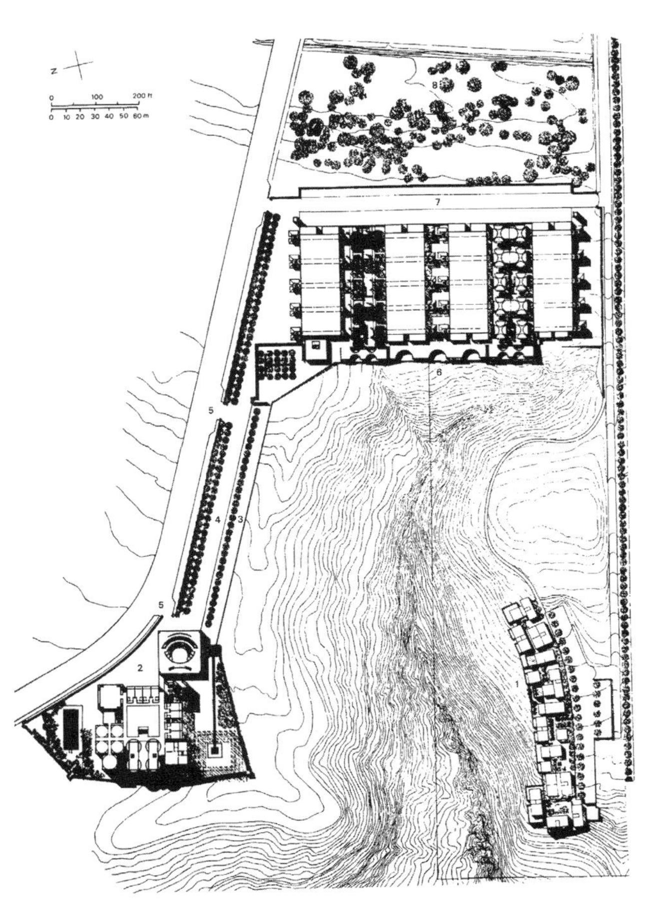

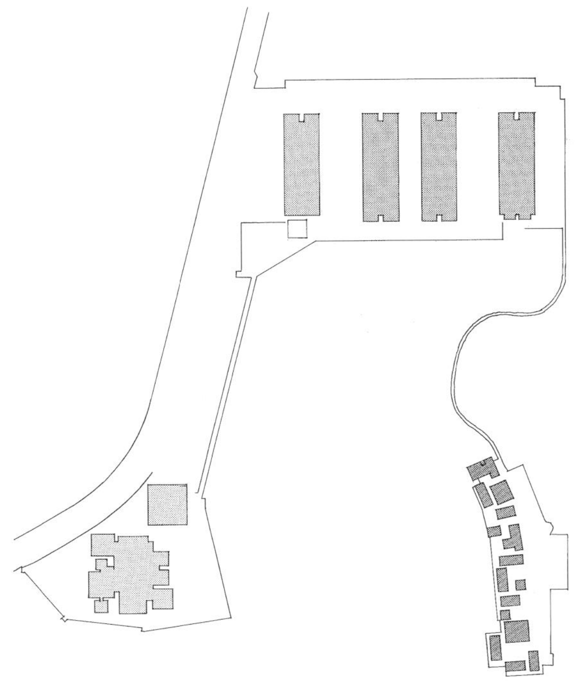

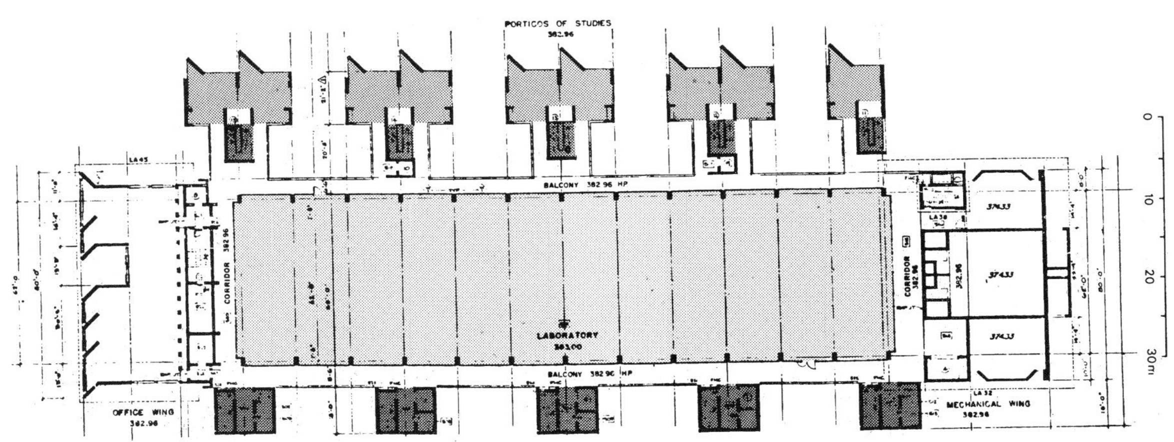


路易·康，加州拉霍亚的萨克生物学研究中心，1959—1965 年。原始的设计平面图，包括宿舍区、实验大楼与会议中心

萨克生物学研究中心，实验大楼的平面图与剖面图

实验室空间
实验间
楼梯与公共设施

萨克生物学研究中心，三个主要的区域

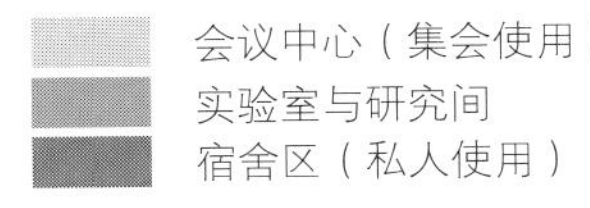

会议中心（集会使用）
实验室与研究间
宿舍区（私人使用）

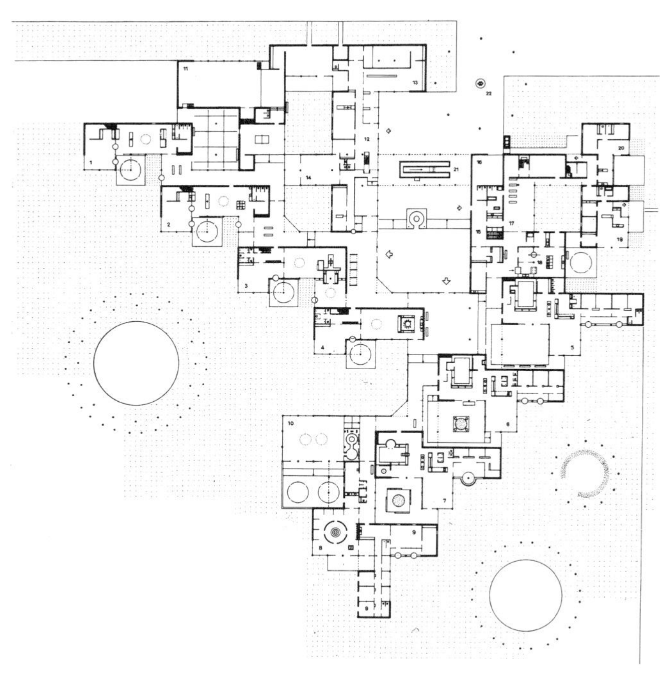

阿尔多·范·艾克，阿姆斯特丹孤儿院（1959 年）的平面图

孤儿院的入口处，可通往圆棚

## 3.4.2 双重现象｜Twin phenomena

20 世纪 50 年代，功能主义的教条遭到质疑，建筑师阿尔多·范·艾克更是公开加以批判。当时他是国际现代建筑代表大会里年轻的成员之一，后来这些年轻的一辈组成“十人小组”（Team x，1953 年第九届国际现代建筑代表大会上成立的青年建筑师组织），声名大噪。在著作与建筑中，他很早就开始挑战功能主义者，尝试背离他们那种单一化、界限分明的方法。

在 1959 年阿姆斯特丹孤儿院（Orphanage）的设计中，范·艾克让许多“地方”（places）的轮廓既完整分明，又互相重叠。在这栋建筑里，范·艾克所关心的是对立事物之间的关系，这正是所谓的“双重现象”，其中包括了开放—封闭、内部—外部、小型—大型、多—少等相对关系。他的目的是让每个单位都有自主的作用，又不失为整体的一部分，范·艾克认为，构件之间牢不可破的关系和构件本身一样重要。（在国际现代建筑代表大会成员的眼中，每一个构件为一个“隔离的功能”。）他强调这层关系，也强调人类活动与建筑形式之间的关系，借此让每一个空间成为一个有多重意义的“地方”。范·艾克用“多价”（polyvalence）这个词来表达其中的含意：每一个空间构件都有两个以上的含意，人们可以在同一时间领悟出来。

孤儿院的入口处便是他将此观念付诸实现的好例子。访客必须先通过一间架高的侧厅，才能到达俯临庭院的走廊。接下来路面铺砖的形式略有不同，两座台阶也不高，宣告前方正是主建筑物所在。这些设计划清了建筑构件之间的界线，也画出了孤儿院与外面世界之间的空间形式。主要的入口可以和外界取得联系，同时也告诉访客他们正进入一个属于儿童的世界，然而后方半开放的大厅却淡化了内、外两个世界之间的分野。整座建筑可视为一连串的空间转变，最后引领访客来到上层自成一体的宿舍区。所有的空间形式都有助于营造这一系列设计给人带来的冲击。数目有限的建筑构件设定了这里的建筑形式，包括穹顶、圆形的天花板吊灯，隔间墙则由各式各样的玻璃和砖块砌成，但全都裁成矩形。这一切再加上混凝土做成的楼梯、地板高度差异的安排、出人意料的镜面配置，架构成一个复杂的系统。系统中到处是“多价”的空间，让孩子按照自己的需要来使用每一个角落。

### 3.4.3 建筑用途的脚本 | Scenarios of use

在康与范·艾克的设计中，两人似乎无时无刻不在探索日常生活中人类活动的深层意义。他们提到了共通性，提到了这些活动超越时空的特性，带领我们观看建筑原型或建筑史上的例子。范·艾克的著作尤其强调建筑形式与日常生活惯例之间的关系。他所提到的活动并非全然发生在西方社会中，其目的不外乎要提醒人们，西方社会里的许多人类活动看起来纯属客观因素造成，实际上仍不脱其仪式惯例的本质。由于对文化意义的重视，使得他与一些原本似乎背道而驰的设计师相提并论，包括伯纳德·楚弥与雷姆·库哈斯等人。范·艾克关注每一个活动背后的共同意义，楚弥与库哈斯则质疑人们对既定功能盲目的接受。为了达到目的，他们都求助于剧场或电影的技术。20世纪20年代苏联导演谢尔盖·爱森斯丁（Sergei Eisenstein，1898—1948）与乌斯沃洛德·梅耶霍德（Vsevolod Meyerhold，1874—1940）的创作便是一例，他们的作品特别将日常生活中的行为突显出来，加以夸张、戏剧化，最后再用剪辑的手法连接在一起。这种剪辑手法造成很大的冲击，这些节录的生活片段乍看似乎没有关联，然而在此却注入了崭新、饶富戏剧性的意义。

楚弥在1981年完成的《曼哈顿手稿》（*The Manhattan Transcripts*）中绘制了一连串作品，这些画都是为了让人们注意建筑与实际用途之间的关联。功能主义严格的教条所禁止的现象，如对立、分裂等，却成为他论述的中心。他在该书的序言中写道：“这些作品的目的在于将矛盾的现象维持在具有动能的状态中，形成一种互惠却又冲突的状态。”这正是上述爱森斯丁运用的手法，经由陌生化（defamiliarization）的过程，他在各片段之间架构起一种面貌新颖、令人惊奇的相对关系。精神不集中时，看起来会觉得很奇怪、很勉强，但最后还是会看到其中熟悉的图案。楚弥如此描述他的手法：“这些手稿超越了建筑用途在惯例上的定义，以其暂定的格式来探测不大可能发生的对立状态。”[18]

20世纪80年代中，雷姆·库哈斯和楚弥一样，参加了原为屠宰场的基地改建成巴黎公园的设计竞赛。库哈斯在设计中借用了功能主义者的工具——区块划分，并重新加以诠释。这个策略带来的冲击很大，它揭示了一个肉眼从未看见的工具。他所采用的方式是，在表面处理及植物栽种上做出一定程度的差异。明白的分隔线划出各使用区域的范围，使其清晰可见。因此，每一种活动都有明显的属性，参观者可以轻易地同时从事很多活动。特殊用途产生不同的意象，由形式简单的方式来维持。在这个案例中，运动场的草地、种类不同的硬质表面以及训练路线中红、绿色的橡胶地板之间，都有一定的差异，这正是这里所谓的“方式”之一。带状区域为不同种类的活动量身定做，而且位置非常接近，只是为了营造出戏剧性的效果。这样的手法让库哈斯得以与电影从业者相提并论。电影业界中，蒙太奇的剪辑技术所展现的是，快速的连续动作之下，一连串的活动及观察看来只是单一的事件。

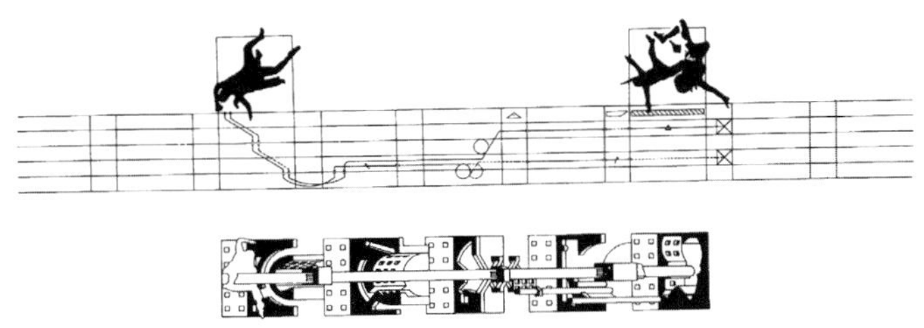

伯纳德·楚弥，《曼哈顿手稿》（1981年），前后关系的图示

### 3.4.4 形式与弹性 | Form and flexibility

西方发达国家的科技与社会进步过于快速，建筑师越来越觉得进退两难。建筑环境本身有其长久不变的特质，建筑材料必须有效地固定建筑与都市的用途，并且为处于建筑环境当中或周边的活动创造应有的条件。建筑物本身的生命与无常的人类活动之间，基本上有一定的矛盾与冲突。在设计过程中，这种矛盾称为“建筑计划的不可测因素”（unpredictability of the program）。一旦某个建筑物或城市区域施建完成后，这个因素就会像缺口一样被填平，不再是设计概要中所提的情况。早在20世纪30年代，功能主义的建筑师便已经发现有这种不可测的因素存在，本章稍早讨论过的那个可变的机械中枢便是一例。这种因素的存在，导致某些设计领域急需更大的弹性。

所谓的“弹性”，其实预设了许多目标。首先，材料的使用配置不能妨碍未来的整修工作。此外，若考虑到消费商品的续用程度，现存的建筑结构如何回收再利用也是一个问题。过去十年中，这个问题被越来越多的人关心，如今更是设计新建筑物或某一区域时必须考量的重点之一。

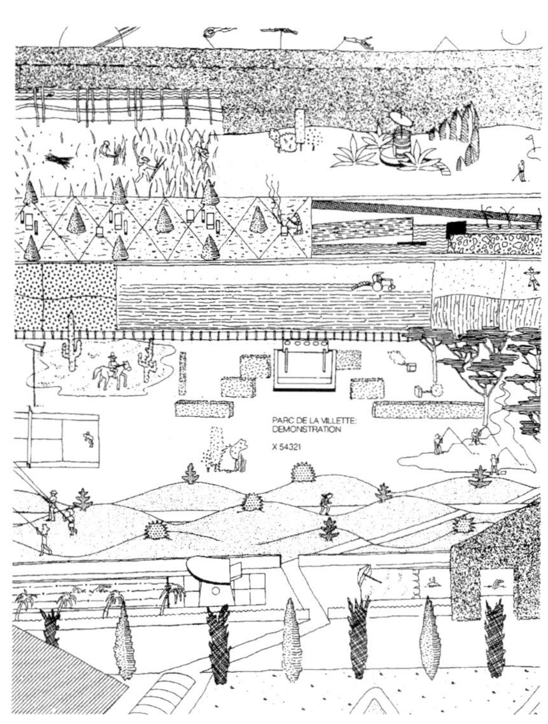


大都会建筑事务所/雷姆·库哈斯，巴黎公园的设计，1981年。演示图

为了追求更大的弹性，范围相当广泛而多样的解决之道接踵而来，然而许多与这里所讨论的主题关系甚少。尽管如此，我们还是可以整理出一些原则与方针。在这篇幅有限的讨论中，有三方面的反应特别值得一提：

——有关材料配置的问题，推迟到设计的最后一个阶段再决定；

——运用标准化、可替换的建筑构件；

——区分固定的（有承载力的）构件与可替换构件。

这些方法之间并非毫无关联，它们常常同时存在单一或相同的方案中。

对设计弹性的需求如何表达、如何转化进入一项设计中，几乎全视设计工作的性质而定。设计包含大型空间的建筑时（例如工业博览会及运动比赛所需的建筑），设计弹性的需求绝对与设计一般住宅建筑时迥然不同。下一段中，我们将焦点放在这种内部配置上的差异，举例说明各种不同建筑如何处理对设计弹性的需求。

### 3.4.5 住宅建筑的设计弹性 | Flexibility in housing

对于住宅建筑而言，设计弹性并不是一个全新的课题。二战前的前卫人士将建筑用途的自由视为一个主要的目标，勒·柯布西埃的自由平面设计便是一例。整个设计过程中，他非常慎重地将承重结构及隔离墙区分开来，借以求取内部细分规划上的自由。如此一来，设计师便可以等到建筑的立面结构及格局构成大体固定后，在最后阶段才决定房间的形状。

里特维尔德的施罗德住宅采用较有弹性的方式，取代房屋内部必备、固定的隔间，这样的尝试是一个很好的例子。对于里特维尔德来说，居住是一个有意识的举动，需要有主动的态度。施罗德住宅起居空间的平面配置便是在这个信念之下构成的。起居空间的每一个层面，如盥洗、就寝、用餐等，都需要人们做一个决定；面对每一个新的情况，居住者都必须做一个决定，然后再依照决定来采取行动。因此，在这里打开一折叠隔墙板，才可以看到浴室；桌子及卧床也可以折叠，然后收藏起来。这些都是里特维尔德给我们的例子，他尝试将有限的空间作最有效的利用。卧室在白天可以变成客厅的一部分，滑动的隔间否定了单一固定隔间的概念。只有楼梯井、管线设施与卫生设备是固定的。

如此的处理方式提供施罗德住宅很多室内使用的方式，在 10 米 ×7 米的空间中，使用方式的数量之多令人吃惊 [19]，不过，若非委托人图拉斯・施罗德 – 施雷德参与设计，而且和里特维尔德在居住空间上取得共识，如此严格细密的设计难以完成。的确，对于 1919 年时的公共住宅，这种室内设计是不可能出现的。到了 20 世纪，风格派的影响成为主流，从最近的建筑计划来判断，确实如此（见玛格丽特・杜克与米歇尔・范・德・托雷（Margret Duinker and Machiel van der Torre）在阿姆斯特丹达普本特区（Dapperbuurt area）的例子）。许多案例中，设计师选择将房屋的公共设施建在一中心处，如此配置的用意是让居住者能随心所欲地利用其他的空间。

公共住宅便是建筑师可以用来加强上述这种配置方式的领域，他们所凭借的是运用标准化的建筑构件。在美国，与此最有关联的是建筑研究基金会（SAR）所做的尝试。从 1964 年开始，他们努力推动实际应用方面的研究计划，希望开发出可以预先铸造的承重构件与可拆式的构件。在建筑研究基金会的解决方案里，支撑物及底部结构由该机构负责。这两个构件与个人用来填满建筑内部的套装工具之间仍有差距，这段距离必须由标准化的建筑构件来协助实现。该基金会设计了一栋好几层楼高的建筑物，没有固定的楼面设计，入口处、厨房及浴室则例外。居住者本身必须自己安排居住空间的格局配置。

建筑研究基金会开发出一套精密的区间规划系统（zoning system），确保建筑空间能达到最理想的使用状态。区间的规划必须依据各空间的特性，并参考它们在整个承重结构上的位置。结果他们将每个房子分为三个区间，皆与建筑的立面平行。靠外墙的两个区间照惯例当作起居室使用。居中的第三个内部区间

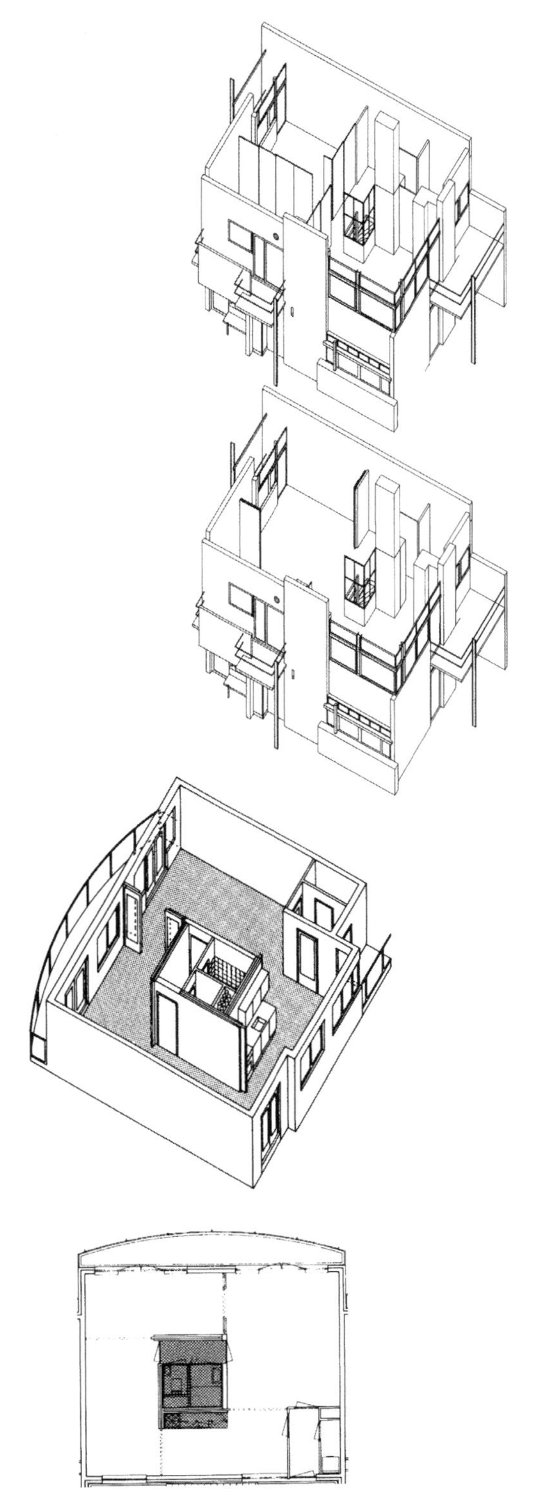

格里特・里特维尔德，施罗德住宅，1919 年。起居空间的轴测图。可滑动的隔间墙面将空间进一步分割，增加使用时的灵活性

玛格丽特・杜克与米歇尔・范・德・托雷，达普本特区的住宅，1986—1988 年，平面图与轴测图

呈长条形，配置公用设施，该基金会的术语称为“边缘”（margin），在尺寸的设计上相当有弹性。隔离墙与管线设施的位置依附在一个尺度系统上，这个尺度系统可供居住者依照自己的意愿来安置可拆式的构件。这代表居住者本人也置身于设计过程之中，在工业化的住宅系统中，以某种方式取得他所渴望选择的自由[20]。

### 3.4.6 实用导向的建筑所需的设计弹性｜Flexibility in utilitarian building

在住宅建筑方面，设计弹性的需求造成了承重结构与室内装设充填之间的差异，也带来了相当程度的标准化。这样的策略对于办公大楼也很重要；一般而言，方网格系统与装设充填之间的关系是整个设计的关键。

当设计所需的空间很大，而不是一连串小型的空间时，对于设计弹性的需求就会出现。结束这一章前，我们最后再来看看两个案例，这两者都需要“人工气候”（artificial climate）才能发挥细分空间层次的自由。这类案例中，最惊人的就是布克敏斯特·福勒（Buckminster Fuller，1895—1983，美国建筑师）在1962年的提案，那是一个以大地测量学为基础的穹顶，目的在于防止曼哈顿受到空气污染。在这个具有启示性的景观中，覆盖的结构只不过是一层表皮，它包住了都市生活，使其免遭外界恶劣气候的侵扰。福勒的提案已将建筑的领域推展到了极限，整个方案侧重于建筑的某一个方面—即抵抗不良的气候，至于

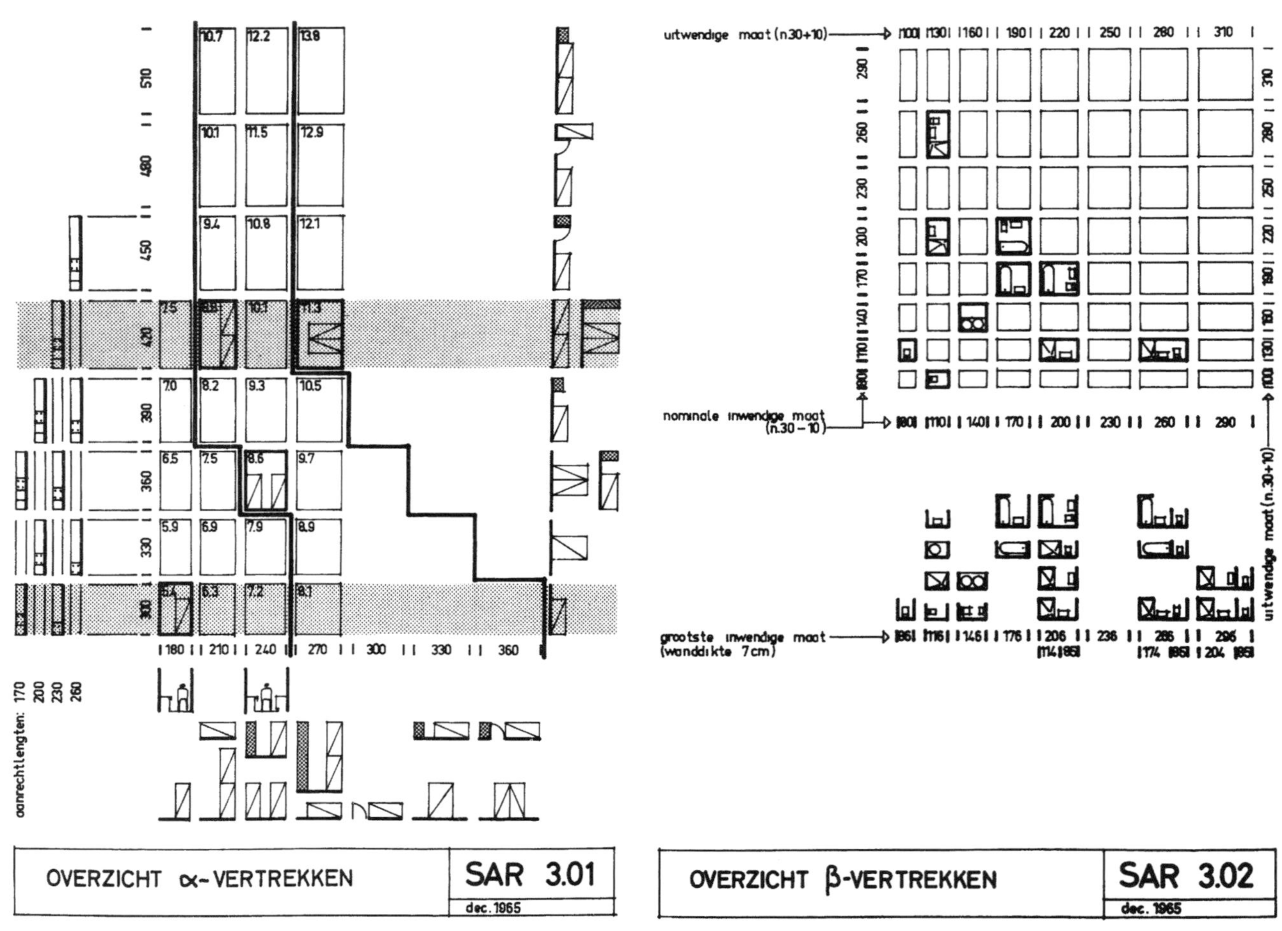


建筑研究基金会所制订有关单一住宅单位中起居空间与寝室空间的分配图，1965年

穹顶本身如何使用，福勒没有提出更进一步的说明[21]。

这种由建筑创造出稳定气候的想法，在英国建筑师诺曼·福斯特（Norman Foster，1935—）的作品中再次出现。20 世纪 70 年代早期，他与福勒共同设计了许多方案。在这些案例中，他将重点缩小，只处理建筑使用的灵活度与建筑材料配置之间的关系。福斯特常常借设计公用设备亭（serviced shed）来完成他努力追求的设计弹性，这是由铝、钢铁和玻璃制成的综合性货柜[22]。

这种做法再加上采用尖端科技的建筑工程与气候控制，便催生出一栋建筑，位于东英格利亚（East Anglia）诺维奇（Norwich）的桑斯伯里视觉艺术中心

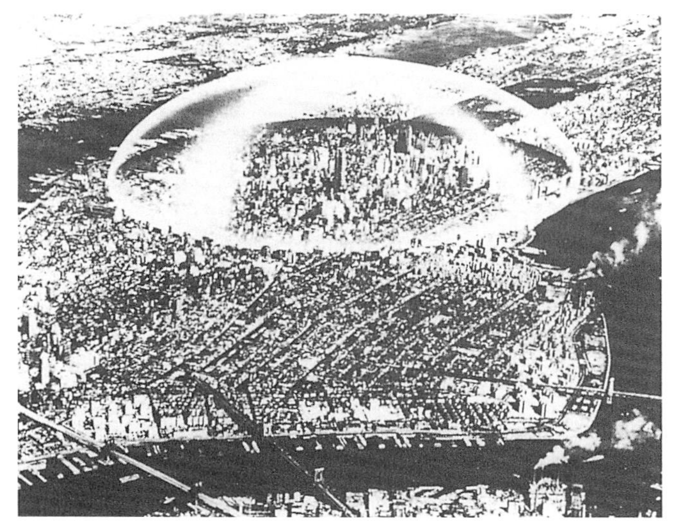

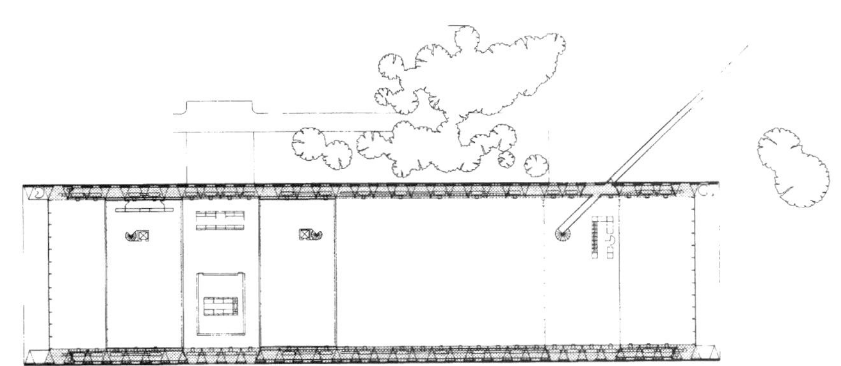

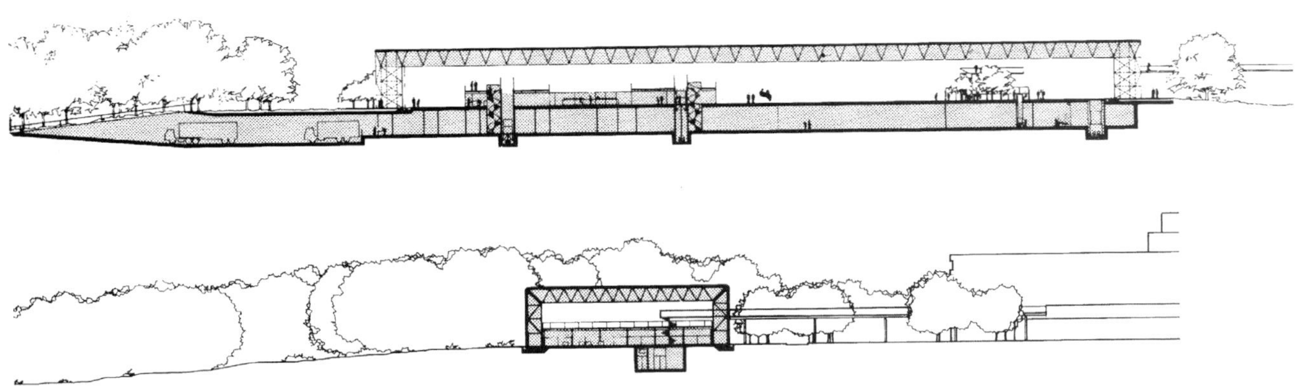

诺曼·福斯特，桑斯伯里视觉艺术中心，1978 年，平面图与剖面图

固定设备

布克敏斯特·福勒，曼哈顿上空以大地测量学为基础的穹顶，1962 年

（Sainsbury Centre for the Visual Arts）就是一个很好的例子。该艺术中心有一个很大的展览馆，搜集了大量的艺术典藏，还有一个特别展览的场地，并且拥有当地的艺术学院、会议室及餐厅。这个开放空间的地面长 112.4 米、宽 29 米，由钢制的拱门来作支撑。这个结构组成了单一的区域，其中包含所有设施、公共卫生设备及必备的台阶。原则上，这个大厅可以自由隔间，因为这个表层结构提供了固定一致的室内气候。如此一来，艺术学院的演讲厅完全独立于主要的建筑结构之外，可以随时扩大或去除，不需要作任何改变。同样，厨房也可以与餐厅分开来。空间宽敞，高度充足，各类活动之间不会彼此干扰。整体看来，它空无一物，却又设计精巧，不失为一个完美的人造环境，可以将差异性极大的各类活动拼贴在一起。桑斯伯里视觉艺术中心的建筑相当具有代表性，它表现出人类的欲望，以壮观的形式表达不可测性与过渡性。这种欲望促使一座独特的建筑诞生，从远处看来，它颇有希腊神殿的神韵。

桑斯伯里视觉艺术中心的内部结构

# 第 4 章　设计与结构

# Design and structure

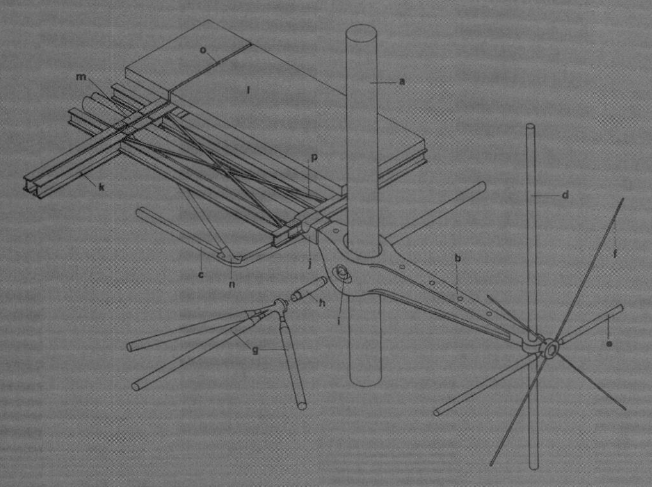

## 4.1 导论｜ Introduction

设计师处理材料的方法就是赋予它们多种的解释。许多理论认为建筑完全左右了建材需求，而且其激烈程度绝不亚于立场截然相反的理论。设计程序会影响建筑，我们可以用单一或多重角度来看需求对于设计造成的影响。

### 4.1.1 结构｜ Structure

一般而言，所谓的“结构”指的是必须承重，且将重量向下传至地基的建筑部分；另一方面，隔间（partition）的功能则是将空气分成潮湿与干燥、暖和与寒冷、明亮与阴暗。

在西方建筑中，民间的房屋都是用砖块及石头建造的。这些材料一直都是用来将支撑与分隔的功用结合在一个建筑构成要素上。然而在过去的 150 年中，由于钢材及钢筋混凝土“骨架”结构的兴起，承重部分所需的建材减少，需求量也随之日渐减少。用砖块及石头建造房屋时，重点在如何设计开口，采用钢筋混凝土时则刚好相反。这时的问题是，应该如何填补结构骨架的缺口呢？墙面的外表与结构通常不是主要的承重部分。从那时开始，承重支撑的部分与非承重部分之间的差别变得很平常。为了详述设计与结构之间关系的所有层面，我们需要对结构概念下广义的定义。本章中，我们将其定义为整个有关建筑材料的层面，取决于支撑与分隔两大功能。

### 4.1.2 观念｜ Ideas

如果我们想想当今建筑设计上的各种理念中，建筑技术与结构到底有多重要，就免不了必须去思考启蒙时期及工业革命的发展。这两个时期的科学与技术进步对于建筑的影响着实难以估量。许多科学家及建筑师所持的态度孕育出合理建筑的理想，那是一种由认知与理解支配的建筑。要让这个理想具体呈现出来，客观的基本原理绝不可或缺。要做到这一点，必须将结构视为建筑形式的基本要素，并且以客观、有效的方法来应用。如此一来，建筑才可以用功能及组织来表达。

伴随着建筑技术的进步，常常是一些对科技成就的肯定与对进步坚定的信念。然后技术与科学成为我们生活的一部分，为结构概念注入某些新的观念，而隐含的条件则是效率与经济实用。对于应用机械、暖气设备、通风设备及诸如此类的器材或是建材必须全盘认识，而这也变成建筑师日常工作中不可或缺的基础。20 世纪的后几十年中，对于科技与经济无穷尽的发展，人们的疑问与日俱增，因此，建筑技术与建筑结构也回归到专业的检查之下，而且观察的角度越来越趋于多元化。

## 4.2 形式与结构的一致性｜ Unity of form and structure

分析设计与结构之间的关系时，最合理的起点莫过于建筑结构与建筑形式之间的关联。这个关联取决于建筑形式是否能满足结构上作用力的转移（transfer of forces）。下面的例子将解释建筑形式如何影响建筑结构上作用力的发挥。

### 4.2.1 附加结构与整合结构｜ Additive and integrated structure

我们在第 2 章所讨论的希腊神殿正是一个建筑实例，足以展示出建筑形式的比例与作用力的转换如何产生关联。它在设计上考量的是建材的强度特性（strength property），而非视觉及形式上的因素。譬如说，用来建造神殿的大理石几乎没有承受弯曲移动（bending movement）的功能，因此，就机械原理而言，在两柱间的楣梁并非最合理的处理办法。使用楣梁跨越柱距的话，会让大理石更加紧绷。

然而将楣梁建造得太过于笨重，放置大量的支撑物（柱子），可以让其间隔缩小，张力也减至最小。重叠堆置的部分（基座、柱子、楣梁）体积庞大，让神殿从远处看来紧紧密合，在宽大的背景衬托之下，俨然是一座不可侵犯的结构。建筑形式与结构之间原本颇具矛盾的复杂关系，但是对典型希腊建筑的整体却意义重大。

罗马万神殿（Pantheon）的结构被认为与希腊神殿刚好相反，在罗马人进一步发展石材建筑基本原则的例子中，最令人印象深刻。万神殿建于公元 118 年，是为了纪念恺撒·奥古斯都（Caesar Augustus）所建。罗马建筑的特色是穹顶与拱形结构，这种形式带给建筑物的弯曲压力少之又少，方便罗马人大量地使用石材与混凝土（非钢筋混凝土）。如此技术上的大跃进，让罗马的建筑大师不用任何支撑物就能建造空间宽敞的建筑。万神殿的穹顶，直径达 43 米，是一项前所未有的成就。

由于相信石材只能用于受压结构上，这种跨度只能通过应用拱形原理才能实现。在这种跨度上，力的转换取决于建材的品质；拱形的建筑只有一个原则，就是受压（compression）。当只有压缩与（或）张力出现在建筑上，我们才可以谈到形式与结构的一致性。

随着拱形跨度的出现，典型的希腊神殿在支撑（柱子）与承重（楣梁）之间的差别逐渐消失，跨度和支撑最后合而为一。我们将这种建筑要素的结合称为“整合式结构”（integrated structure），它与希腊神殿采用的附加式（additive）建筑原则相反。几百年后，到了中世纪，整合式建筑以哥特式教堂的形态在许多地区达到高峰，石材建筑在力的转换方面对天主教堂的形式有非常直接的影响。哥特时期的建筑以尽可能盖得既高且轻为目标，当时的营建者将如此的空间视为地上的神圣之物。中世纪的建筑大师让建筑形式满足结构上力的需要，成功地建造出如此又高又轻的空间结构。在建筑形式与结构上作用力的转换之间，以理清两者的关系为原则。这个原则为 19 世纪崭新建筑概念的兴起奠定了基础。

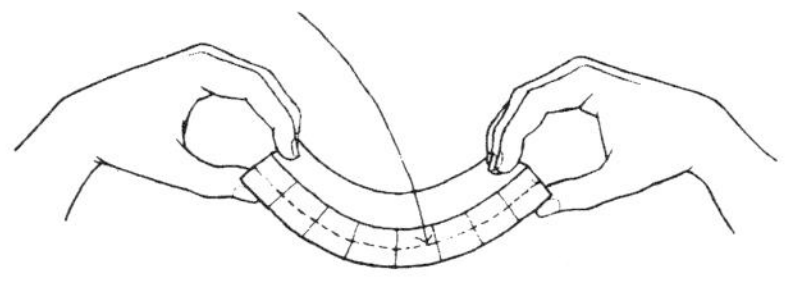

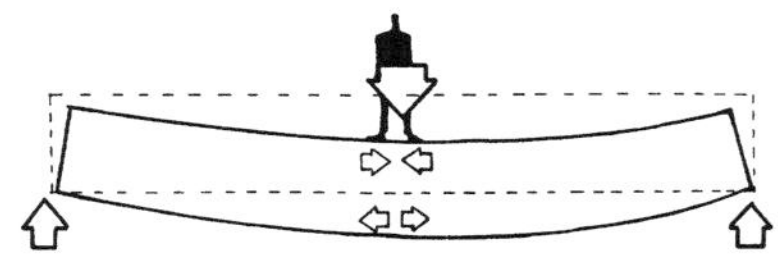

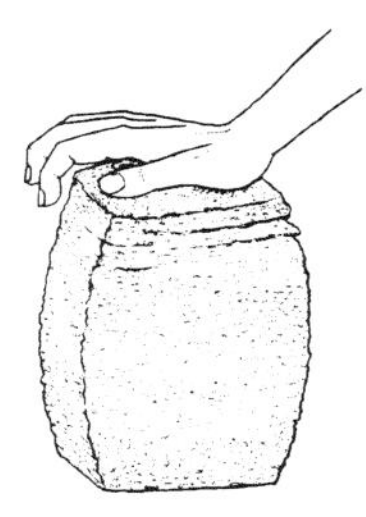

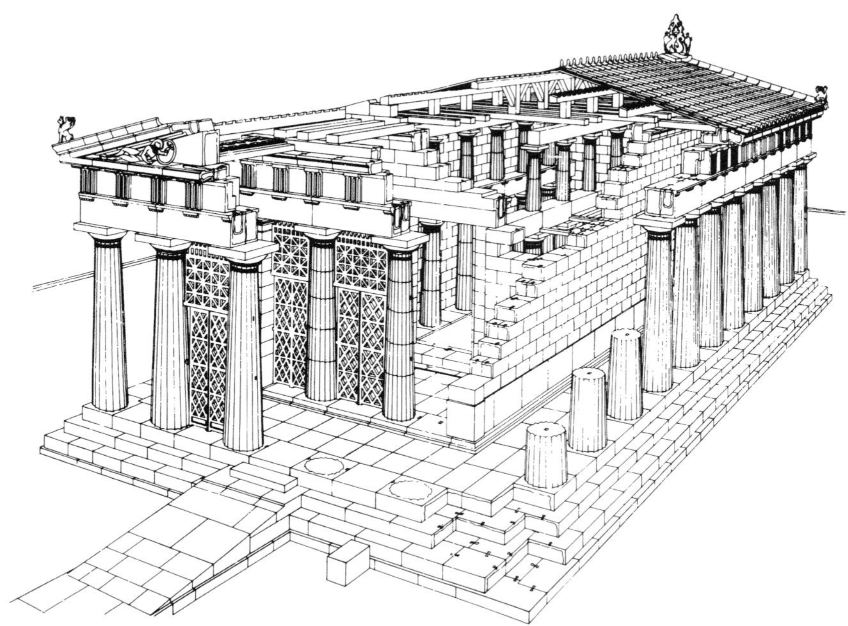

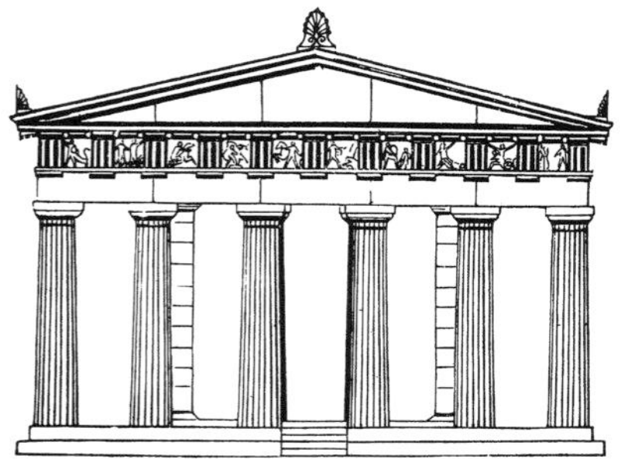

伸缩拉张

单纯弯曲下的梁柱

下推建材，造成挤压

拱形结构

雅典赫菲斯托斯神庙（Hephaestus）

希腊神殿的建材研究

神殿的正立面图展现支撑与承载之间的差异

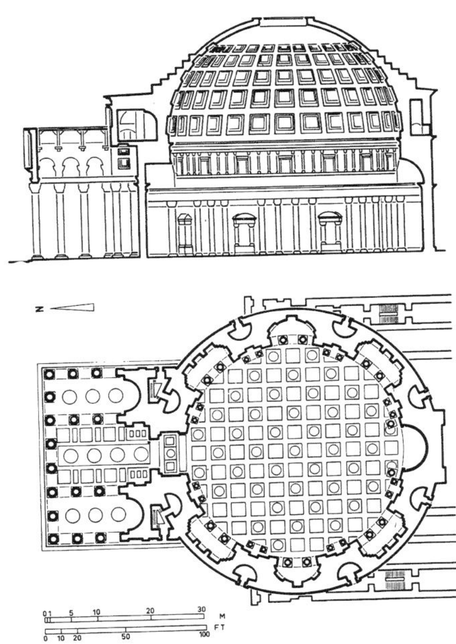

万神庙，建材研究

万神庙，平面与剖面图

博韦大教堂（Beauvais Cathedral），建材研究

博韦大教堂，1247—1568 年，建筑内部

## 4.3 结构与真实性 | Structure and truch

19 世纪与 20 世纪初期的论述中，法国理论学家尤金・维奥莱・勒・杜克（Eugène Viollet-le-Duc，1814—1897，法国建筑师、建筑理论家）的重要性实不容忽略。他的作品对于安东尼奥・高第（Antoni Gaudí，1852—1926，西班牙著名建筑师）、维克多・霍塔（Victor Horta）、亨德里克・佩特鲁斯・贝尔拉格（Hendrik Petrus Berlage，1856—1934，荷兰建筑师）、奥格斯特・培瑞特（Auguste Perret，1874—1954，法国建筑师、钢筋混凝土建筑结构专家）与路德维希・密斯・凡德罗等建筑大师更有着相当大的影响。在他 1863 年所著的主要论述《建筑学谈话》（*Entretiens sur l'architecture*）中，详述了以哥特式建筑为基础的合理设计方法，即建筑的设计完全取决于结构上的考量。他清楚地阐述如何从建筑结构上的解决方案发展成建筑的形式，同时他也表示建筑方法才是建筑的本质。

长久以来，哥特式教堂一直被认为是经验主义下的产物。但是现在，根据勒・杜克的研究，18、19 世纪应用机械与材料的发展为日后这种全部以科学验证为导向的建筑风格奠定了客观的基础。主要的条件则是要能够客观且有效地应用这些建筑材料。只要真实地反应建筑物在实用上与建造上的需求，便有可能实现建筑理性化的理想。

“建筑上有两个方面必须求真：一个是真实地依据计划进行；另一个则是真实地以建造方法进行。所谓‘真实地根据计划进行’，所指的是能够完全满足建筑需求的条件；而‘真实地根据建造方法进行’，则是指根据建材的品质与特性使用建材……在这个最主要的原则之下，对称与外形等纯粹属于艺术范围的问题则属次要。”[1]

一般认为，勒・杜克最先明确拒绝古典建筑方法（见第 2 章）为所有建筑形式的来源，因为那并不是以理性原则为基础。然而，如果多研究勒・杜克在《建筑学谈话》一书中用来阐释其理论的设计方式，甚至于花超过一百年以上的时间，那么我们可能会问：

尤金・维奥莱・勒・杜克，音乐厅的设计，让作用力线（lines of force）贯穿整座建筑

这些例子和理性的、真实的建筑到底有什么关系。这时候就必须更进一步思考何谓“理性化的建筑”。在《尤金·维奥莱·勒·杜克与理性的观点》（*Viollet-le-Duc and the rational point of view*）一文中，约翰·萨默森（John Summerson，1904—1992，英国建筑史家）提出这样的观点：“理性化建筑所指的是什么呢？我们所指的有两个。我们所指的第一种建筑是以非常有效能与组织的方式，满足某些特定功能的需求；第二种建筑则是以论证的方式来表现其功能，提供观者一个视觉上的论证。第一种建筑视其功能是否能以数学形式展现而定，第二种建筑则以建筑师个人的诠释为依归。第一种建筑在方法与目标的应用上有固定的方向，第二种则将两者融入本身的模式当中。事实上，前者在概念上是行不通的，因为就建筑而言，不可能将其所有的需求以数学形式表现出来，那只是前人虚构出来的一种‘功能性’建筑。后者则比较可行，唯一的条件是建筑物的功能必须能够反映出感性层面，那么其论证形式才有意义。”[2]

萨默森明白指出，许多人为了所谓“理性化的建筑”争论不休，他们其实并不在乎是否需要以客观与数学的词语来定义建筑，但是他们的言论常常让我们以为他们在乎。事实上，19 世纪对于理性建筑最大的企盼是，从建筑结构中发展出美学的观点。所以设计的精髓依然植根于美学，只是其格局“非常”局限于建材和科技两者之间特殊的关系[3]。

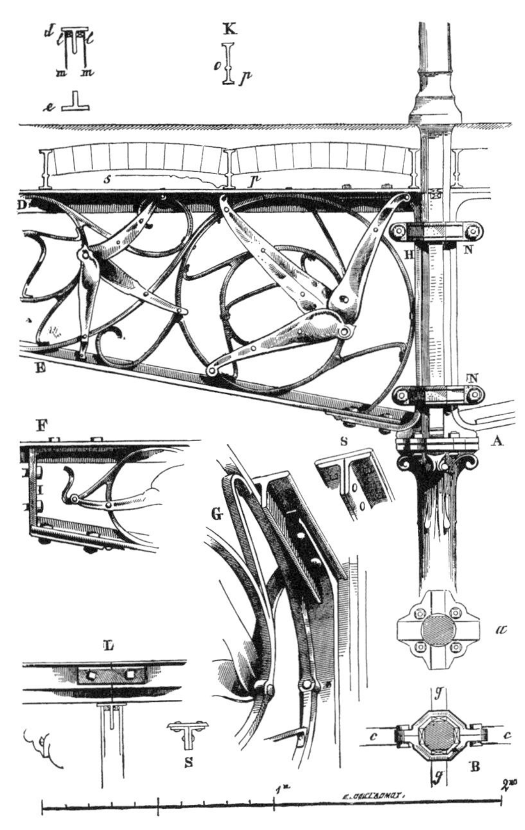


尤金·维奥莱·勒·杜克，铸铁结构的细部

### 4.3.1 工程师的建筑 | Engineers' architecture

勒·杜克有关建筑结构真实性的观念对科技学院中的建筑师影响较大，对那些受建筑学院影响的工程师们具有较少的影响力。特别是巴黎理工学院（Ecole Polytechnique）的法国工程师，在这股新科技潮流的影响下，采用了理性设计的理念。他们利用最新发展的材料，如生铁、薄玻璃与钢筋混凝土，创造出工业革命所需的一些新式建筑形态。尤其在 19 世纪最后十年内所设计与建造的桥梁、工厂、火车站、购物中心、展示中心与百货公司等等，都是该设计理念下的作品。

古斯塔夫·埃菲尔（Gustav Eiffel，1832—1923，法国结构工程师），纽约自由女神像构图

工程师的建筑：保罗·卡登辛（Paul Cottancin，1865—1928，法国建筑师）与夏尔－路易－弗迪南德·杜特（Charles-Louis-Ferdinand Dutert，1845—1906，法国建筑师）1889年设计的巴黎机械博物馆（Galerie des Machines），细长的结构伴随着有如瀑布泻下的阳光，产生一种无重力的幻觉

古斯塔夫·埃菲尔，埃菲尔铁塔，1889年“在这座建筑裸露的结构中，有一个美学的条件；以简约的方式反映出自然法则，包括重力与建材承受荷载的能力。”[4]

本质上，工程师的设计方法都有相当高的实验性质。新的建造科技与建材在经过广泛的试验后，也为科技与工业发展建立了直接的联系。在科技学院上课的工程师们以有效而且经济的方式应用材料，使得在结构上可行的每一座新建筑物都能够不受限制。由于科技的进步，工程建筑也有了长足的发展。一般认为科技的可能性是没有限制的，而由工业与科技所引发的问题仍然能够利用有组织的方式与更先进的科技来解决[5]。

工程师的设计原则着眼于建筑结构的客观性与清晰程度。对于他们而言，钢铁与玻璃的节奏和清晰正代表了现代生活的步调。因此，工程建筑就与古典的结构组织原则形成强烈对比，而教导这些古典原则的正是巴黎艺术学会（Académie des Beaux-Arts）（见2.5）。隐藏结构与增加装饰更是被视为多余的举动。工程师们强调，这些规律与组合方式的根本，必须从建筑静力与结构承重的角度出发。

20世纪之初，越来越多受过古典训练的建筑师将科技大量应用在建筑上，第一位这么做的是亨德里克·佩特鲁斯·贝尔拉格（Hendrik Petrus Berlage，1856—1934，荷兰建筑师）[6]。他于1903年设计了阿姆斯特丹货物交易中心（Amsterdam Exchange），一般认为该建筑是将维奥莱·勒·杜克的理念应用于建筑上的最佳典范。与巴黎高等美术学院出身的建筑师夏尔·加尼叶所设计的巴黎歌剧院（Paris Opera House）比较起来，可以看出货物交易中心这个作品的架构显然容易多了。巴黎歌剧院清晰的代表性空间与解决结构问题的空间分隔开来，货物交易中心则将一切公诸眼前。他所用的材料有砖块、切割过的石头、生铁，而不是遵循当时的做法，将一切隐藏在灰泥、天花板的后面。货物交易中心的大厅中，宽大的地板表面与细长的铁制屋顶结构则是最引人注目的地方。它的地板有如舞台一样，蓬勃热闹的交易可以在上面任意地进行；它的屋顶向上高高抬起，远远超出传统典范的限制。

这座建筑的材料应用完全遵循物理与机械的原理。砖块结构的地方没有太大的间距，楼层平面的设计也不尽相同。大量的细长铁架都用来延展墙面，让谷物与蔬果农作物交易厅可以取得所需的光线。因此，建材的特性对于货物交易中心的结构非常重要，其应用与结合方式更足以左右建筑呈现出来的形象与外形的装饰。

亨德里克·佩特鲁斯·贝尔拉格，从水坝大道（Damrak）看到的阿姆斯特丹货物交易中心

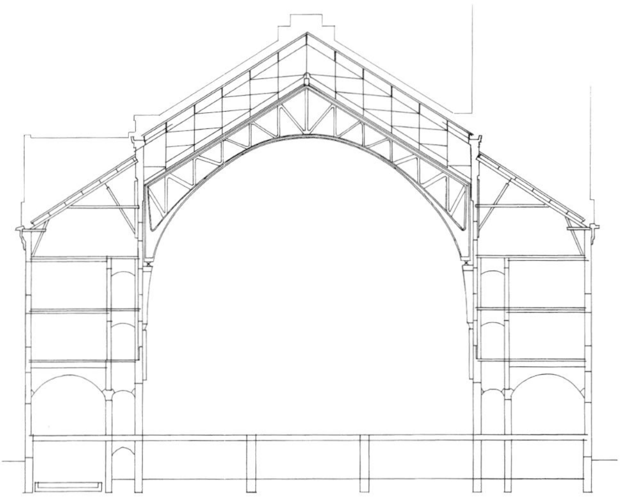

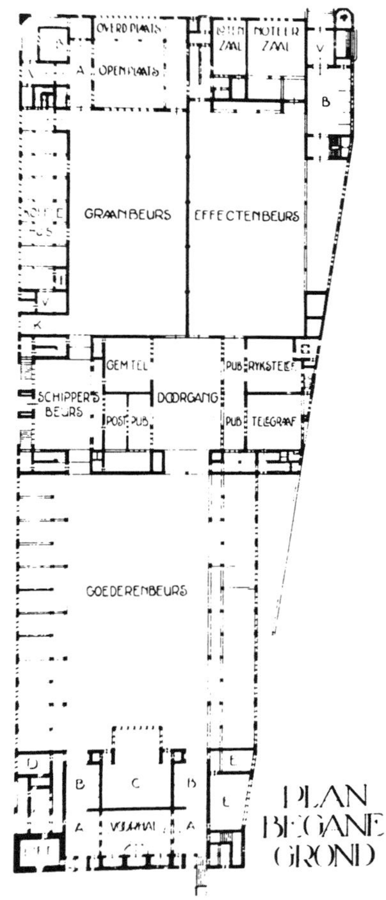


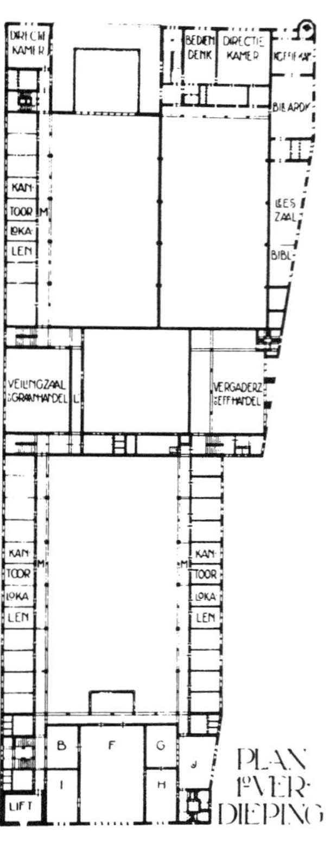


贝尔拉格，阿姆斯特丹货物交易中心，平面图与剖面图

货物交易中心的大厅。作用力线与构造模式都描绘得很清楚，建筑结构的每一个细节都清晰可见

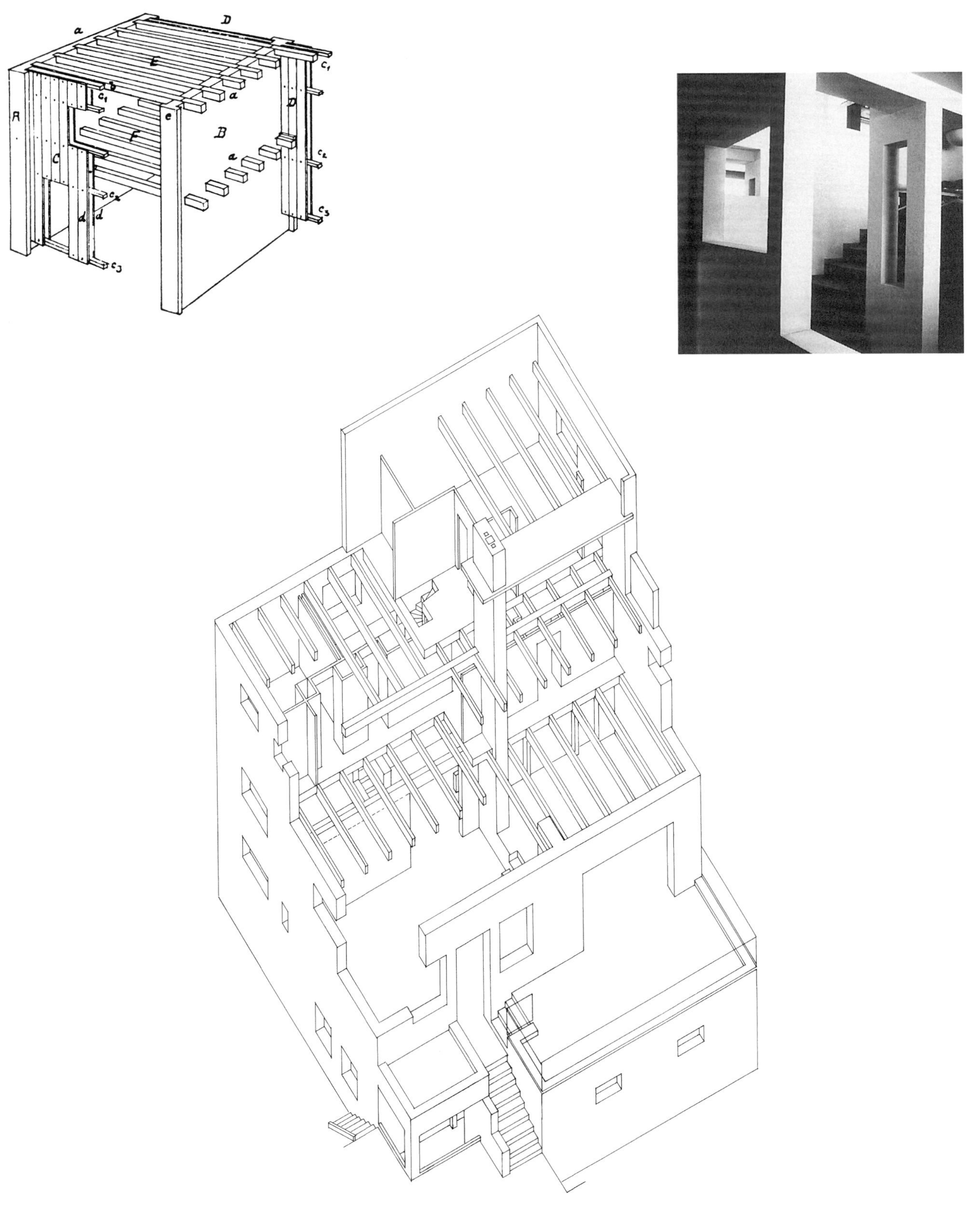


承重墙面的基本原理

穆勒住宅（Moller House），建材研究

穆勒住宅的内部

## 4.4 结构与表皮 | Structure and cladding

1908年，维也纳建筑家阿道夫·鲁斯（Adolf Loos，1870—1933）发表了一篇极具争议性的论文，这篇文章为所谓建筑结构上的“真理”指引出一个新的方向。在《装饰与犯罪》（*Ornament and Crime*）一文中，他特别强调过度运用装饰形同浪费的罪行。

鲁斯指出，多数的现代建筑工程只能说是建筑的一种工具，算不上建筑本身[7]。基于这个理由，他主张一种去除重点强调、具备规范约束的设计方式，并以技术上的表现来代替艺术上的考量。在他的建筑作品中，工业处理之美更胜装饰之美，丰富的建材与良好的技术不只是用来点缀装饰的不足，更远远胜于夸大的装饰[8]。鲁斯认为，事实上，相较于现代日新月异的工业化社会，过去对于建筑样式与表现的执著显得落伍许多。现代的建筑样式只不过是工业化下的产物：我们所需要的是木器时代的文明。假如从事应用艺术的人们只是局限于画画、清扫街道等工作的话，我们就能够达到那种文明的境界[9]。穆勒住宅1928年建于维也纳，也就是《装饰与犯罪》出版20年后，它说明了鲁斯反对任何以唯美结构为主的建筑。

穆勒住宅的结构以空间为优先考量。鲁斯于1898年写道：“一个建筑师的基本工作就是提供一个温暖且适合居住的空间。地毯便是件温暖又舒适的东西。因此，建筑师决定在地板上铺一张地毯，并在四周墙壁各挂上一面地毯。所有的地毯都要有一个框架将它们固定在正确的地方，而发明这种框架则是建筑师的次要工作。”[10]

穆勒住宅完完全全证实了这样的想法。仔细观察空间与建材的特性正是鲁斯用来解决结构问题的方法（此案例所指的是承重的结构），如何使房子变得“温暖又舒适”则显得不甚重要。他认为那是完全不同层级的事情。对于鲁斯而言，结构只不过是一个可以独立于设计前提之外的逻辑问题。他认为壁纸背后所隐藏的东西与建筑本身一点关系也没有。

这样的主张与态度，随着他的空间平面设计（见第2章）发展而得到进一步的支持。由于鲁斯所应用的承重墙遵循传统的结构原则，想要“忠实”地展现这个空间上的概念是一件相当不可能的事。因此，在穆勒住宅中，空间上的干扰与位移产生了一个相当复杂的结构。看在维奥莱·勒·杜克的眼里，则只能用“混沌”（chaotic）来形容了。

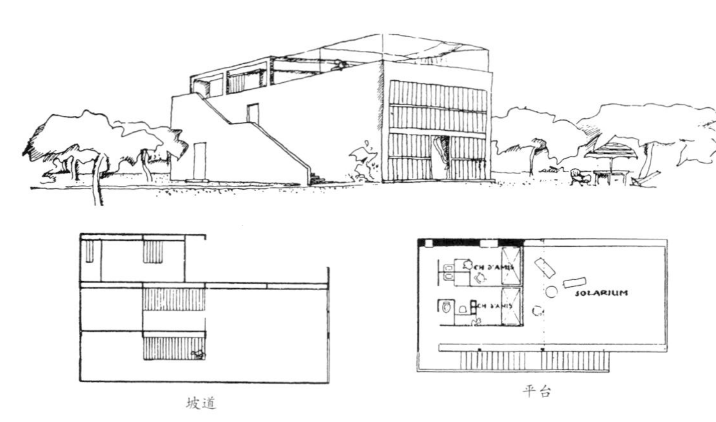


勒·柯布西埃，雪铁龙住宅

## 4.5 建筑与工业产品 | Architecture and industrial production

20 世纪初的十年间，工业革命的结果导致人们重新反省设计理念。许多建筑师专注于建立一套全新的设计法则，其中一位便是瑞士建筑家勒·柯布西埃。他拥有许多设计作品与出版的著作，对于建筑如何配合现代新颖且瞬息万变的制造条件，其贡献之大，难以衡量。

20 世纪 20 年代，倡导“建造艺术”（art of building）的建筑师在建筑制造方面似乎已不再受到重视。那些所谓“一次即永久”（one-offs）的艺术品，慢慢地被适合大量生产与消费的产品所取代。在一篇名为《为建筑而辩》（*In the Defence of Architecture*）的论文中，勒·柯布西埃说明了这种设计理念上的基本转变：“在今日的前卫者中有两个名词已不存在，一是‘建筑’（Architecture），二是‘艺术’（Art）。前者被‘建造’（To Build）所取代，后者则被‘居住’（To Live）所取代……今天，机械化带给我们大规模的生产，建筑宛如战争的行为中最重要的主力……这种情形也发生在笔的造型上、电话的系统里。”[11]

对于前卫的设计师而言，对于建筑生产机械化与标准化之必要性，主要来自大都市快速发展下人们对房屋的大量需求（见第 3 章）。许多现代的建筑师们特别献身于广大人群对住宅的需求，而满足这种需求与改进劳工阶层居住条件的理想办法，莫过于将建造工程标准化。

勒·柯布西埃致力于利用机械化的制造方法来完成建筑，其理念之精髓就是“对象类型”（objet-type）。他以此名词来叙述那些适合系列加工与工业制造的产品原型。他曾明白指出，这些产品中也包括完工的房屋，而且被大规模地简化、修缮，以符合现代机械化生产的要求。他于 1916 年提出“多米诺骨牌法则”（Dom-Ino principle），就是这种对象类型的例子。所谓的“多米诺骨牌法则”，就是以一个钢筋混凝土的架构为基础，方便制造与复制，并且能够以类似多米诺骨牌排列的方式连接起来。

多米诺骨牌法则是从钢筋混凝土技术研发出来的，这个法则在早些年便已经获得快速发展，勒·柯布西埃一直紧密追随这种法则。利用钢铁来强化混凝土，可以使它能够承受更大的张力。从那个时候开始，混凝土不再局限于万神殿之类的横跨式结构，那一类型的结构中只有挤压力。在建筑形式上，设计者获得更大的空间，可以自由地发挥。就整体而言，建筑从硬邦邦的承重墙面内解放出来，不再禁锢于那几百年来唯一可以用来避免建筑倒塌的模式。新式建材有许多附加优点——价格低廉，恒久不变，且容易施工。

勒·柯布西埃于 1920 年设计了雪铁龙住宅（Maison Citrohan），再一次展现了多米诺骨牌法则。他玩弄文字地表示，一栋房子也可以像汽车一样地加以标准化。后来，在波尔多（Bordeaux）附近佩萨克（Pessac）的花园城市庄园中，又出现了另一栋此类的建筑，足以令人联想到生产线上大量生产的产品。事实上，勒·柯布西埃将雪铁龙住宅称为“居住的机器”（machine à habiter），他说：“姑且不管情感与精神上所有关于房子的死观念，从审慎客观的角度来看，我们将发展到‘居住机器’的阶段，大量生产房屋，让住宅有益身体健康（心理也健康），而且美丽，就像伴随我们生存的工具一样美丽。”[12]

### 4.5.1 结构自由化 | The liberation of structure

就私人住宅的空间而言，萨伏伊别墅绝不足以代表勒·柯布西埃的标准化设计。不过，如果拿它来说明钢筋混凝土的架构深深影响了自由楼面设计的发展前景，那么它便是一个相当鲜明生动的例子（见第 2 章）。就这一点而言，拿它和阿道夫·鲁斯的穆勒住宅相比，便是一件非常有趣的事。我们可以看到，空间规划的组织结构很难与简单的结构搭配在一起。鲁斯解决这个问题的方式是将结构隐藏在“地毯”背后。勒·柯布西埃所发展的多米诺骨牌法则正好提供他解决之道，让结构可以一览无余。

在萨伏伊别墅中，大部分承重的混凝土骨架结构脱离了空间组织及正面外观，主要的重量由混凝土制的柱子与地板来承担，使隔间的墙面与建筑立面不再

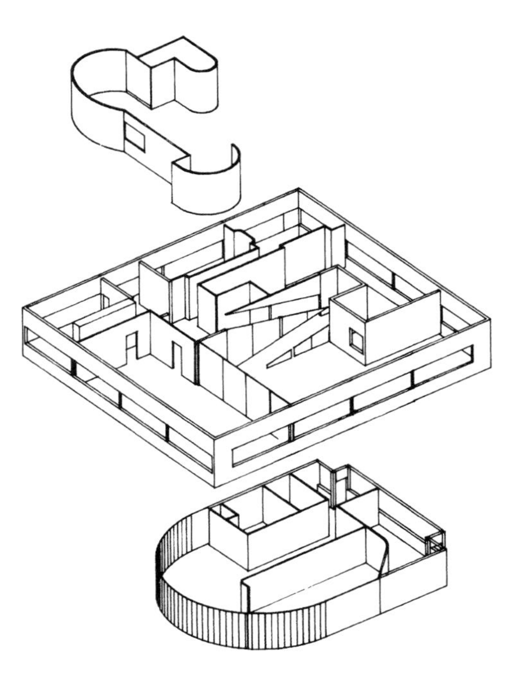

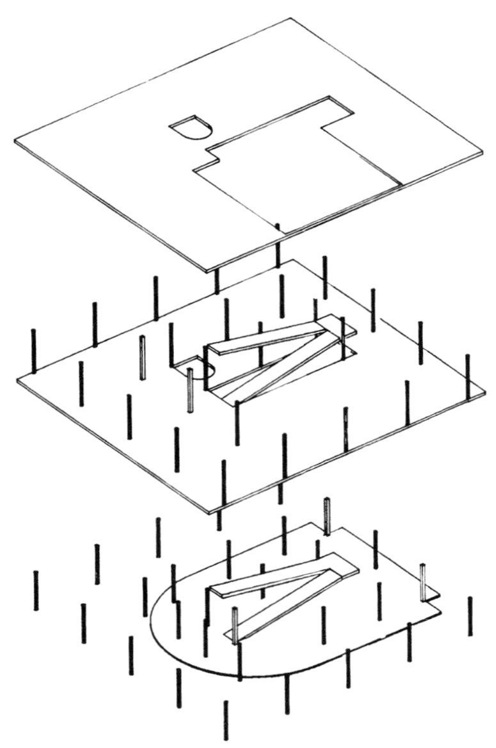

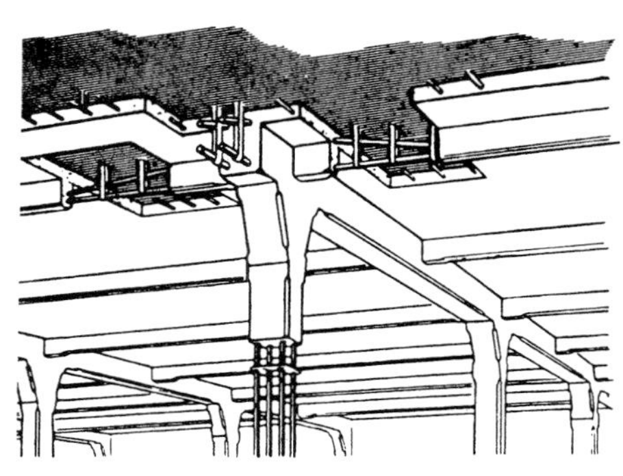

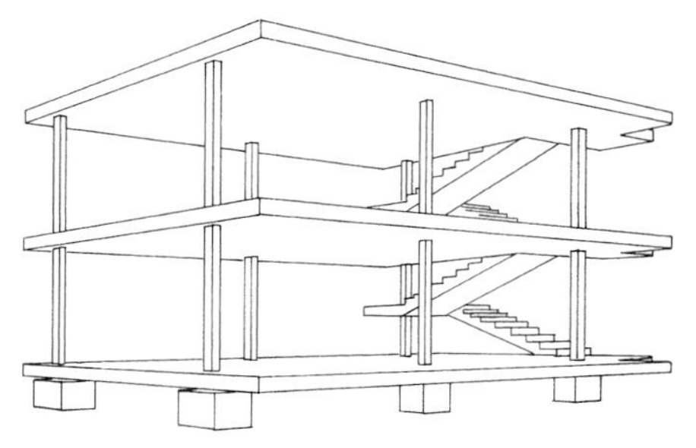

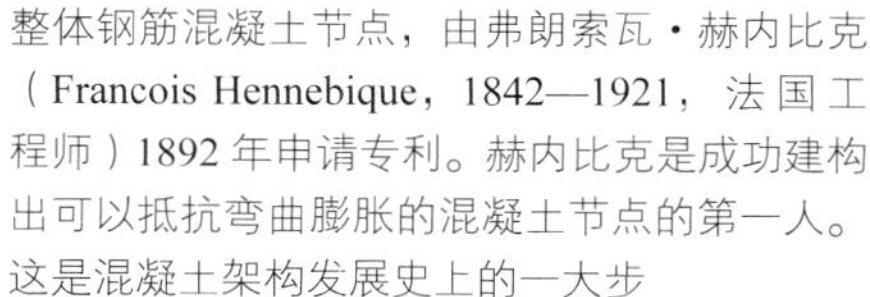

整体钢筋混凝土节点，由弗朗索瓦·赫内比克（Francois Hennebique，1842—1921，法国工程师）1892年申请专利。赫内比克是成功建构出可以抵抗弯曲膨胀的混凝土节点的第一人。这是混凝土架构发展史上的一大步

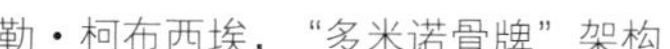

勒·柯布西埃，“多米诺骨牌”架构

萨伏伊别墅，隔间与结构组件的分解图

勒·柯布西埃，萨伏伊别墅的内部

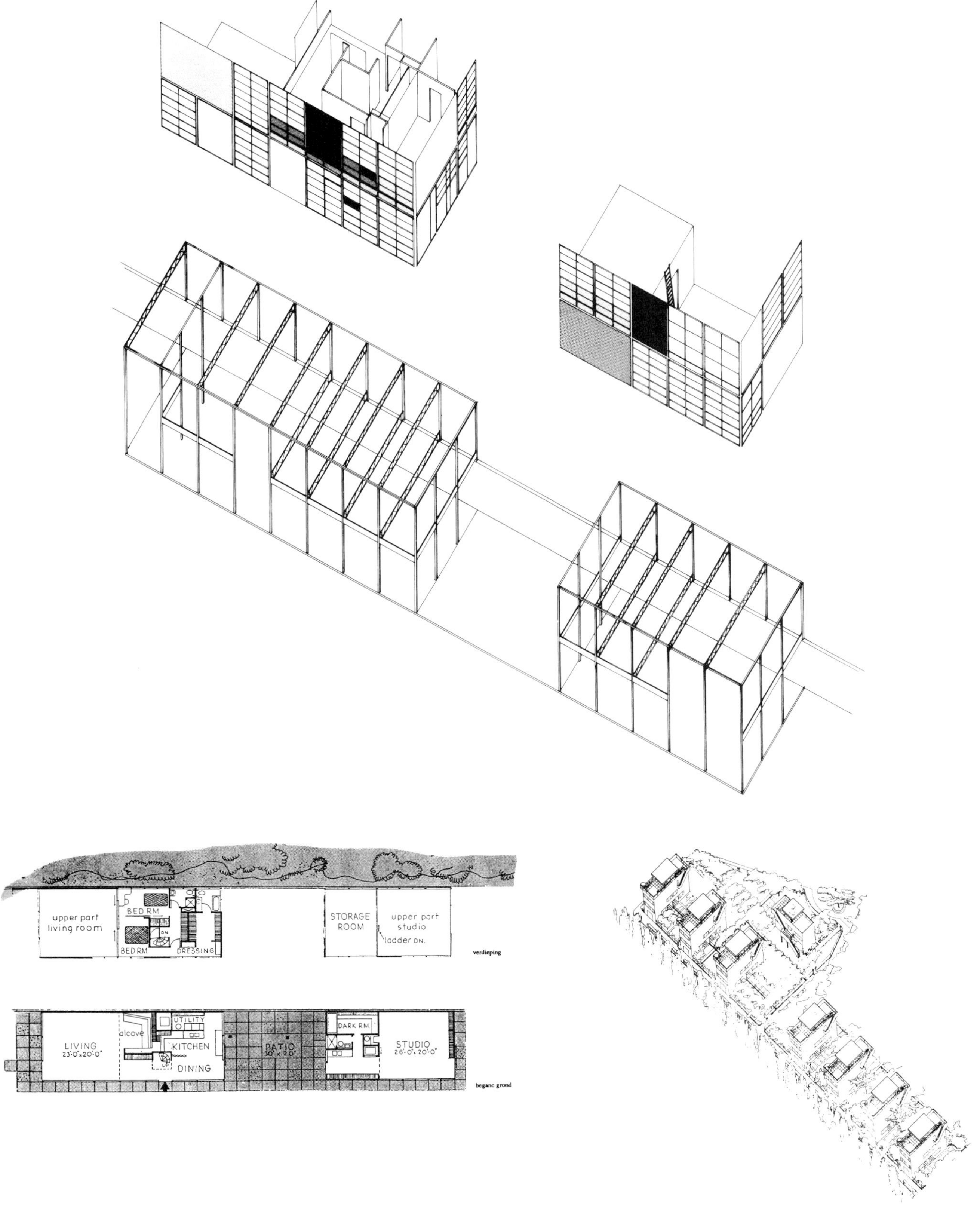


伊米斯住宅，1948 年，楼层平面图

伊米斯住宅，结构组件的组合

佩萨克住宅区，1926 年，鸟瞰草图的片段

有承重的功能，如此一来两者都可以随意放置。最后得到的结果是，在这种自由式的楼面设计中，支撑与隔间（或空间设定）变成两个完全不同的功能，并由两个相当独立的构件来负责：混凝土的骨架结构负责支撑，隔间的墙面负责确定内部空间，建筑立面则负责控制气氛[13]。

这种情况产生了新的设计工作：如何处理建筑组成构件之间的关系。勒·柯布西埃的解决方式产生了一种合成的效果，充分利用各种独立的功能系统。他充分利用建筑构件，使它们能够满足建筑使用的需求。他的论点是，混凝土的骨架可以完全从承重空间最佳化与制造机械化的角度来设计，空间上与人体工程学上的考量则可以用来决定内部墙面的设置。

建筑外部的设计也可以和其他部分没有太大的关联。相对于建筑内部非正式的安排方式，外部的设计纯粹以角柱体为基础。勒·柯布西埃认为，这种外观立面上单纯几何结构的运用，完全不同于实际使用上的考量。以下的叙述更进一步肯定了这样的看法："我的眼睛看到的东西传递着思想，这种思想不是通过文字或声音来表达，而是借着角柱体的形式，在光线清楚的刻画下，相互之间产生关系。这些几何形式之间的关系既没有实际使用上的功能，也不具备描述性的效果。它们是建筑的语言。你不只要将这些基本建材应用在建筑计划的功能需求上，更要超越它们的需求，建立能够激发我心中情感的某种关系。这才是建筑。"[14]

因此，自由楼面设计允许建筑形式与作用力配置各自为用，互不相干。维奥莱·勒·杜克曾经指出，形式与结构之间的关系密不可分，而这里正是将那一层关系好好地研究一番。勒·柯布西埃以一种组合式的关系（compositional relationship）作为适应之道，并以执行系统间的对立性为预设的前提。这一点可从下面的设计看出：他组织圆柱网格与建筑立面的秩序方式相当严格，处理楼面时却丝毫不考虑形式上的格局，两者之间的差异相当明显；同时，他也强调光亮与阴暗、体量与虚空之间的对立关系。借着这些方法，勒·柯布西埃指出，建筑构件功能单一化对于机械化制造相当重要，但是不一定会导致毫无生命力的建筑。

勒·柯布西埃将建筑的组成构件分门别类，此做法可以说是整个改革过程的第一步，其结果导致今天各学科细分独立的情况。如今我们可以看到，建筑工程的许多细节常常需要不同的专家来共同处理。不过，尽管勒·柯布西埃在别墅的建筑构件中也营造出相当丰富的变化，却在这个过程中被遗忘了。

### 4.5.2 标准产品 | Standard products

由于战后美国高消费文化的出现，房屋市场需求大幅增加，使得美国政府将资金投注在许多计划上，目的同样是发展一种建筑原型，推进工业化制造的房屋建筑。其中一项最有名的例子就是加州一系列的"个案研究住宅"（Case Study Houses）。

这项计划设计并建造了许多独立住宅，以作为各方面需求的建筑模型。这些房屋依照美国家庭的生活形态而兴建，为房屋制造工业化引领出一条大道，这条路迎合了在第二次世界大战期间已经取得了显著发展的航空工业[15]。

"个案研究住宅"第 8 号，也就是伊米斯住宅（Eames House），由查尔斯与蕾·伊米斯夫妇（Charles Eames（1907—1978）and Ray Eames（1912—1988），两人都是美国现代家具设计大师）于 1948 年设计。他们的想法也是用可与航空工业比拟的方式来经营建筑。这栋房子由活动区域与一间工作室组成，工作室的屋顶与地板由标准化且质量特别轻的建材所构成。梁柱则是伊米斯夫妇从工业建筑产品的样品目录中挑选出来的。当然，采用预制的建材并无特别之处。然而，令人觉得新奇的是，他们尝试用无建筑用途的材料来建造房屋，并且丝毫不作遮掩。

这栋房子原本要设计得相当与众不同，利用桥形结构来当作支撑物。然而当建材抵达工地时，建筑师却发现使用相同数量的钢铁材料可以建造更大的房子。结果便是建成后来远近驰名的伊米斯住宅。这个方案证实了，睿智地运用科技能给设计者提供更多的自由，借助工业化生产现成的建筑材料，伊米斯住宅以低廉的价格建造出具有审美价值的建筑。不只如此，房屋本身更因此具备了质量极轻且有标准长度的跨度结构。这一项结果比勒·柯布西埃的萨伏伊别墅更具有内在的弹性；同时，由于它的透明度很高，与周边环境有相当直接的关系，让居住者得以身处于大自然之中。

通过这样的方式，用最少的工具与方法就可以制造出居住用的容器，而且是单纯的容器。就功能而言，它可以当成一种框架，居住者可以在上面进行自己的活动。钢铁结构就是具有这种性质的建筑构件，可以用来塑造内部和立面，明确细分各种功能，让房子本身有独树一帜的风格。这一点可以借助建立不同建筑构件之间的对比来完成，萨伏伊别墅中的安排便是一例。在伊米斯住宅中，这样的结构框架则扮演了组织原则的功能，让建筑内部能在没有形式的设定之下组织起来。更进一步而言，该建筑的设计师也成功地整合了钢铁建材所营造的冷酷外表与内部装潢所使用的柔性材料。

伊米斯住宅，圣莫尼卡（Santa Monica），加利福尼亚

## 4.6 工程师的美学｜ Engineers' aesthetic

随着 20 世纪的进步，工程师在建筑发展历程中的显著地位已经逐渐势微。最主要的原因莫过于建筑过程日趋复杂，而且专业性提高，这种情形使他们多被视为外观顾问。虽然如此，维奥莱・勒・杜克还是将符合理性的建筑理想视为基本的条件。

工程师的设计通常着重在机械性及技术性方面的工作，例如桥梁、高塔、大跨度的厂房等类似的建筑。在这类设计方案中，根本的问题在于稳定性的高低与组合装配的情况好坏，在于如何去除种类繁杂且相互冲突的必要条件，让建筑构件能顺利地固定与连接。至于住宅方面，要将科技上的表达视为一个美学的目标，而且还能配合这类运用方式在空间与文化上的需要，适应两者之间繁复且细微的差异，其实并不容易[16]。

虽然钢筋和钢筋混凝土等建材的应用，足以排除结构上所承受的弯曲压力，许多工程师仍然继续致力于形式与建筑上的整合工作。在结构纯正与平衡的理想下，他们更主张建材的强度特性有利于张力及压力方面的设计，这一点对他们的激励很大。有土木工程背景的设计师发展了他们自己的设计原则，并且利用生命形态学的研究（biomorphological research）来处理形式与结构之间的关系。他们有很多建筑都肇始于系统地诠释自然生成的有机体，包括其球形结构及内部力量的分配情况。

### 4.6.1 将结构视为雕塑｜ Structure as sculpture

皮埃尔・路易吉・奈尔维（Pier Luigi Nervi，1891—1979，意大利建筑师、工程师）原本接受的是土木工程师的训练，身为设计师的他成功地创造出雕刻美学与建筑效率之间的联结。1959 年，他在罗马建造了“运动宫殿”（Palazetto dello Sport），表现出他能全盘掌握建材的特性、机械理论的应用以及线条设计上的优美与典雅。奈尔维绝大部分的作品都是水泥建筑，由于他使用的材料可塑性很高，让他可以细细地调整建筑结构中作用力的分配。在这座运动宫殿中，奈尔维调整得非常精准，几乎可以感受到他如何安排结构作用力的分配。

奈尔维的作品同样也牵涉到组织原则与组合方式之间的关系，另一方面则与结构法则息息相关。对此他表示：“最先进的结构理论只能以数值的方式分析已经设计完成的结构……在造型的阶段中，建筑设计的特质与缺陷就已经决定，不再改变（如同生物一样，其特性在胚胎期就已经清楚地形成）。这个阶段不能运用结构的理论，而必须凭借直觉及概要简化地工作。”[17]

奈尔维在建筑上所运用的基本形式是经过长时间发展的产物。我们稍早在第 1 章中说那是从自然中发展出来的几何形式。工程师的传统有别于柏拉图式的抽象几何，他们有自己偏爱的形式。这些形式的几何特性被一个特定的演进过程左右，在这个过程中，作用力的转移相当有效率，且足以影响整个有机组织体的发展。

这里所展现的是维奥莱・勒・杜克的理性建筑的理想本质，同时也传达出这个理想根本无法普遍应用。因为，只有在极为特别的案例中，一个有机的组织体才会将作用力有效转换当作唯一的标准。有机组织体无法以单一的原则来做叙述。对于建筑而言，这一点更是事实，因为建筑必须适应各类用途、制造过程及空间背景的不同要求。

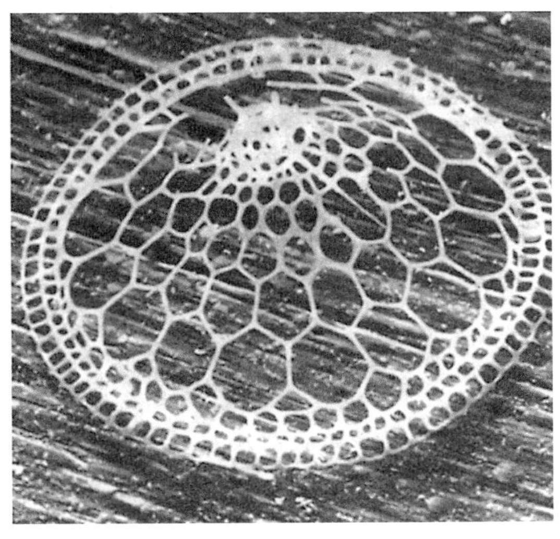

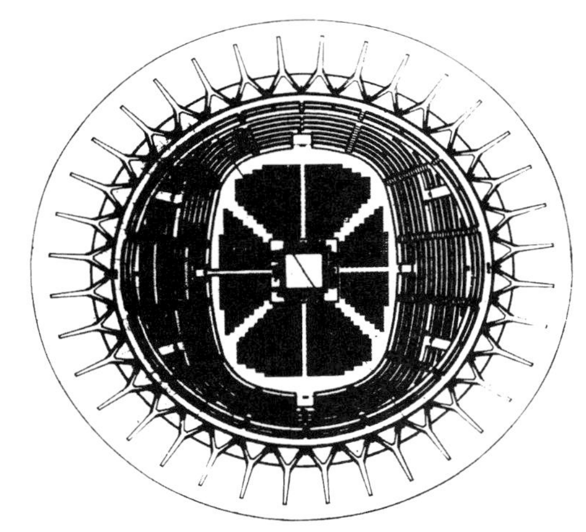

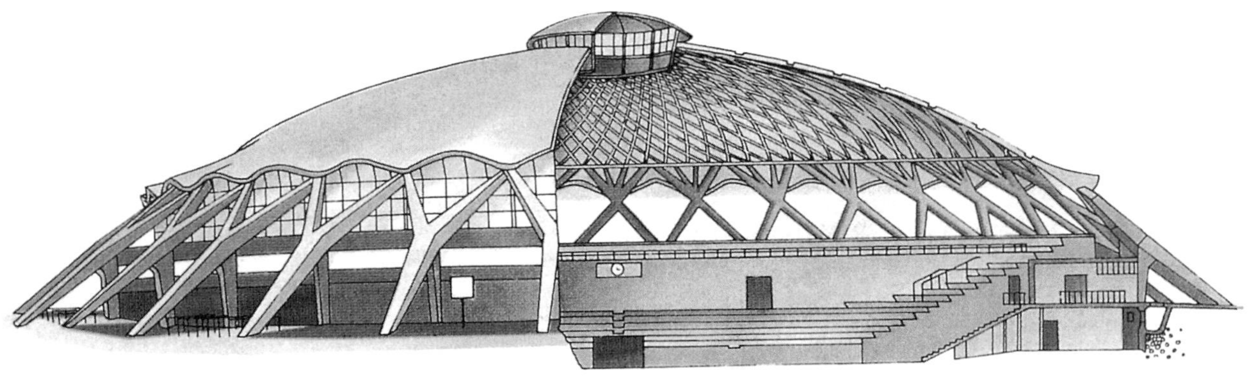

放射虫类形态的结构，放大了1200倍，“无疑地，高效能的产品在审美方面也总是令人满意。”（奈尔维）[18]

皮埃尔·路易吉·奈尔维，运动宫殿，罗马

运动宫殿，剖面图

运动宫殿，平面图

## 4.7 不朽的科技 | The monumentalizing of the technology

美国建筑师路易·康坚持探索不朽及普遍性，并将其融入个人对结构的关注之中（见第3章）。他认为世界上应该有一个全面性的建筑理论，即“建筑存在的意志”（the building's will to exist）。建筑有意志，那么用在建筑上的建材也有意志。路易·康如何处理建材，可以从下面的谈话中清楚地反映出来：“设计需要对于组织原则有所了解。当你采用砖块进行设计时，你必须问它想做什么、可以做些什么。砖块会说：‘我喜欢拱形物。’而你会说：‘可是拱形不容易建造，要很高的成本。我认为开口处也可以用混凝土。’但砖块却说：‘我知道你是对的，可是如果你问我喜欢什么，我会说我喜欢拱形’……这就是了解它的原则，了解它的本质，了解它能够做什么，并且给予尊重。”[19]

这是一份重视建材性质的呼吁，让人联想到维奥莱·勒·杜克为建材特性真理而辩的方式。路易·康本人比较不注重建材的物理层面，而是将重点放在视觉上及有形体的性质上。他说过“物质是被消耗的光”（material is spent light），便可充分地说明这一点。路易·康认为，刻意隐藏建材的本质或建筑的方式，都是与“建筑想要自己是什么样子”背道而驰的做法。

位于加州拉霍亚的萨克生物学研究中心见证了路易·康的观念——建筑必须能够表达出它是用什么建造而成的。这一次路易·康所用的是木材及混凝土，他处理这些建材的方式表现出他想显露建材特质的期望。因此，“坚固”的混凝土发挥了承载“较轻”木材的作用，明显相对的是“温暖”的木材及“冰冷”的混凝土。处理这两种建材的不同方式也是显而易见的：远方的碎片和构造节点并没有在混凝土的表层上去除，而且因为木材的关系便能够从建筑的立面看见组合的较小要素。

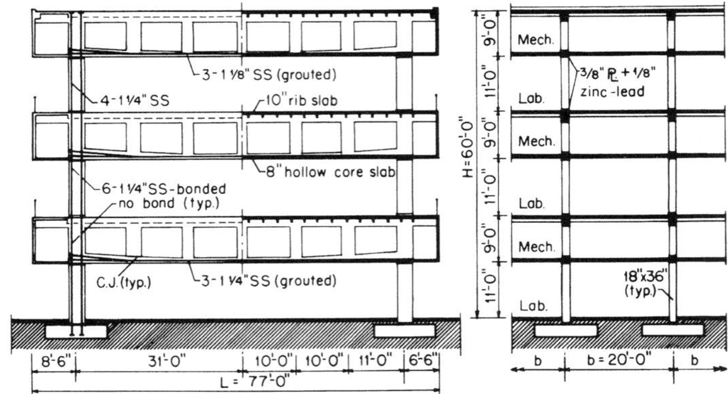


横穿萨克生物学研究中心实验部的基础剖面图，展现出空腹梁

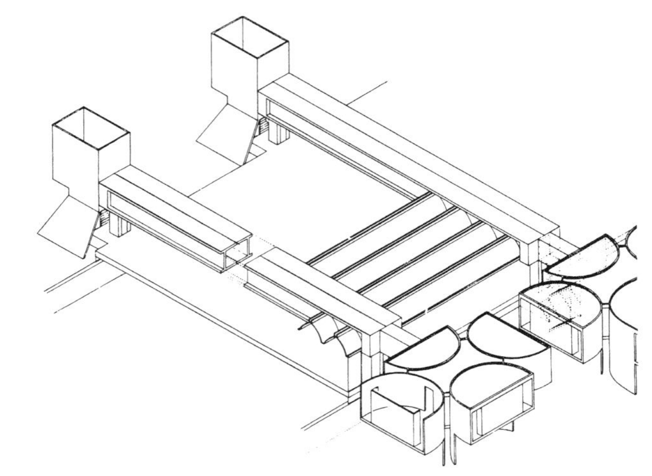

结构元素中的服务空间，设计初期的草图

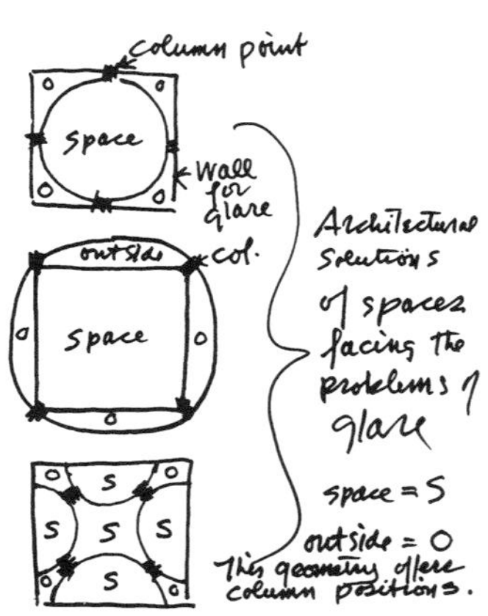


设计草图。将平面与容积结合在一起，产生较大（接受服务）的空间与较小（提供服务）的空间

在萨克生物学研究中心里，几乎到处都可以看见结构（承重）与空间配置同时出现。勒·柯布西埃所致力的是将空间的形式从承重层面的影响中解放出来，路易·康却把空间与结构视为密不可分。在路易·康那种强调建材有意志的建筑概念中，轻便、可移动的隔板是没有地位的。因此，萨克生物学研究中心的设计并非只是承重的骨架，然后再将它填满。相反地，它是承重平面与容积的组合，并借助体量与虚空、建材与空间以及该空间内光线变化等相互之间的关系，进一步控制该组合。1954 年时，路易·康这样写道："哥特艺术盛行时期的建筑师使用实心的石材建造房屋，现在我们则可以用空心的石材当建材。建筑的结构组件能规划出许多的空间，其重要性不亚于结构组件本身。这些空间的范围很大，包括隔热板运用的空间，空气、光线与热气流通所需的空间，足够供人走动及居住的空间。在结构设计中，以积极的方式来表达虚空已形成一种欲望，反映在空间架构的发展渐渐受到重视的事实中。"[20]

在萨克生物学研究中心的设计上，路易·康刻意让结构中的空间显露出来，看得到也可以接近。驱使他的不只是展现结构原则的欲望而已，因为这样的设计同时也提供了日后建筑维护的方法。理所当然，结构内的空间非常适合住屋保养及管线铺设。

这一点最后导致服务与接受服务的空间原则产生。这个原则强调建筑使用上的弹性，萨克生物学研究中心实验部的设计便是受此影响。路易·康在结构跨度上运用了开放式的横梁系统，让实心层与空心层之间可以交互使用。

这些横梁的高度很大，实验部的科技设备可以轻易地安置在提供服务用的上方楼层，而且能够融入实验室本身。

路易·康，萨克生物学研究中心，实验室外部

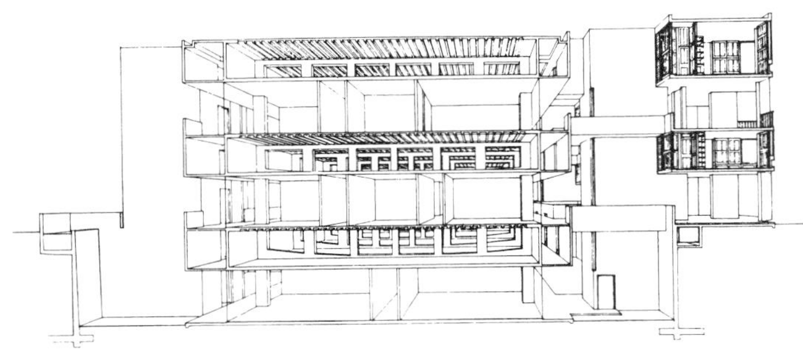

萨克生物学研究中心。展示实验室结构的剖面图与透视图

福斯特设计事务所，桑斯伯里视觉艺术中心

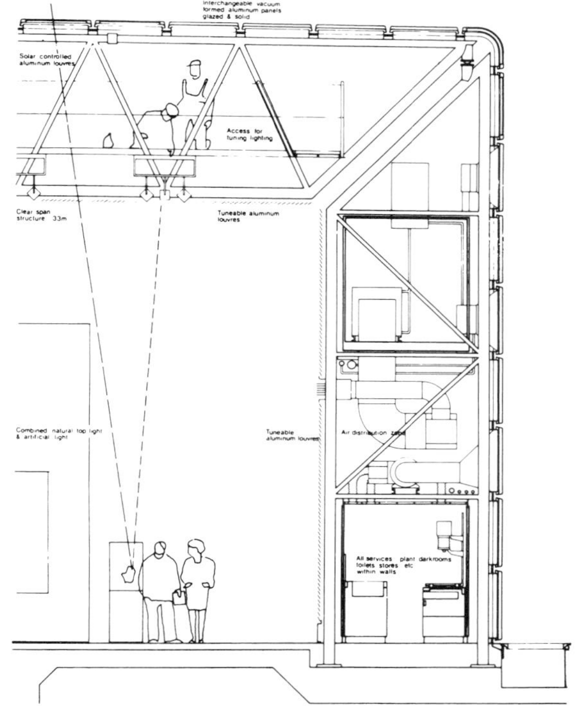


建筑物外层内提供服务的空间

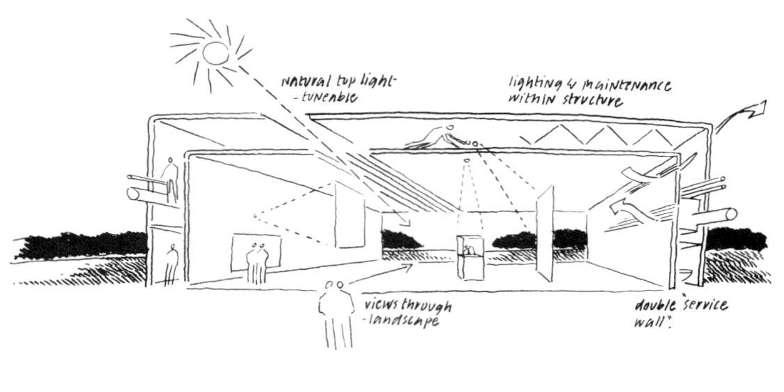


设计概念草图，用来确定设计使用的条件，所有结构方面的问题都在建筑表层内解决

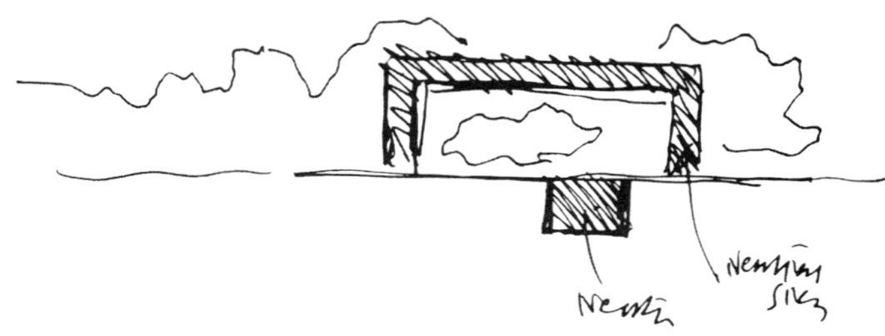

草图，表现出接受服务的棚架原则

## 4.8 接受服务的棚架 | The serviced shed

建筑设计师普遍认为，建筑应该彻底利用工业产品的科技手段，而整个实用层面所发表的论述自然支持这样的看法。从勒·柯布西埃到查尔斯与蕾·伊米斯夫妇，看法都大同小异。标准一致的建材可以确保建筑房价便宜、耐用，使用起来有效能、有弹性。福斯特设计事务所（Foster Associates）就是一家紧紧追随科技发展的建设公司，他们的设计都在研究如何发展标准尺寸的工业建筑。

诺曼·福斯特为他们的做法做了一番解释。他说那是因为对传统建筑方法的不满，深感无法控制建筑的品质，而工艺传统的衰退及优秀工匠的凋零也是原因之一[21]。勒·柯布西埃在雪铁龙住宅与汽车工业之间建立了紧密的关系，福斯特设计事务所则对太空旅行与建造飞机特别感兴趣。他们不因其技术与方法而自满，所以在设计上大量参考飞机与宇宙飞船的外形。

福斯特设计事务所在发展预制建材及模块方面上有很多实例，1977 年完成的桑斯伯里视觉艺术中心（见第 3 章）便是其中之一。桑斯伯里视觉艺术中心没有固定的用途，可以看成是一个接受各类服务的棚架，内部只有空旷的楼层、墙面及屋顶，遮蔽着所有让该建筑发挥功能的设备。在设计上，大部分的决策都以减少建筑外形设计为出发点。

该中心的建筑结构以质量相当轻的钢架为主干，钢架则由 37 组网状格子交错的托架组成，里外都加以覆盖，而且跨越的宽度非常大。所有提供的服务都包含在这个结构下的空间中，完全展现出路易·康的服务与接受服务的原则。由于提供服务的空间与接受服务的空间相隔一段距离，后者内部的空间可以完全自由地隔间，没有阻碍。许多公共设施安置于屋顶结构中（暖气、空调、调光与供电等）及墙面之间（如卫生设备），更确保主体空间的运用能发挥到极限，不再因为此类组件与系统的出现而令人感到突兀。

除了正立面之外，该建筑的外层由三种方格面板、玻璃及铝制夹板组合而成，再加上格子窗，有助于空气流通。两个正面采用不同的建材，明显有助于建筑容积的扩展与收缩。整个正面由玻璃构成，没有镶嵌用的横条，给人一种开放、没有固定模式的感觉。

模块设计的方法与衍生出来的一系列组件产品，对于控制建筑的过程有相当大的助益。采用工业技术制造出来的建筑系统，同时也方便高品质与高耐用度产品的应用，不至于面临经费短缺的困境。至于建筑的构件应该如何连接在一起，只要再多用一个高科技发展出来的模块，这个问题便能迎刃而解。最后一点：在建筑工程开始之前还可以先测试模块系统，提早发现技术上的缺失并加以克服。

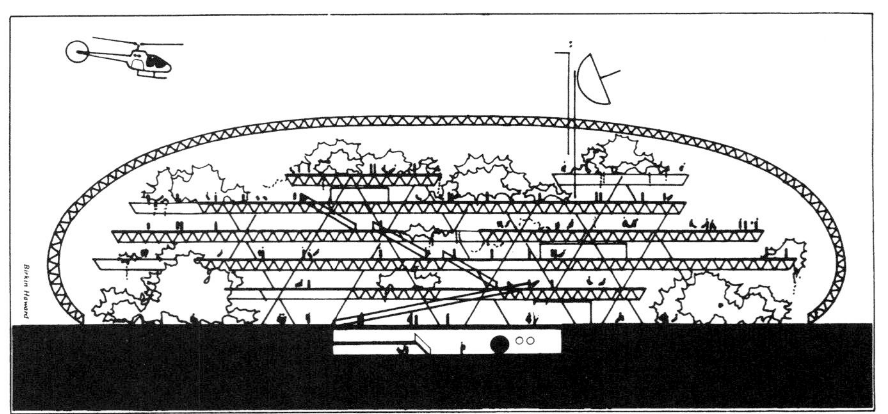

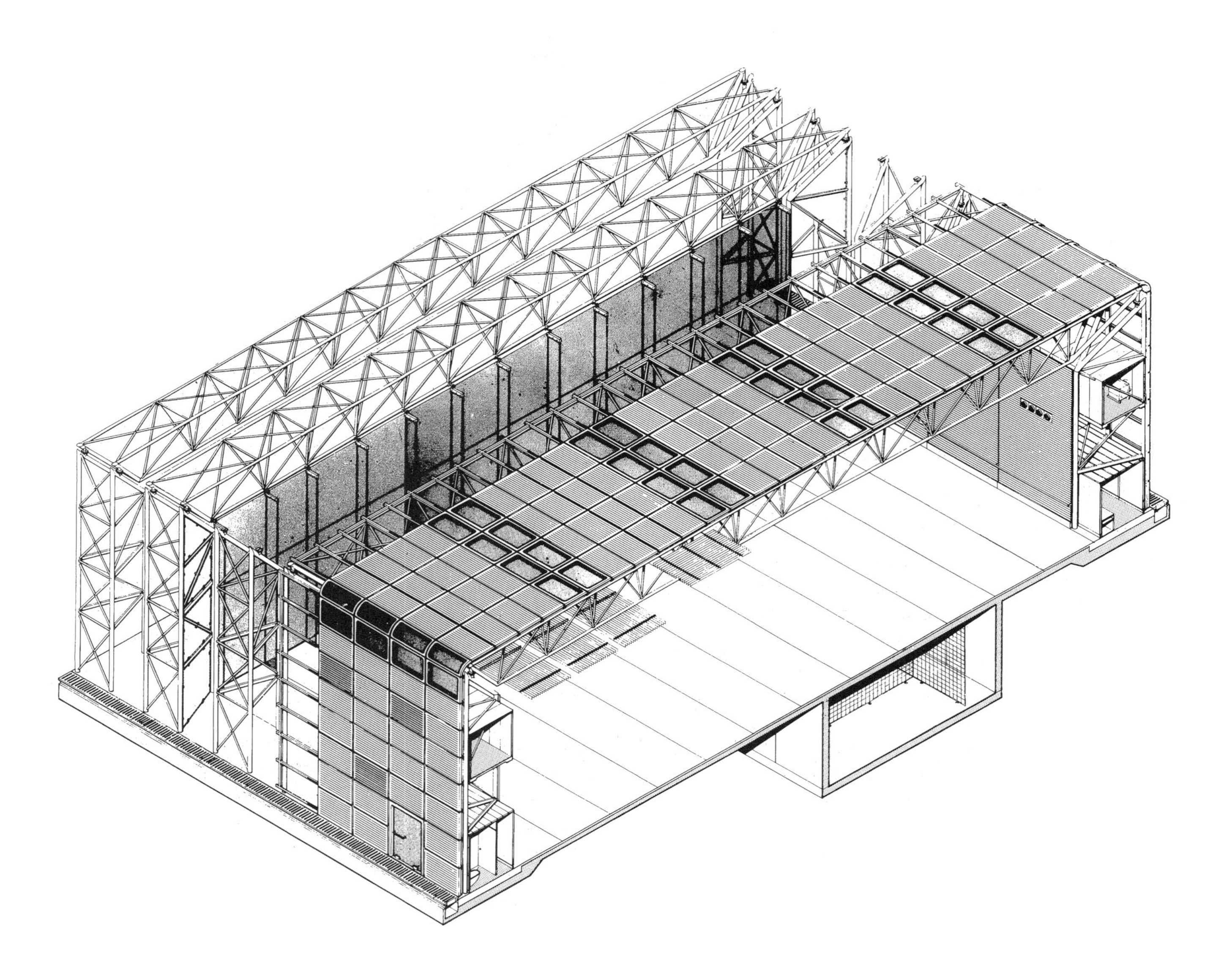

布克敏斯特·福勒与福斯特设计事务所，“微气候办公大楼”（Climatroffice）的计划，1971 年。同样地，此建筑的表层与内部截然不同

桑斯伯里视觉艺术中心建材研究图

## 4.9 科技戏剧化 | The dramatizing of technology

20 世纪 60 年代，英国有一个名为“建筑电讯”（Archigram）[责编注] 的建筑师团体，他们将新科技的概念引进建筑用语之中。在一系列理想化的设计里，他们勾勒出现代都市的蓝图，几乎完全摒弃了静态建筑的概念。这个未来都市展现出一个广阔的沟通交流网络，孕育出科技与大众传播的希望，将整个社会融入一个不断变化的过程之中。“建筑电讯”对科技发展抱着相当乐观的态度，他们理想中的未来社会完全建立在 20 世纪 60 年代大众文化中最典型的主题上，例如大众传播与通信、社会变动性等。

最值得一提的是，“建筑电讯”的计划完全没有参与推动上述科技发展的企图，该团体几乎只重视科技未来发展的远景。他们对“太空时代的意象所营造出来的魅力”尤其感兴趣，并视其为新观念的主要来源[22]。

“建筑电讯”所描绘出来的意象本身便有非凡的魅力，对于重新唤起人们对建筑科技的兴趣，实有莫大的贡献。一般认为，巴黎蓬皮杜文化艺术中心（Centre Pompidou）的设计受“建筑电讯”的影响很深。随着该中心的落成，人们对建筑的狂热再度燃起，其热度之强，绝不亚于 19 世纪末所建玻璃宫殿及工程师式建筑所造成的热潮。

巴黎蓬皮杜文化艺术中心于 1977 年完工，由理查德·罗杰斯（Richard Rogers，1933—，英国现代主义建筑师）与伦佐·皮亚诺（Renzo Piano，1937—，意大利著名建筑师）设计，它是一座文化中心，内部有现代艺术的展示厅、图书馆、工业设计中心与音乐厅，还有办公室与自助餐厅。正如桑斯伯里中心的设计一样，该建筑也以有弹性、富变化为诉求。为了达此目的，罗杰斯与皮亚诺便以“建筑电讯”强调的意象为依归。

结构上，蓬皮杜文化艺术中心与桑斯伯里中心非常相似。两者都以建立一个接受服务的棚架为原则。该中心的建筑结构同样以钢架为主干，钢架也由网状格子交错的托架组成，跨越的宽度也很大，楼层的面积为 166 米 ×45 米。然而，若是我们仔细检查该中心的服务设备结构，那么两者之间的相似性便显得微不足道。福斯特的建筑将服务设备嵌于建筑的表皮之间，罗杰斯与皮亚诺的设计却带着一丝反讽的意味，将这些设备披挂于建筑的外表，仿佛有意让观者看看建筑的“内脏”。

这个管状的结构内有几部电梯，皆有特别设计的大型钢制机座，由钢架上悬挂而下。这些设计所要解决的不是建筑计划的问题，而是建筑师本身所提出来的问题。将蓬皮杜文化艺术中心的建筑技术与结构层面暴露在眼前，其实没有任何实用价值。就某方面而言，科技在这里只是用来作装饰，加以戏剧化后变成了建筑物的一张脸。不同于桑斯伯里中心的是，蓬皮杜文化艺术中心通过其数不尽的引喻，影射工业过程与机械美学，让人联想起许多熟悉的意象。在没有直接涉及建筑计划与背景资料的情况下，罗杰斯与皮亚诺依然能创造出相当细腻的建筑层面。

雷姆·库哈斯的大都会建筑事务所于 1993 年在鹿特丹建造了鹿特丹当代美术馆（Kunsthal），可说是建筑结构戏剧化的另一个实例。这栋建筑与其他博物馆不同，它提供许多短期展览的服务，但却没有属于本身的收藏。这一特点改变了该馆经营的重心，从汇集大量的收藏并加以管理，转变成灵活适应最新近的艺术潮流，并且强调展示作品方面的丰富经验。

从外表看来，这座鹿特丹当代美术馆俨然是一个平面的“盒子”，依靠在公园尽头的大堤边。堤边有一条设置有公共设施的道路，大堤向外延伸成斜坡，直入公园之中；道路和斜坡穿过整片建筑，将“盒子”切成好几个不同结构的空间。其中运用了许多区分的原则，任意地并列在一起，没有任何的过渡空间。举例说来，进门的大厅和演讲厅都直接与大堤的斜坡连接，却偏偏与斜坡呈相反走势。进门大厅的柱子与倾斜的楼层连接在一起，以致整个空间仿佛在建筑物中浮动，成为一个独立的建筑构件。如此的效果颠覆了

[责编注] 以彼得·库克（Peter Cook）等六人为核心的一批先锋派建筑师，他们努力通过运用和试验包括计算机、航天、自动化、环境等各种新科技、新方法，创造新生活方式。

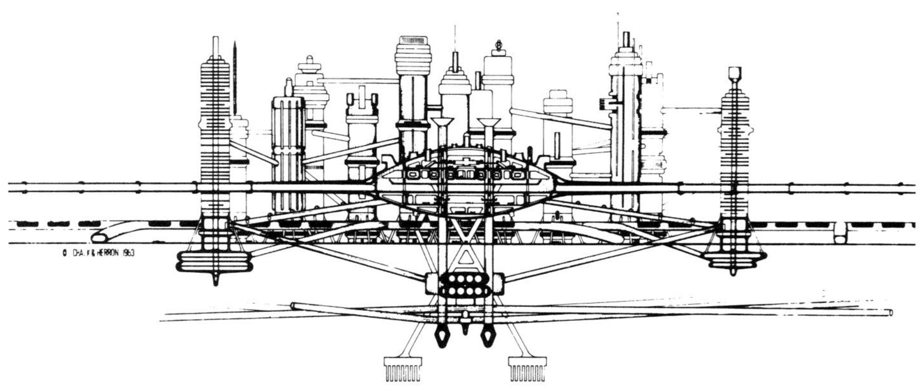

“建筑电讯”，“互动城市”（Interchange City）计划，1963 年

理查德·罗杰斯与伦佐·皮亚诺，
巴黎蓬皮杜文化艺术中心

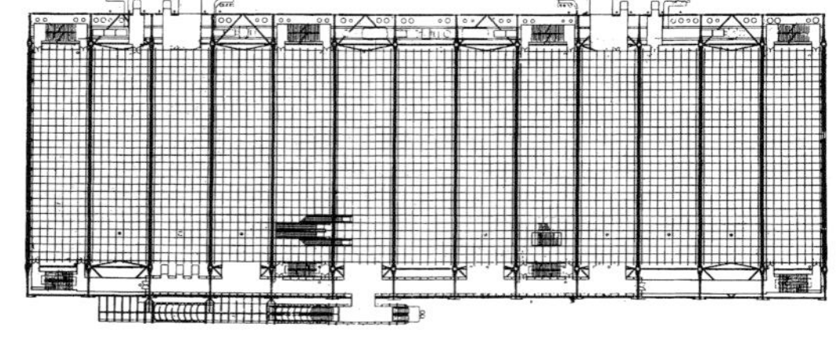

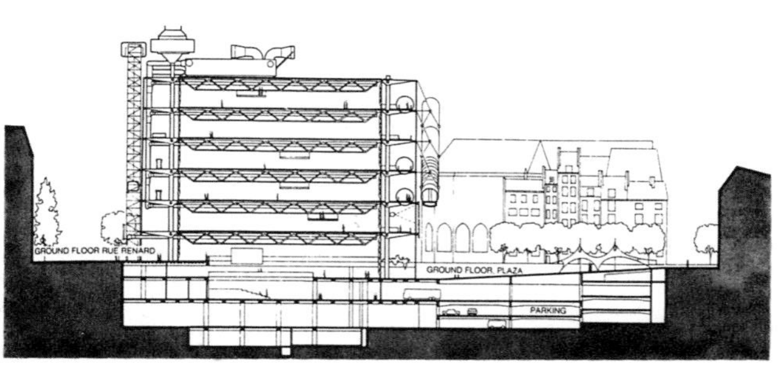


理查德·罗杰斯与伦佐·皮亚诺，
巴黎蓬皮杜文化艺术中心。
平面图与剖面图

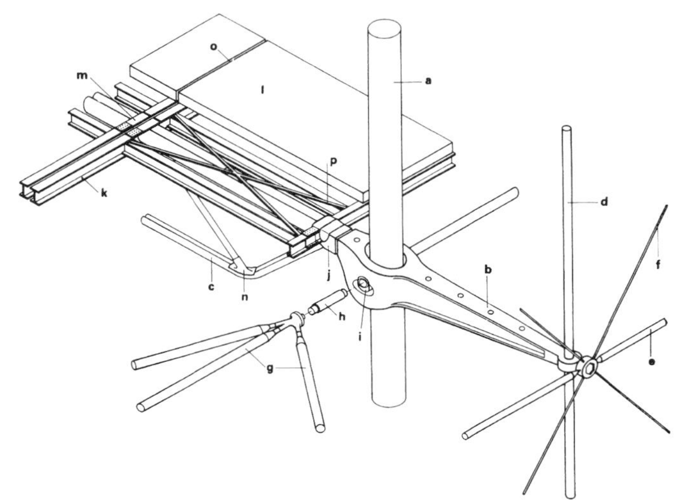

生产中的铸铁支架，每个重达 10000 千克

圆柱与横梁的节点，与支架衔接

横梁于夜间送往建筑基地

建筑形式与作用力分配之间的逻辑关系，让作用力根本无法标示位置，更不可能依照自然法则来进行，让人感觉这座建筑完全不受地心引力的影响[23]。

借着这么多的建筑实例，我们探讨了鹿特丹当代美术馆在结构允许的范围内所作的发挥。这一点与建材使用上的效率、经济实用的考量或结构上的清晰度毫无关系。在这里，建筑科技上的知识只能退居第二线，最重要的还是戏剧性效果的创造。后者促使承重结构的原则随着空间利用的改变而改变，而这里的空间改变就像是舞台剧更换场景一样。

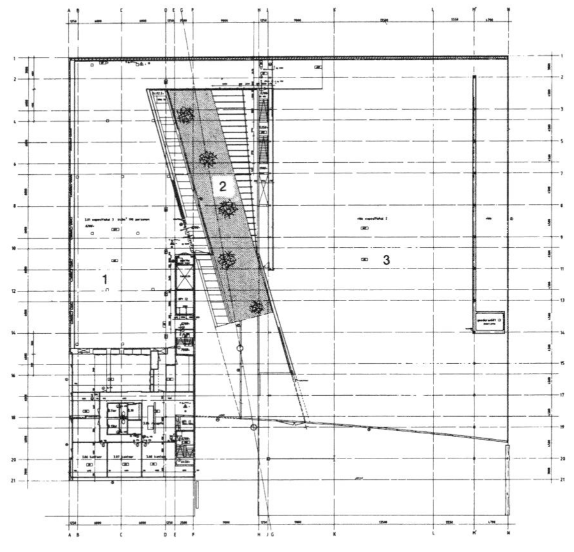

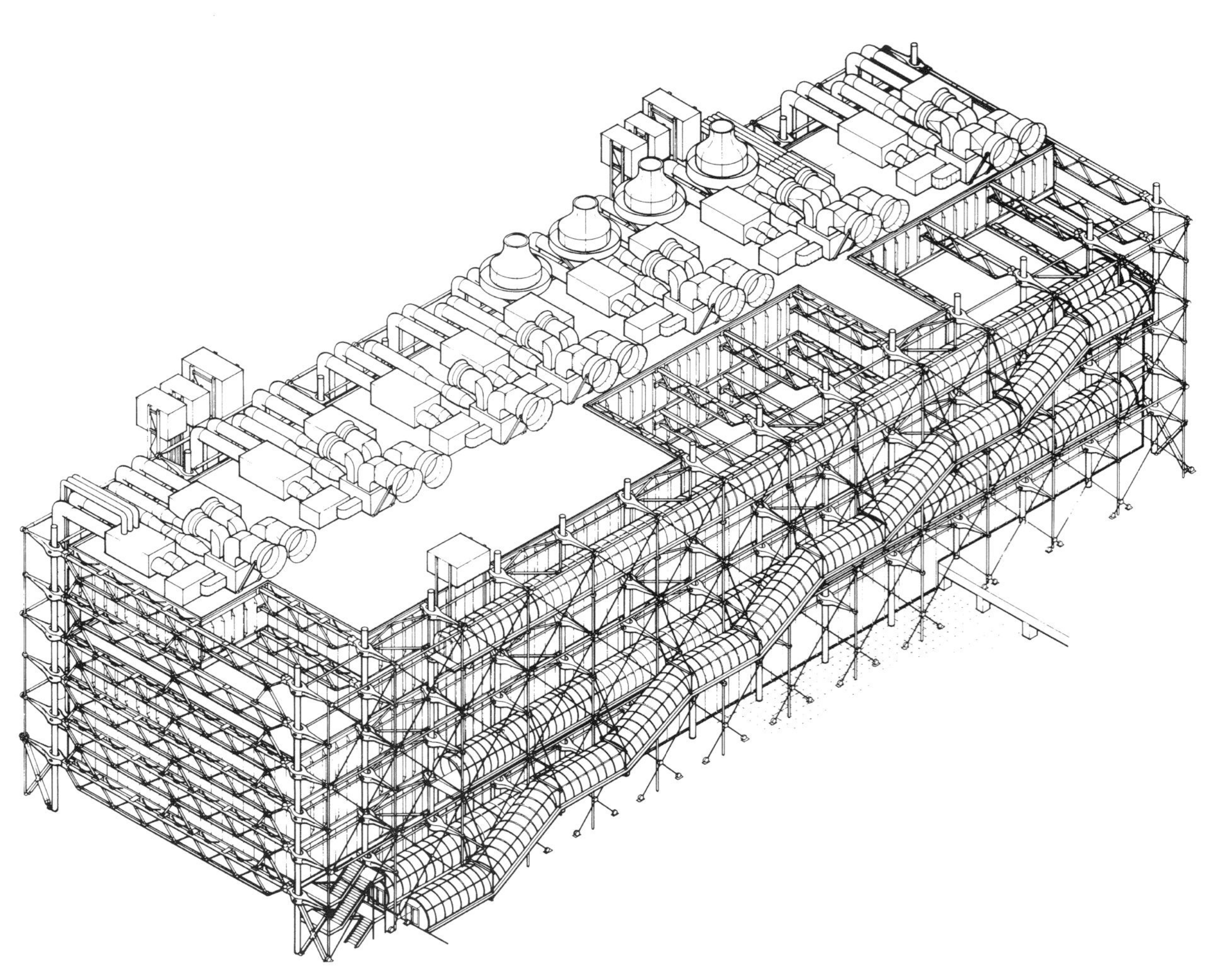


巴黎蓬皮杜文化艺术中心的建材研究图

大都会建筑事务所，鹿特丹当代美术馆，平面图

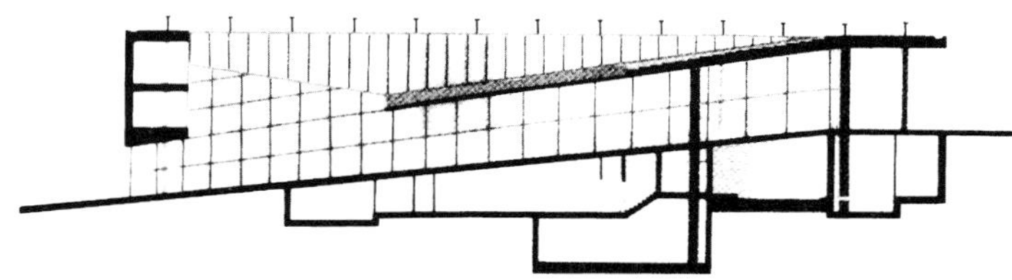

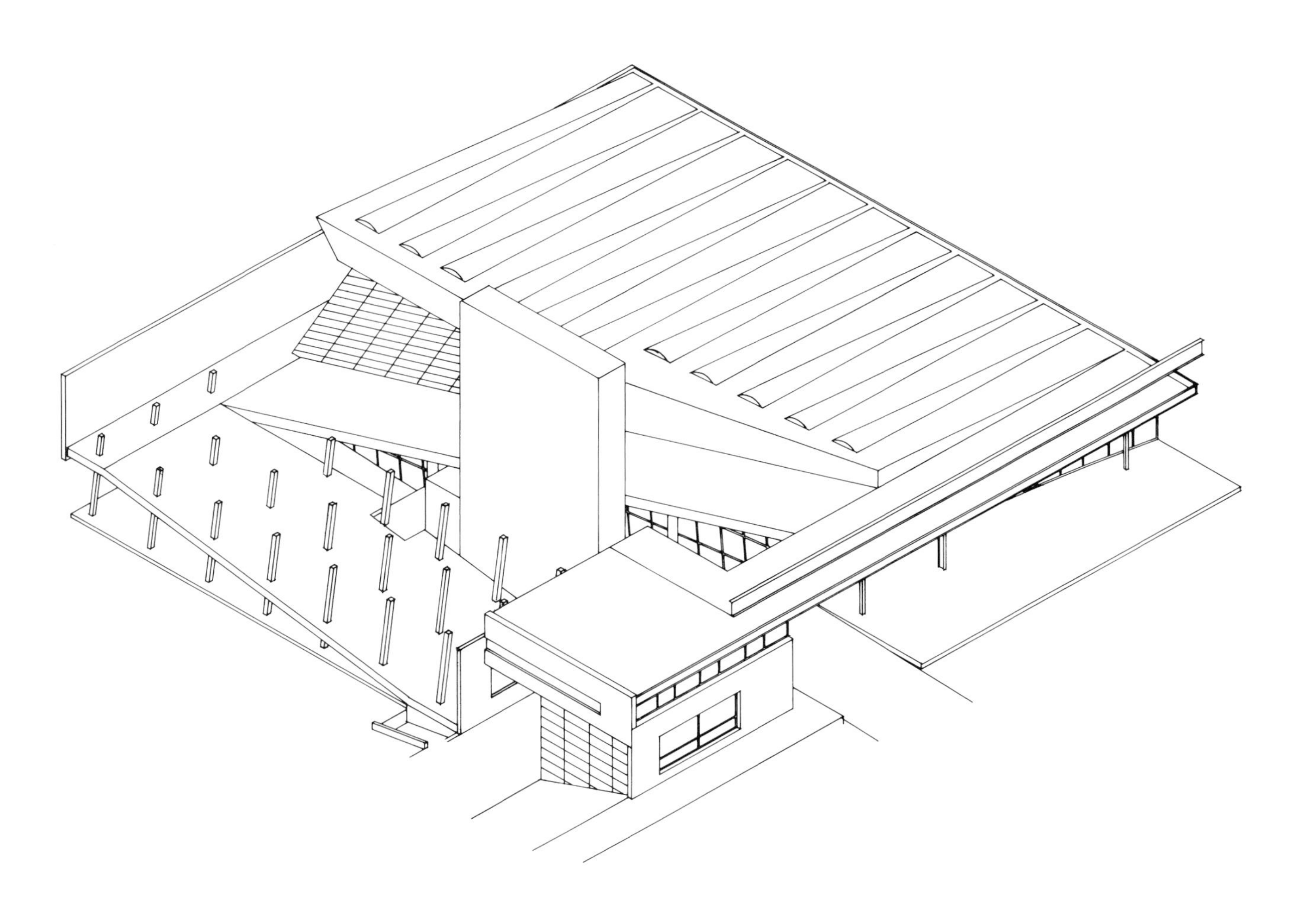

鹿特丹当代美术馆的建材研究图

大都会建筑事务所，鹿特丹当代美术馆，剖面图

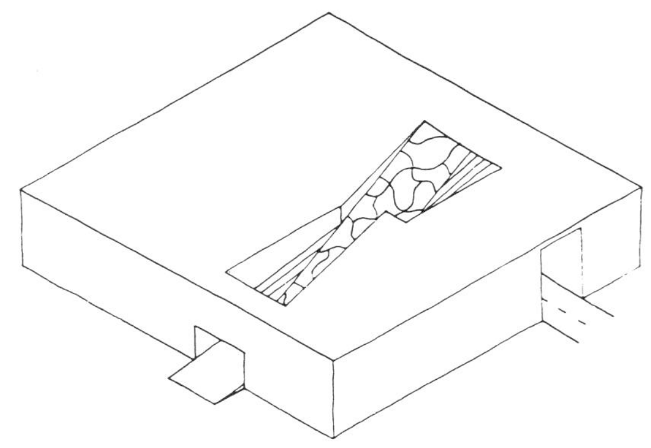

建造中的鹿特丹当代美术馆

穿过建筑体量的斜坡与通道

# 第5章 设计与类型研究

## Design and typology

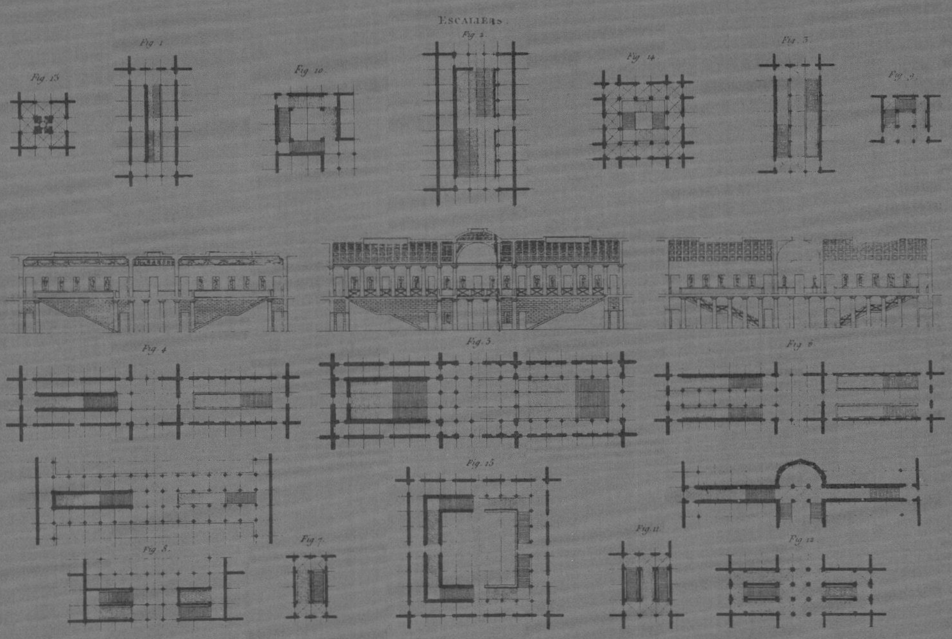

## 5.1 导论 | Introduction

每一门科学都需要文字，需要语言，才能够存在。没有专门的语言和经过定义的专有名词，就完全无法在一个研究的领域中达到沟通的目的。如果该学科要有科学性的发展，专有名词是一个必备的条件。因此，概念的定义与分类有助于架构知识，并且能针对特定的学科提供进一步的见解与看法。

将建筑与城市设计加以分门别类的方法有很多，必须视我们的需求而定。房地产中间商采用的是房屋市场的分类方式。相对地，设计师们则以空间与形式方面的特点来做分类的依据。后者的分类模式比较明确，通常以形式与类型研究的概念为强调的重点。

设计训练对建筑类型研究多所倚重，除了达到沟通的目的之外，至少还有两个不同的理由：第一个理由是现有的作品需要分析与讨论；第二个理由则与设计本身的利益有关。虽然两者都与形式或类型有关联，而且相互之间的关系也非常密切，若是无法认清这两种类型研究之间的分野与差异，误会便很容易产生。

以设计分析为导向的类型研究，即分析类型学（analytical typology），能提供研究者工具，为建筑或城市中各种不同的建筑组件命名，并且进一步形容这些组件如何组织在一起。

相对地，设计师本身还需要另外一种类型研究，以作为设计过程中决策时的依据。菲利浦·沛纳海用“发展类型学”（generative typology）一词来为这种分类形态命名[1]。我们可以将此类型研究视为一种说明的方式，用来描述设计上所有相关的选择构成的衍生系统。在这种思维基础上，一种类型可以视情况而形成一个新的设计。一种类型可以收放在“记忆的袋子”里，运送到别的地方，然后再拿出来使用。从这个角度看来，类型可以定义为一个承载设计经验的器皿，里面所装的经验都有类似的主题。若说它是一个解决问题的标准方法，亦不为过。设计师们所依靠的是各自的工作经验与研究成果，因此也倾向于以发展类型学为主。对于这些不同的分类方式，我们较不关心，我们关心的是分类的基本原则。

## 5.2 “类型”的发展 | The development of “type”

“类型”（type）一词来自希腊文中的“typos”，该字的含义相当广，后来也衍生出各种不同的意义与用法，更有其他不同的变化，如模型（model）、矩阵（matrix）、印刷（impression）、样式（mold）、凸版（relief）等[2]。

18世纪以来，形态一直被当作一种分类的工具，卡尔·林奈（Carl Linnaeus，1707—1778，瑞典博物学家）有名的植物分类系统便是一例。他以植物共同的特性为依据，将其分成不同的科别[3]。

### 5.2.1 科特米瑞·德·昆西 | Quatremère de Quincy

类型的概念后来进入了建筑的论述中，其中所秉持的意义也是一样的。建筑理论家科特米瑞·德·昆西在其编纂的百科全书中下了如此的定义：“应用上，类型一词与模型的意义相同，不过两者之间仍有差异，而且很容易了解。类型不常用来代表某一个可供模仿的实体影像，它大多用来代表一种基本概念，而且可供模型来遵循……在建筑领域的实际运用上，模型是一种实体（object），不断地重复使用，不会有所变化；相反地，类型是大家创作时所遵循的实体，但却不至于左右创作出来的成果。在模型的范畴中，一切都已固定，而且相当精确；然而在类型的领域中，一切都多少有一点模糊。同时，我们可以看见，在类型的模仿过程中，没有什么是感觉与知识无法领略的，也没有任何东西是偏见与无知可以加以否认的。”

“这是建筑领域中普遍的事实。在每一个国家里，一般建筑的艺术都来自早已存在的源头。事事皆有先例。任何领域中的东西都不可能凭空而来，而人类所有的发明也皆是如此。同时我们也看到，不管经过什么变化，任何东西都在印证这个基本的原则，而我们的肉眼总是看得见，感觉与理性也都能有所领略。这就像是一个核心，主题会进一步发展与变化，但是都以它为依归，聚集在一起，在时间的进程中得到安排。”[4]

科特米瑞·德·昆西借此定义让人感觉其中有抽象的部分值得探讨，而类型的三个层面也因此得到重视。

科特米瑞·德·昆西让类型与模型成为对立。他强调类型是长期传统之下所形成的结果（事事皆有先例），而且可以改变。在设计发展形成的过程中，可以将其应用在形式的改变上。此外，类型本身也可以从根本上加以修正，并且进一步发展（主题会进一步发展与变化）。

在昆西的定义中，类型被认定为“多少有一点模糊”。以类型为基础，每一位艺术家可以构想出大不相同的作品。意大利艺术史家朱利奥·卡罗·阿尔根（Giulio Carlo Argan，1909—1992）于20世纪60年代让昆西的手稿起死回生。根据他的说法，让作品以相同类型连接在一起的是内部的形式结构（internal form-structure）[5]。只要能彻底地将内部的形式结构加以分析，就可以找出两个不同实体之间的相似之处。

科特米瑞·德·昆西之所以下如此的定义，最主要的目的是在分类工作上提出一个分析性的系统，不过我们也可以将它视为发展类型研究的一种。

### 5.2.2 杜兰德 | Durand

相对于科特米瑞·德·昆西那种广博深远的观点，同一时期的法国建筑师让－尼古拉斯－路易－杜兰德（Jean-Nicolas-Louis Durand，1760—1834）提出了一套以建筑产品为主的系统。杜兰德任教于法国巴黎理工学院（Ecole Polytechnique），该校的作风与高等美术学院截然不同。他写了两本补充说明性的书籍，都以发展类型研究为依归[6]。第一本作品是所谓的《杜兰德代表作》（*Grand Durand*），书中他本着类型研究的原则，对当时最具影响力的建筑加以编排，整理出纲要。《巴黎理工学院建筑资料说明纲要》（*Précis des Lecons d'Architecture données à l'école polytechnique*）是他的另一部作品，书中他提出一系列的建筑构件，视

ESCALIERS.

Fig. 13 Fig. 1 Fig. 10 Fig. 2 Fig. 14 Fig. 3 Fig. 9

Fig. 4 Fig. 5 Fig. 6

Fig. 8 Fig. 7 Fig. 15 Fig. 11 Fig. 12

33,75 31,25
15 2,50 3,75 12,50

Schmiede
Lager
NB.
Schweißerei
Werkm.
Masch. Schlosserei
Montageplatz
Fertig-waren-lager
Blechwerkstätte
Werkbank
Rohstofflager

15,00 2,50 5,00 10,00 32,50

18,75 15,00
33,75

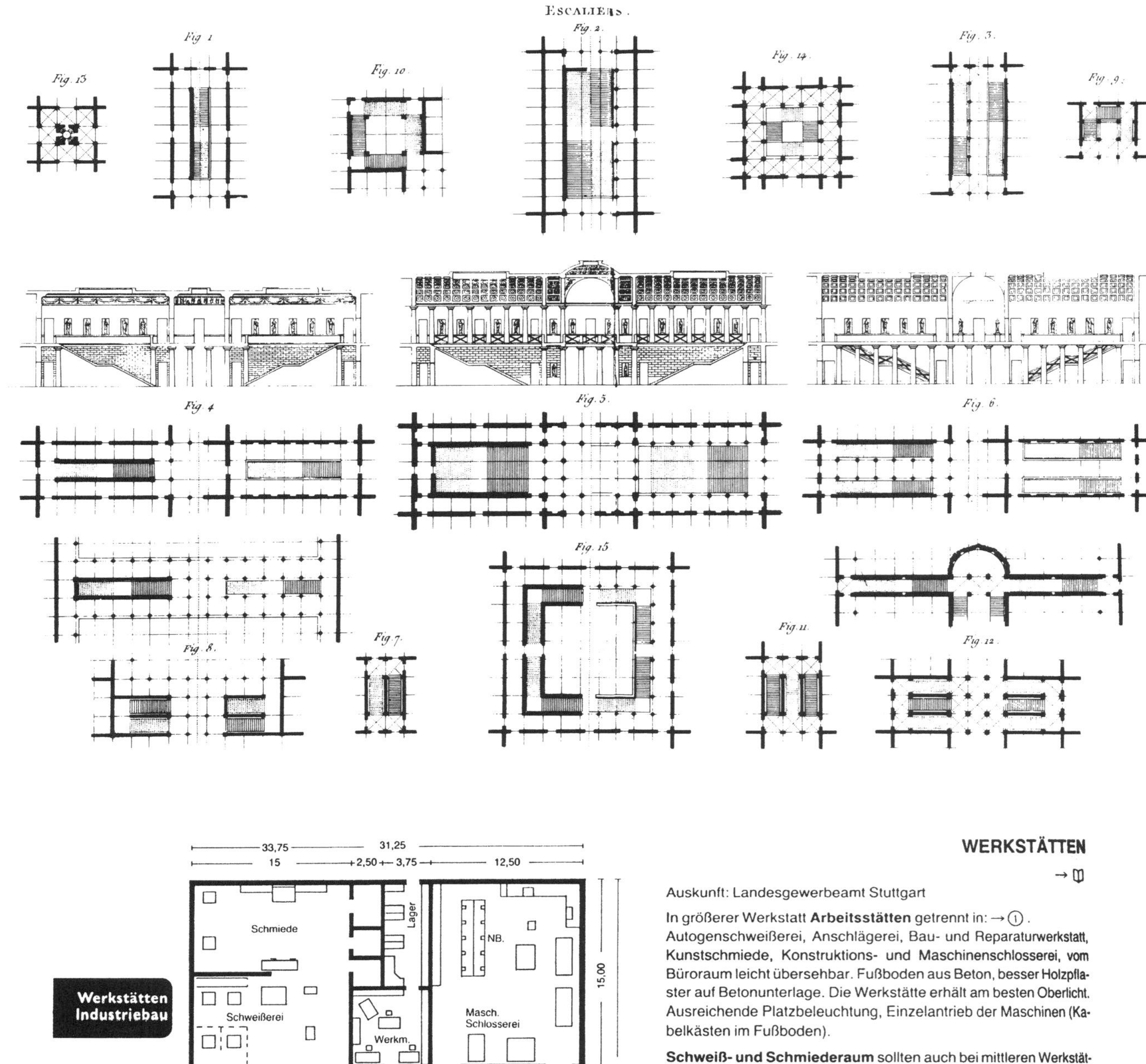

**Werkstätten Industriebau**

## WERKSTÄTTEN

→ ⑪

Auskunft: Landesgewerbeamt Stuttgart

In größerer Werkstatt **Arbeitsstätten** getrennt in: → ①. Autogenschweißerei, Anschlägerei, Bau- und Reparaturwerkstatt, Kunstschmiede, Konstruktions- und Maschinenschlosserei, vom Büroraum leicht übersehbar. Fußboden aus Beton, besser Holzpflaster auf Betonunterlage. Die Werkstätte erhält am besten Oberlicht. Ausreichende Platzbeleuchtung, Einzelantrieb der Maschinen (Kabelkästen im Fußboden).

**Schweiß- und Schmiederaum** sollten auch bei mittleren Werkstätten durch **Stahltüren** abgeschlossen sein. Gute **Lüftung**, Schweißtisch mit Schamottesteinen belegt. Für Gußeisen- und Metallschweißungen Holzkohlenbecken zum Vorwärmen, darüber kleine Esse, auch zum Bronzelöten, Schmieden und Härten geeignet. Daneben Wasser- und Ölbehälter zum Härten.

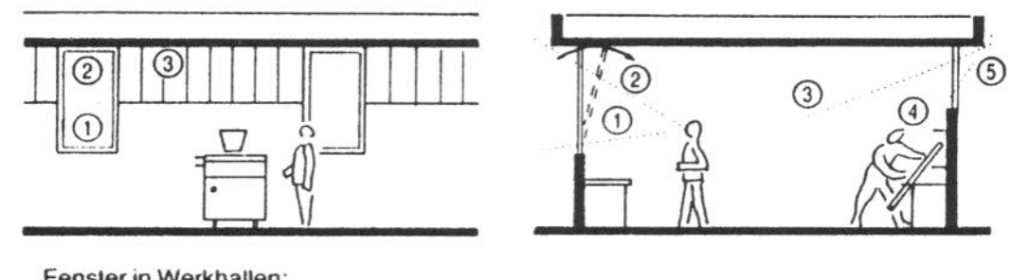


Fenster in Werkhallen:
① Arbstättv (freie Durchsicht), niedrige Brüstungshöhe ② Lüftung (Hochreichende Flügel) ③ Genügend Tageslicht zur Hallenmitte (Hohe Fenster) ④ Arbeitssicherheit (Hantieren von Glasflächen gefährlich) ⑤ Lästige Sommersonne ist an der Südseite einfach abzuschirmen.

杜兰德所著《巴黎理工学院建筑资料说明纲要》一书中的抽页

恩斯特・诺依费特《建筑设计手册》中的抽页

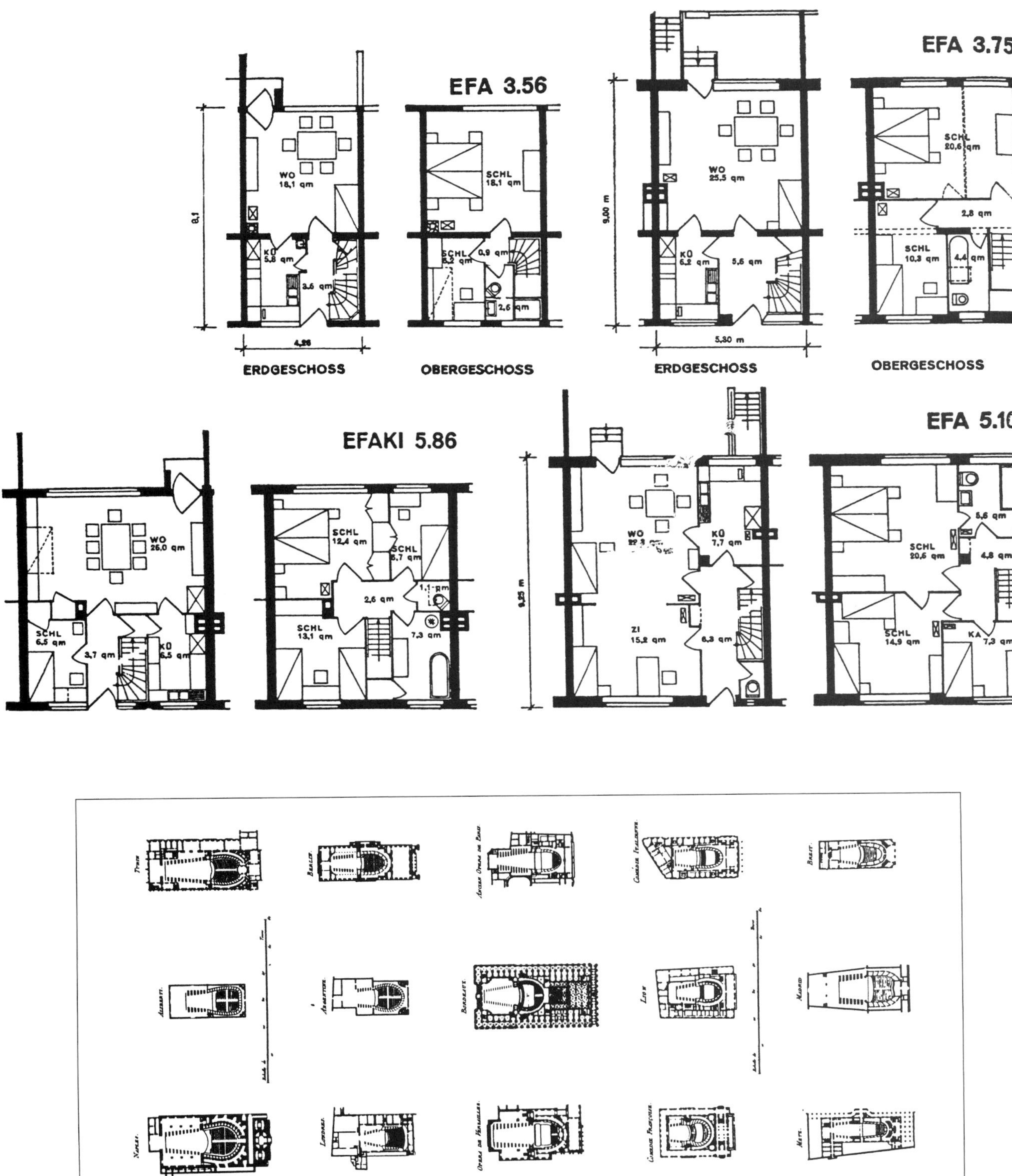


法兰克福住宅计划项目的平面图原型

尼古拉斯・佩夫斯纳（Nikolaus Pevsner，1902—1983，英国艺术史家）《建筑类型史》（*A History of Building Types*）一书中的抽页

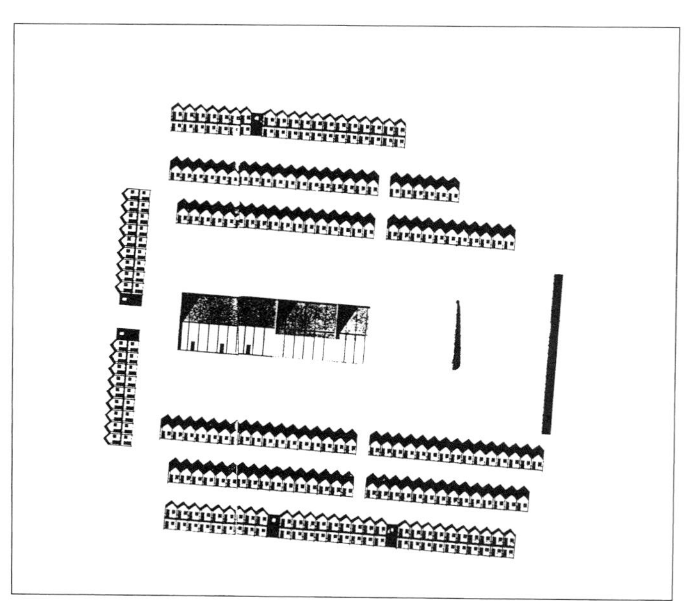

仿萨维里奥·穆拉托里（Saverio Muratori）所作的威尼斯圣巴托伦米奥区（San Bartolomio）结构组织分析图

阿尔多·罗西（Aldo Rossi，1931—1997，意大利建筑师）所设计的学生宿舍，1976 年作于奇耶蒂（Chiete）

其为解决方案，借以处理许多设计方面的问题。书中还有其他的部分，内容包括了不同的指导方针，教人如何诠释书中所提及的建筑形式。杜兰德将所有的建筑组件都画在同一个坐标方格上，创造出一个以建筑区块（building-block）类型为基础的设计手册。

我们可以将杜兰德的类型研究视为许多“空白形式”（empty forms）的一览表。这些形式所指的并非某一个特定的用法或计划，而是包括每一种有可能出现的内容。这一点让他的作品变成理工学院工程师们手中一个理想的工具，帮助他们迅速完成当时新政权所需要的建筑。辖区长官的官邸、监狱、市场等都不是问题，不管拿破仑的集权政府或全国的经济重整需要什么，他们都能很快地设计完成。实际操作上，许多例子都是直接抄袭而来，设计时就是将类型当作模型来运用。

杜兰德与昆西不同，他将类型视为固定的范例，作类型研究时以建筑或建筑组件形式上的特点（formal feature）为基本考量。运用杜兰德的类型研究来做设计时，其工作无异于编辑固定形式的组件。根据昆西的说法，类型与历史文化背景之间密不可分；杜兰德在类型研究上却不愿逃脱建筑的基本范畴。

### 5.2.3 功能主义者｜ The functionalists

对于20世纪20、30年代的功能主义者而言，类型研究在基本的层面上扮演了相当不同的角色。这些设计师是以功能为出发点，而不从类型研究的角度来看待设计工作，于是形式的重要性被建筑计划所取代。在这里，“类型”一词的用法有两种：第一，根据功能将建筑分类；第二，把类型当作模型来运用。

恩斯特·诺依费特的《建筑设计手册》（*Bauentwurfslehre*）与尼古拉斯·佩夫斯纳的《建筑类型史》（*A History of Building Types*）都属于第一种[7]。两者都根据建筑规划来安排章节，规划包括旅馆饭店、监狱、火车站、办公大楼等。佩夫斯纳井然有序地安排重要的建筑，提出重点纲要，提出案例，但却不强调它们的空间配置与布局。诺依费特的建筑则完全没有形式与空间设计上的特点，全部简化成依功能来组织的图形，针对建筑功能的问题提出具体的解决方案。这种以功能为基础的模式对该书划分章节提供简便的方法。例如，如果你要设计一座剧场，就翻到有关剧场的章节；如果要设计学校，就打开讨论学校建筑的部分。

除了依据功能来划分类型之外，功能主义者也将类型当作一种标准或模型[8]。他们提倡要与过去不同，就是要摒弃有历史轨迹可循的形式。因此，他们不愿将类型当作历史发展下的产物，而将其视为一种解决典型问题的标准答案。在有关“极简住宅”（minimum dwellings）的论述中，他们提到了标准类型，也就是为标准家庭而发展的住宅。这些设计形成了标准原型，为建筑提供了新的解决方案，并且一连串地重复运用。这些“类型规划”在大量建造住宅上扮演了模型的角色，也让人联想到19世纪杜兰德的类型研究所发挥的功能。

### 5.2.4 类型研究与类型学｜ Typology and morphology

对于功能主义者在建筑与都市规划上所创造出来的产品，人们的反应普遍都不是很满意，于是类型研究方面的讨论于20世纪50年代再次出现。部分批评意见认为，功能主义者“缺乏有关形式方面的理论根据”。这些批评家所持的看法是，类型研究应该是构成此一理论的主要元素。

尤其在意大利，一个以形式为基础的类型研究重新成为人们目光的焦点。在那里，有关抛弃历史包袱的争议不大，不像北欧与西欧的现代主义者那样激烈辩论。当时提出全新论述的主角很多，首推萨维里奥·穆拉托里（Saverio Muratori，1910—1973，意大利建筑师）、卡洛·艾蒙尼诺（Carlo Aymonino，1926—，意大利建筑师、城市规划师）与阿尔多·罗西。他们的研究重心在现存城市与历史的传承上，将类型研究视为一种工具，分析现存都市的组织脉络。这样的做法与功能主义者完全背道而驰，后者视类型为新的发现，与过去毫无瓜葛，发展出来也是全新的一套看法。

在发展中，穆拉托里所著的《威尼斯城市规划史研究》（*Studi per una operante storia urbana di Venezia*）是一个相当重要的里程碑[9]。穆拉托里与威尼斯大学建筑学院（Istituto Universitario di Architettura di Venezia）的师生合作，发展出一套分析城市形态的方法，内容与建筑类型研究的关系密切。这项研究都市形态的方法后来被称为“形态与类型研究法”。他研究的对象包括了威尼斯的几个区域，同时还有城中经常出现的都市构件，如住宅等。

以下是该研究的几个重要结论：

——只有在已经架构完全的组织脉络中，类型才会在具体的情况下发展出明显的特点；

——只有在都市结构或较大的都市范围与背景中，都市的组织脉络才会发展出明显的特点；

——只有以历史的角度来看待，才能了解都市整体的生存与发展[10]。

穆拉托里将一座古城的都市设计加以分析，借此研究发展出一个建筑与都市设计的方法。在一连串的发展中，整项研究大部分都是由执业的建筑师来进行[11]。建筑师卡洛·艾蒙尼诺将穆拉托里所介绍的概念应用在欧洲各大城市上，将那些城市形式、类型与发展步骤等概念变得更为细腻[12]。建筑师阿尔多·罗西的类型研究也为艾蒙尼诺与穆拉托里的探究点缀不少，不过重点却不放在建筑类型研究与都市形态学之间的关系。罗西将类型研究带往建筑设计的方向，他所探讨的是如何从都市的组织脉络中分析出建筑的类型。因此，他将类型定位成不会随历史变动或衰弱的建筑元素[13]。在罗西的眼里，这些例子都深深烙印在人的身上，它们是永远不会失去效用的类型，而且非常接近瑞士心理分析家卡尔·古斯塔夫·荣格（Carl Gustav Jung, 1875—1961）所提的原型概念[14]。除此之外，罗西也赋予类型一个属于文化的层面：这是一个非常清楚的类型，不但以抽象的形态展现了某些建筑轮廓的抽象，同时也蕴含了相当的文化意义。这些“抽离”出来的类型，包括房屋、高塔与拱廊的基本类型，都不断地出现在罗西自己的设计中。

穆拉托里、艾蒙尼诺与罗西三人之间最大的共同点在于，他们都赋予类型相当的重要性。对他们而言，那也是一种保证，确保建筑发展过程中不会让历史的传承中断。不过，三位建筑师在都市组织脉络如何变动上产生了分歧意见，这是他们之间最重要的差别。穆拉托里与艾蒙尼诺认为，就都市组织脉络看来，城市中建筑类型的特点是持续性的因素，这些特点的发展也受到历史与文化制约因素的影响。通道、立面构成、内部组织以及格局安排等都是都市里经常出现的建筑组件。这些结构上的改变也会受到外界因素的影响，不是类型应用上的种种条件，就是建筑环境的类型特点在设计上所介入的各类因素。

罗西所持的看法完全不同。他认为从现有城市（即原型）中得到的类型是历史上恒久不变的东西。从这个角度看来，都市组织脉络之所以引起变动，原因来自新建筑范畴中固定元素（即类型）的组织原则出现变化[15]。罗西于1974年为意大利里雅斯特（Trieste，意大利东北部港口城市）所设计的市政府大楼便是一例。在这份设计中，他结合了过去许多耳熟能详的类型，将这些类型在文化上的改变（类型元素原来的意义则沿用至今）融入一座全新的建筑结构中。

稍早我们曾经提过意大利艺术史家朱利奥·卡罗·阿尔根的论文，文中他重新强调150年前科特米瑞·德·昆西所下的定义，也以该论述的精神来诠释类型研究。科特米瑞·德·昆西所关心的是如何抽象化，将建筑实体简化。然而，在阿尔根的眼里，类型是从一系列的建筑物抽离出来，依据它们在结构上共同的特征架构而成。“在比较、编排个别不同建筑形式、进一步决定类型的过程中，个别建筑的构成特色荡然无存，留下来的是一系列建筑共同拥有的组成元素，没有其他的东西。因此，类型可以用一个图形来表达，而这个图形是经由简约的过程得到的，它所表现的是一个整体，包括一个共同的基本形式以及衍生出来的各种变化。如果形式是这种简化过程之下的产物，那么这个基本形式就不能算是一个纯粹的结构骨架。它只能当作一个内在的形式结构，或者是一个基本的原则；后者本身潜藏着无限的形式变化，甚至于类型本身进一步的结构修正。”[16]

阿尔根的论文可说是一个辩论，目的在反驳功能主义者对类型的看法。文中他将类型稳固地建立在经验与传统上，整篇文章架构在类型研究与设计有关的层面上，反而科特米瑞·德·昆西以分析为基础的定义只有隐约提起而已。有鉴于此，阿尔根特别强调建筑设计上两个重要的时期，即形式发展时期与形式定位时期。

形式发展时期，类型得到定义且进一步发展，阿尔根则形容为“比较与补充的过程”。在此时期，我们将一系列的建筑化简，得到它们之间共同的基本形式，构成所谓的类型图（typological diagram）。这个基本原则也是内部的形式结构，它使得形式上可以产生无限的变化，甚至连结构上的修正都有可能。根据阿尔根的说法，一旦在设计上选择以这个原则为基础，类型示意图便失去原本历史所定位的意义，可以运用在进一步的设计发展与形式定位上[17]。

在第二个时期中，即形式定位（form specification）或创造（invention）的阶段，设计本身超越了类型图，所有的解决方法也都因此以历史的类型为依归。形式的创作是设计者对设计上特定需求的响应，同时也是在建筑形式用语上的一份声明。阿尔根认为，这一点足以说明为什么含混不明的类型特点总是出现在第二个时期。以阿尔根的方法看来，类型发展时期代表了设计与过去之间的关系，创造时期则展现出设计如何与现在及未来互动。

在这股来自意大利思潮的影响下，20世纪70年代发展出一套全球性的类型研究[18]。在欧洲，他们被称为“理性主义者”（Rationalist），以一直主导相关研究讨论的阿尔多·罗西为宗师[19]。

这类论述的主题探讨建筑类型研究与都市空间形态学之间的互动关系，也论及类型研究在决定建筑形式上所扮演的角色。

在研究与设计两方面的实际应用上，他们以三个相异却互补的方法来运作类型研究。他们将类型研究当作一种工具，首先有系统地从事建筑与都市规划方面的研究；其次检查建筑与都市规划之间的关系，探讨有哪些方面既有分歧差异却又相互关联；最后以类型研究作为一种建筑设计的工具。

## 5.3 类型研究与建筑设计｜Typology and design

一番历史巡礼后，我们应该来探讨一下“形式”这个概念与建筑设计之间的关系。在本书的范畴中，最重要的问题是：设计者如何才能将实例方面的知识转化，从而进一步应用在实务上。为了达到这个目标，我们将以阿尔根的方法为起点，更仔细地探讨类型研究与建筑设计之间三个相关重点。我们将透过三个设计分析，说明这些重点以及它们之间的关联。

### 5.3.1 概念与形式｜Concept and type

第一个重点所关注的是，设计过程中每一个步骤的抽象概念到达什么程度。正如第1章所述，设计的过程可以视为一个循环重复的过程，设计者在工作中所作的决定会使这个过程发展得更为深远。这个过程由概念叙述到最终的形式，然而阿尔根的论文更将它进一步细分，成为他所谓的“类型研究时期”与“形式定位时期”。

虽然这项理论将概念、形式和设计三者定位为对立的理念，但就常理而言，它们还是有等级之分。综合上述三者，可以描绘出一个层级，由抽象的“概念”，到有系统、简要的“类型”，再到具体的“设计”。

若以类型研究为设计的基础，那么过程中各个阶段就必须要有抽象程度上的差异，因为抽象化的程度是一种测量的依据，有助于衡量下一项设计决策应该有多大的自由发挥空间。因此，一栋公寓建筑独立坐落在景观中就是一个概念，便足以对未来的发展提供极大的可能性。即使建筑物的类型已固定，甚至于已经做成一张扇形的类型图，仍然还有一些改变的空间，只是选择有限。只有当最后的形式已经选定，设计才会展现出它本身的特色。

### 5.3.2 类型等级｜Typological levels

以类型研究为基础来做设计时，第二个重点是设计决策之间的关系，而这一点也将我们带往类型等级

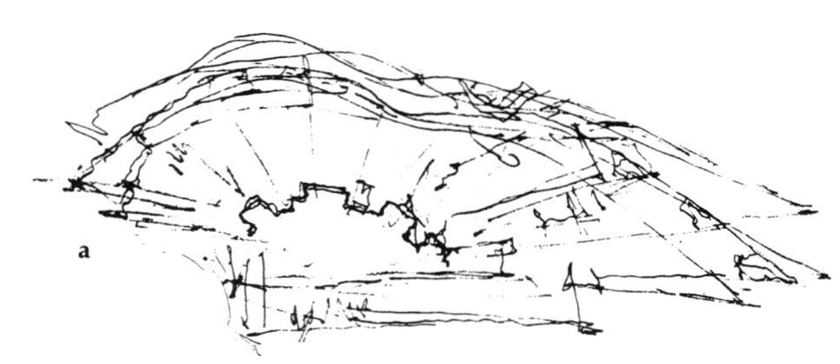


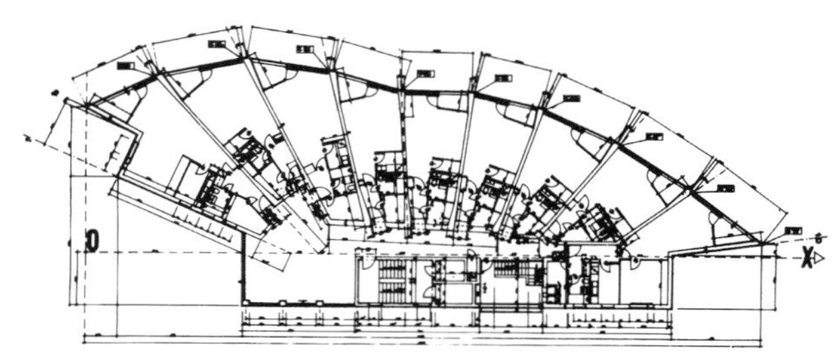

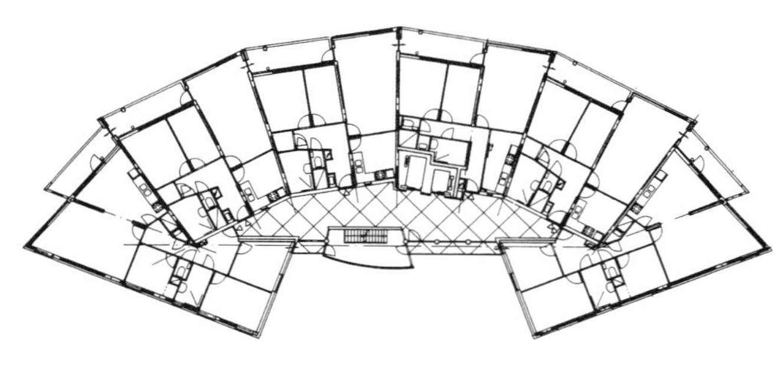

阿尔瓦・阿尔托的新瓦尔公寓，不来梅，1958—1962年

新瓦尔公寓的平面图

麦卡诺建筑事务所（Mecanoo Architecten，荷兰建筑事务所），海勒卡普住宅区（Hillekop housing），鹿特丹，1985—1989年，楼层平面

方面的问题中。类型等级可以视为一个设计上的度量表，表中包含了所有的设计决策，呈现出一个由许多选择构成整合的系统。就一件设计而言，类型等级（或层次）的数量不是预先设定的，但可以根据对象的复杂性与设计家的手法来确定。例如，阿尔根将一栋建筑物分为以下三个等级：整栋建筑物的轮廓与结构、建筑结构的主要材料以及装潢材料。

若是用来描述大型的复合式公寓大楼，这三个等级还嫌不足。我们缺少相关的术语，无法指明个别居住单位和整体建筑轮廓两个等级之间的空间系统。在这种情况之下，我们可以就类型研究分成下列五种等级：街区与都市空间的轮廓与结构；公寓大楼的轮廓与结构，包含通道以及各居住单位之间的联结和安排；住屋本身的等级分类；主要的建筑材料；装潢的材料，如外层的镶板等。类似的类型等级划分一样有可能出现在都市设计中。例如，一个都市地区的设计可能包含不同等级的建筑物、不同的街区与空间结构、不同的等级社区以及地区与都市本身之间不同等级的关系。不过我们也必须指出，就许多都市地区而言，都市规划中的类型研究绝对不止于建筑物类型的总和。

如果一个计划中单独的类型等级有许多设计上的决定，而且这些决定相当有力地整合在一起，那么当设计决定包含好几个类似的等级时，就必然产生出更为复杂的综合体。一项设计中不同等级之间互动的方式，足以构成设计上深入探讨的主题。

例如，设计一栋大型的公寓建筑时，可以用一个立面图来表现缩小比例后的个别单位，示意其为整体建筑的构成组件；或者这个立面图的架构配置也可以强调整栋建筑物，让个别居住单位显得模糊难辨。这两种情况可以用来展现相同的居住类型。

但是，这两种情况成为不同类型的等级后，相互之间的独立或依赖程度到底有多少，绝不只是一个见仁见智的问题，它还涉及实际应用、技术上的可能性以及传统因素方面的问题等等。因此，一项设计包含了各式各样可以想象到的类型等级，这些等级绝对不可能提供设计者范围相同的选择与诠释。

### 5.3.3 类型的处理｜ Processing a type

在类型研究与建筑设计之间的关系上，第三个重点关注的是现存的类型该如何应用在一个全新的设计上。根据阿尔根的说法，类型转变成设计的过程可分为两个阶段。在实际运作上，这两个阶段总是交织在一起。

在第一个阶段，即类型组成阶段（type-formation），经由简化过程所得来的类型图必须经过各种不同的方式来处理。处理类型图后，得到的是现有类型的一个新形态，在这一过程中，变形走样（deformation）的情形也会发生，其中包括了旋转、移位、层次上的差异增加、形状左右互换等。当类型产生这种种的变化，类型图也发生了组织结构上的改变时，现存的类型就会完全转化成全新的类型。如果个别处理类型等级，这样的模式就会重复发生好几次。

在第二个阶段，即形式创作的时期，经过处理的类型图，包括图中所有的类型等级，全都归属于设计者所选定的建筑系统。类型本身“披上”了属于建筑的外表或风格。一旦它进入了建筑的系统，最后的组合就呼之欲出，形式上的处理也跟着开始进行。接着设计本身便会拥有它本身独有的特质。

接下来有三个类型分析，都是代表性的范例。我们将把焦点集中在类型研究与建筑设计之间的关系上，进一步探讨其整合性。

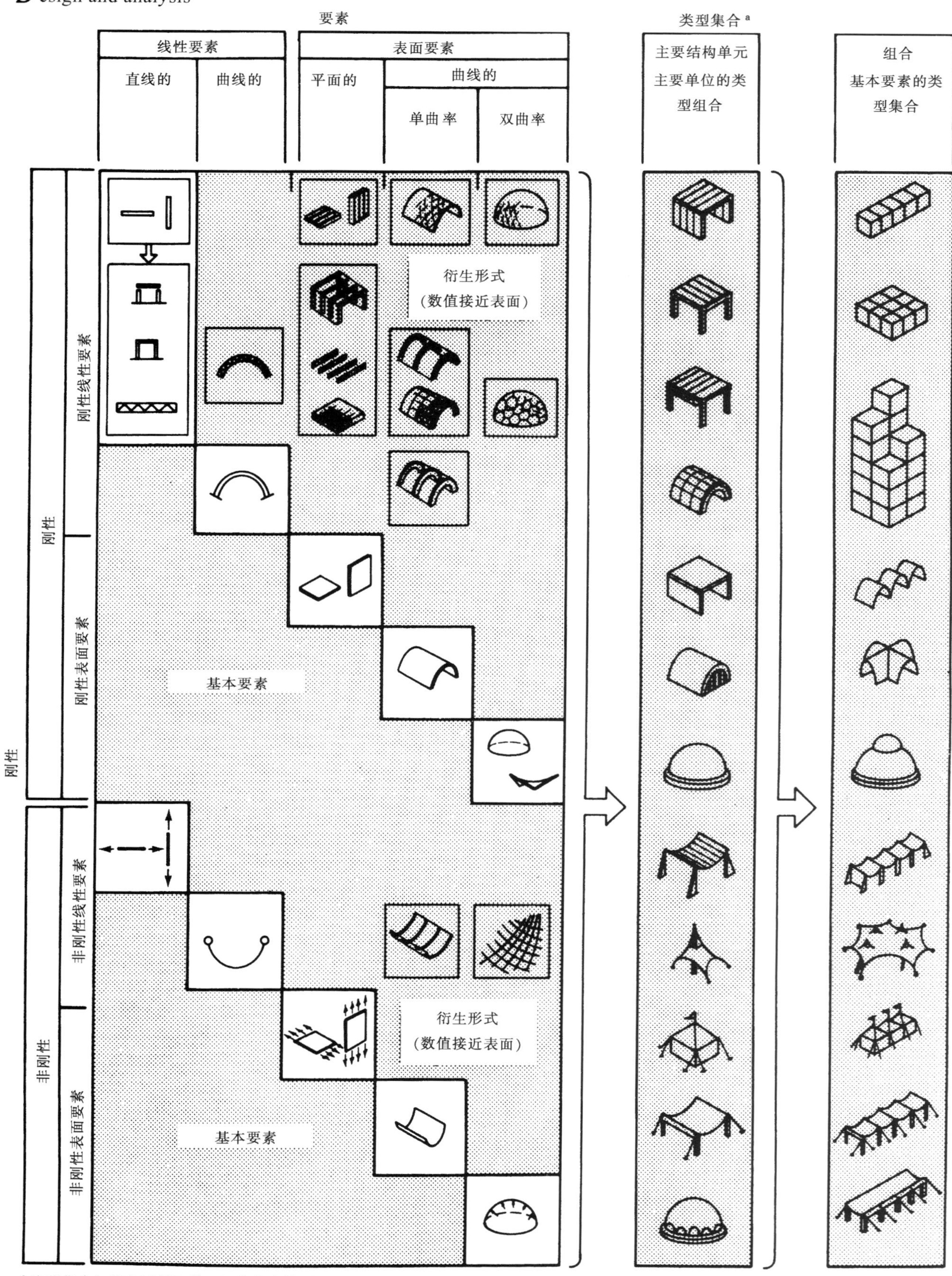


[a] 这些集合与组合只是取样，因为整个排列可以相当大

丹尼尔·路易斯·斯科台克（Daniel Lewis Schodek，哈佛大学教授，著有《结构》（*Structures*））的大型结构组件类型研究

### 5.3.4 矩阵湖—广场 | IJ-Plein

雷姆·库哈斯的大都会建筑事务所在阿姆斯特丹北区（Amsterdarm-Noord）设计了矩阵湖—广场计划开发方案，该工程西部的都市设计足以成为精心设计并转变现有类型的实证。该工程初期以避免高层建筑为基本方案，设计师转而寻求另一种类型来发展原始设计的出发点（这个观点向外延伸，让每个人的视野可以越过矩阵湖—广场地区的水文地形）。他们最后决定以鲁克哈特兄弟（瓦西里·鲁克哈特（Wassili Luckhardt，1889—1972），汉斯·鲁克哈特（Hans Luckhardt，1890—1954），两人均为德国建筑师）的柏林住宅区设计为类型的蓝本。这项 1927 年完成但没有付诸实现的设计名为“没有庭院的城市”（Stadt ohne Höfe）。该计划由一对重复的单位组合而成，一块长形的土地夹在两侧一连串的城市别墅中。这种类型的格局规划鲜明，包裹着一片社区公共的绿化空间，绿地也连接了外侧的建筑单位[20]。

分析大都会建筑事务所最初的设计草图，有助于我们作假设，进一步探讨柏林这个类型的转变如何影响矩阵湖—广场规划西部的构成。在这个过程中，我们可以看到街区轮廓的变形，同样也可以看见马路与通道的改变。

在街区轮廓的层面上，原本柏林的设计可以分为两组一系列的方块街区，两侧之间有一狭长的空地。这个形式的内在结构可以用类型图来说明，共有八个方块与两条直杆。这个类型图所面临的第一个变形是，该图必须旋转，以配合建筑的基地。这样一来，就必须放弃两个方块。下一个步骤很重要：街区轮廓的两个半面必须向不同的方向滑开，远离对方，让两侧的城市别墅自由定位。这就是我们所谓的“类型变化”，一连串的城市别墅坐落在狭长的空地之前，即新的类型产生。在新的类型中，狭长的空地扮演了舞台的角色，城市别墅挺立在两侧，各自伫立，互不相连。

接下来的是一个想象的步骤，目的是要延长右边的狭长空地，并且在这段空地外侧加上两组包含三个街区的系列。让城市别墅坐落在大型开放空间的对面，更能烘托出狭长空地正面的别墅在空间上所造成的冲击。

在马路与通道的层面上，发展过程相当复杂。原来的通道类型包含了一组狭长空地与结合成开放街区的四组城市别墅。但是，大都会建筑事务所基本上放弃了这样的设计，取而代之的是隶属于整个规划西部建筑细节的通道设计。原本柏林的设计提出一套有系统的变化，先是街道，然后是街区，经过开放的中庭，接下来又是街区，最后回到街道。大都会建筑事务所则将这些构件视为自成格局的单位，以狭长的条状空间将其组合在一起。左右这些构件组合的因素中，提供公共（街道）与半公共（内部庭院）的需求并不多，较为重要的是一种创作的意念，试图在街道层面上以氛围多变的地带组合出蒙太奇的效果（见第 2 章）。在新的安排中，街道向内退缩到长形的街区与成排的城市别墅之间，倒转了原来设计的格局，也改变了通道的类型，并且在土地的层面上建立起公共空间与私人空间的全新关系。

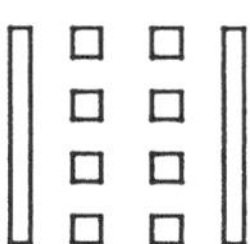
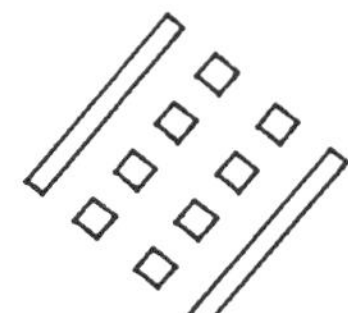
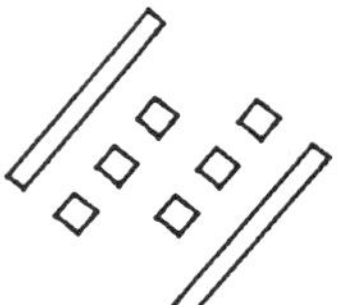
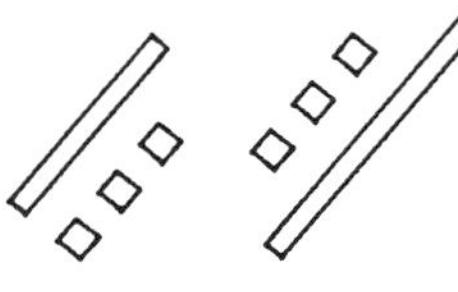

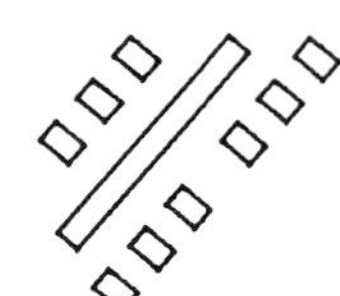

从“没有庭院的城市”到矩阵湖—广场规划的类型转变

鲁克哈特兄弟，“没有庭院的城市”的模型，柏林，1927 年

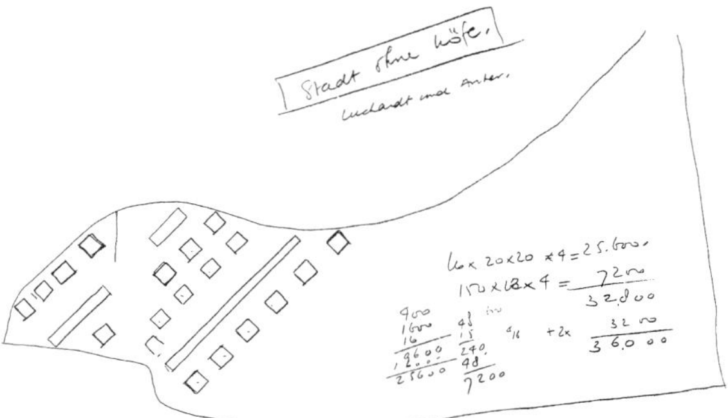


大都会建筑事务所，设计草图，以矩阵湖—广场规划为背景来展示“没有庭院的城市”

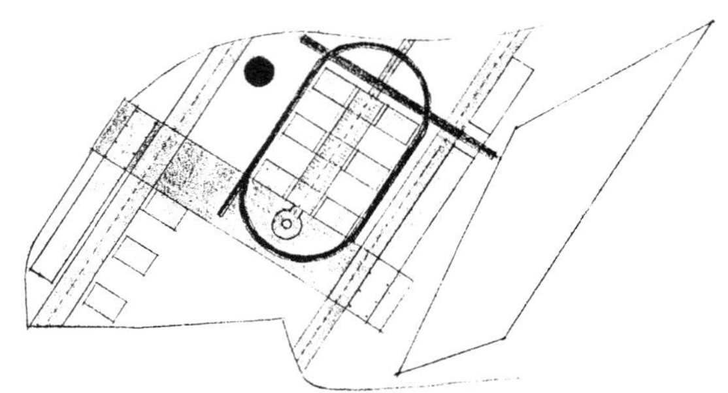

大都会建筑事务所，设计草图，矩阵湖—广场规划的西部

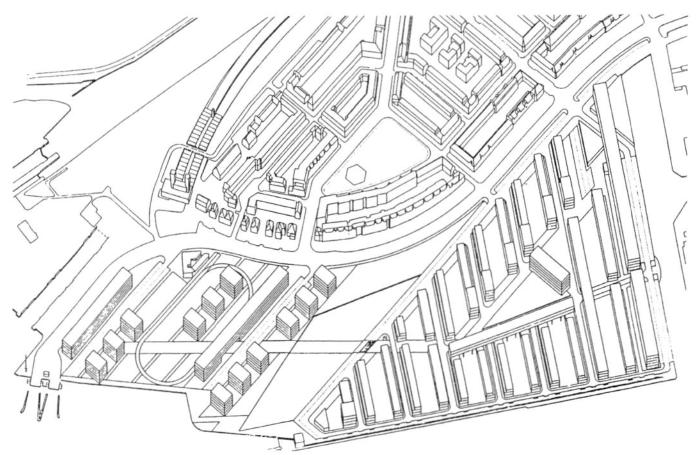

大都会建筑事务所，矩阵湖—广场规划完稿的平面轴测图，阿姆斯特丹，1980—1989 年

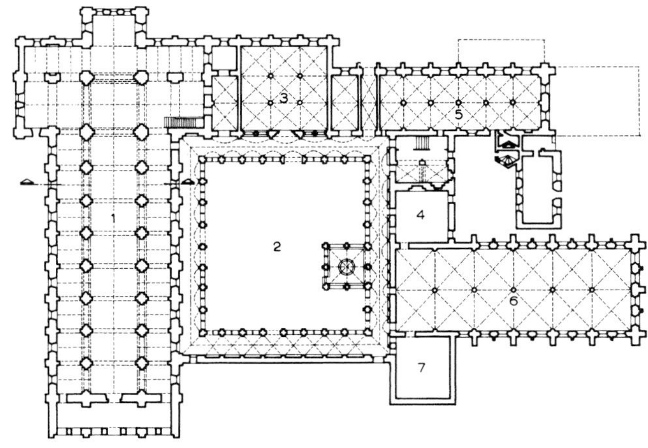

12 世纪的丰特莱修道院（Fontenay monastery）

勒·柯布西埃，拉图雷特修道院，艾布－舒尔－阿布雷伦，1957 年

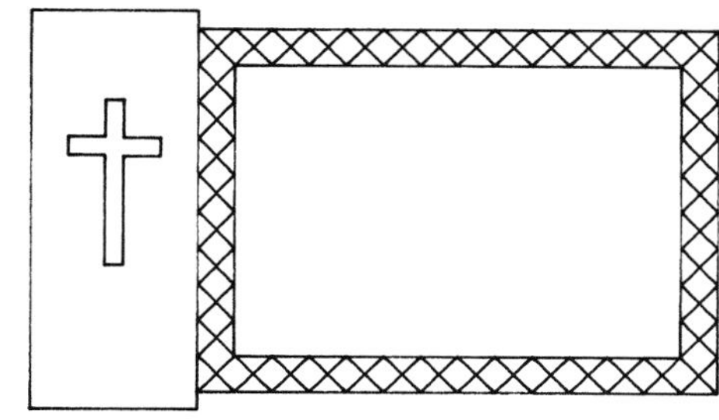

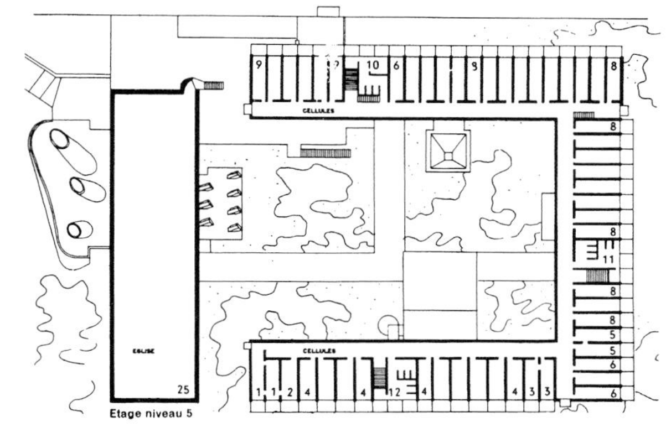


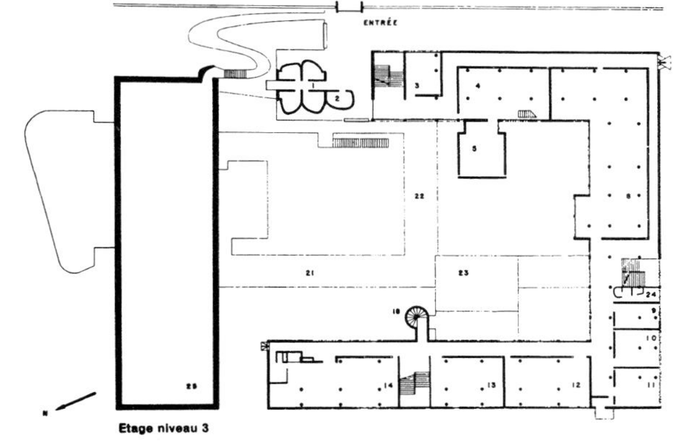


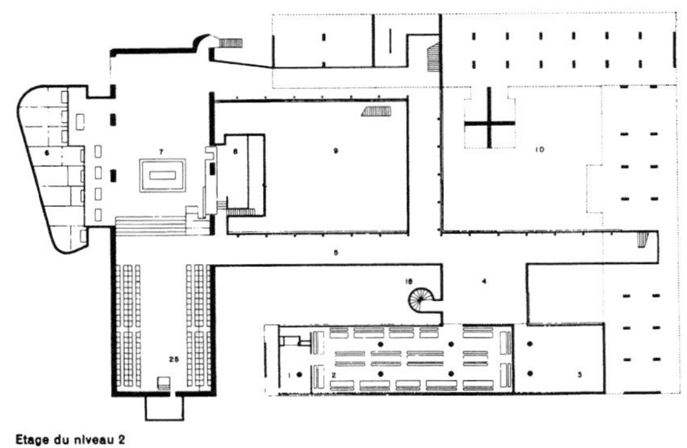


教堂与修道院的类型图

拉图雷特修道院的平面图

### 5.3.5 拉图雷特修道院｜ La Tourette

运用一个既有的类型时，不一定会导致类型的变形，有时也会有本质上的变异，或是对类型的重新诠释。勒·柯布西埃在里昂附近设计了一栋修道院，名为“拉图雷特修道院”（意为“小城堡”），这便是一个相当发人深省的例子。该建筑完成于1953年至1960年间，位于艾布–舒尔–阿布雷伦村（Eveux-sur-Arbresle），重新诠释了以修道院为中心的传统类型。在传统的修道院中，建筑类型几百年以来改变甚少，仍然秉持着原来修道团体的理念，尽量提供出空间给人们祷告，给僧侣从事分内的工作[21]。西欧修道院的建筑类型历史悠久，可回溯至罗马及拜占庭时代的城堡建筑，有一个中庭，四周则围绕着连续的拱廊式步道。中心修道院外是教堂、阅览的空间、僧侣或修女使用的公共空间以及通常置于楼上的个人寝室。

勒·柯布西埃以此传统的修道院为建筑的雏形。不过，修道院主要特征之一的拱廊中庭面临了重大的改变，几乎已经到了完全重新来的地步。在传统的修道院建筑中，中庭由许多组建筑物围起来，加以保护；然而在勒·柯布西埃的设计中，这些中庭周围的建筑物被高高地抬起，包含许多静修室的拱廊向上抬至三楼。如此一来，教堂变得近在咫尺，比修道院中其他建筑高不了多少，在整座建筑中不再具有绝对的优势。生活起居的区域包括了各种不同的公共空间，有图书馆及餐厅等，它们由人行天桥来连接。原来的建筑类型之所以如此处理，原因是该修道院的建筑基地呈阶梯状，而且各建筑物本身的正立面也参差不齐。由于该建筑以铁柱支撑，修道院的中庭有一斜面穿过。结果，修道院中庭原来的意义被彻底地改变。原本它是一个完全隔绝于外界恶劣自然环境之外的空间，如今自然却已步入其中。事实上，到了20世纪，自然早已失去其不利于人的特性，甚至于已经俨然成为避难的圣地。“未经污染”的自然深入中庭，更强调了新修道院中沉潜静思的力量。尽管如此，这些重新来过的诠释仍然不足以改变原本建筑类型的本质；建筑类型层面所发生的改变丝毫没有影响该建筑的修道院精神。在基本建筑构件的轮廓层面上，拉图雷特修道院的案例模仿传统的建筑类型，创造出处理其他建筑构件时的自由。此外，在建筑细节的层次上，它更明显地抛开每一个既有案例的相对资料，不强求一定要以原来的建筑类型转变成新的类型[22]。

### 5.3.6 法兰克福的类型实验｜ Typological experiments in Frankfurt

在一个都市设计中，许多不同的类型层次常常会很明显地划在一起，法兰克福的罗莫斯达特区（Römerstadt）是一个很好的例子。

该地区隶属20世纪20年代大型住宅计划之一的尼达河谷项目（Nidda Valley project），整个计划给前卫人士一个很好的机会，让他们将功能主义所有的目标在大型的建筑基地上付诸实现。该计划的规模非常大，各种建筑的层面都是它实验的对象。他们在都市规划的层面上着手新形态的都市扩建工程，即住宅区（Siedlungen）；在住宅区上实验建筑的格局形式；在都市开发的层面上实验住宅的形式。

法兰克福住宅区与英国的花园城市（English garden city）、阿姆斯特丹学院（the School of Amsterdam）等都市规划实验齐名，经常被人指为建筑类型改变的转折点，足以见证19世纪城市周围封闭的街区如何转变成20世纪城市开放、呈排状的现代格局[23]。

罗莫斯达特区建于1927年至1928年间，在一系列的住宅区中处于关键性的位置。它的都市规划与建筑细节可视为一种尝试，企图融合传统都市的品质与功能主义者对住宅的需求（见第2章2.7）。

罗莫斯达特区位于“罗莫斯达特区大道”与尼达河之间，基本安排上以简单为原则。区内住宅间有许多街道，与尼达河平行，一条联络道路从中横切而过。这样的安排经过修改，以配合建筑基地的特质与周遭的环境（见第6章）。

借助设计上的资源与现代建筑的语汇，厄恩斯特·梅及其设计团队创造出简单易懂的都市空间[24]。他们反映出功能主义者对每一个居住单位的光线、空气与空间的需求以及特定住宅类型的不同用途。在创造所需要的都市空间上，类型研究扮演了三个不同层面的角色。

就区域整体的层面而言，街区类型有所分别，足以创造出不同街区的组合结构。利用格局上的差异，设计者得以强调计划中建筑构件之间的等级排序，也能划清楚公共空间、半公共空间与私人领域之间的界线。

例如，在北侧边缘，大道旁的建筑较高，清楚地将住宅区与大道隔开；较高的街区内，住宅类型以向阳为主要诉求。同样地，该区对外通道在蜿蜒经过山坡地后，也于较高的街区中向上发展。

就建筑区块的层面而言，开敞的呈排列状的发展在许多地方发生变形，目的是为了配合区内街区的整合。东部的街道不同于西部，多随着底层的景观呈弧形发展，展现出完全不同的特点。只要是住宅区街道与对外通道交汇处，街区的顶端就必须旋转方位，让空地面向马路。街区顶端的旋转，空间上在排列之间划分出庭院，有助于让住宅区内的街道产生高度的亲切感。对于蜿蜒而至的通道，街区顶端的旋转也有助于突显其重要性。

在住宅区中，开敞排列的建筑物之间以形式松散的小径作分隔，然而小径也可充作连接南部边缘眺望台之用。在这里，为了有助于观看景观，开放的街区被单一成排的建筑所取代，建筑右边有两个较高的方块，可以清楚掌握整个景观。

就住宅与衔接的邻近地区而言，住宅区的街道之间也有开放街区之间一样良好的关系。住宅的正面都面向街道，屋后则是没有特定形式的花园。

虽然阳光对该地区的组合结构没有决定性的影响，但在房屋类型的层面上，住宅房屋与太阳之间的关系却是一个非常重要的焦点。街道北面的住宅将厨房置于房屋背后部分（背阳面），第二大的房间则置于向阳的正面。同时，这些房屋的正面有一个相当宽阔的花园，不过主要的目的只是为了点缀其开放的坐落位置。

南面的房屋有截然不同的组织方式。这里的住宅单位较窄，厨房的位置与房屋正面处于同一个方向。房屋的正面没有花园，正门与街道之间只有一道台阶作为分隔。为了增加住户的私密性，通往南面房屋的入口处都加上一道墙。起居的部分完全集中在私人花园那一面。街道南、北面的住宅类型可说是南辕北辙，让整条街道呈现不对称的景观。

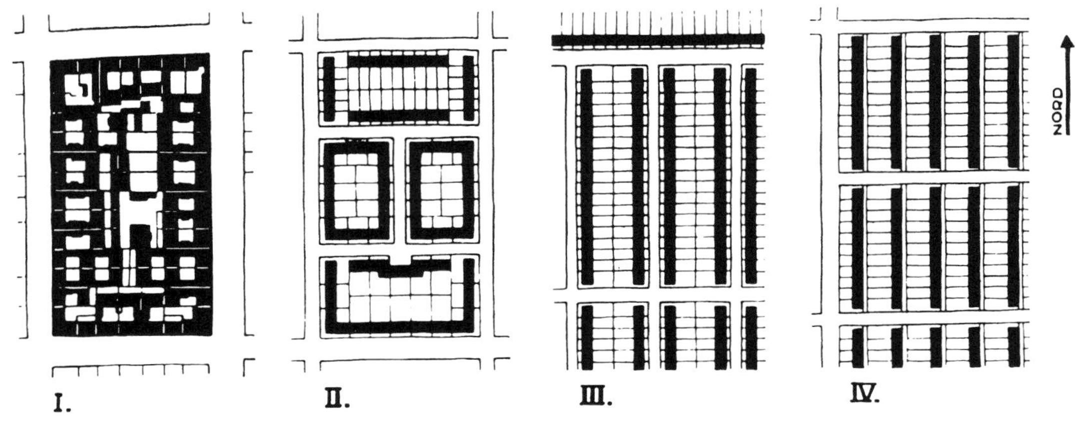


厄恩斯特·梅，以图展示周围封闭的街区如何发展成开放的排列格局

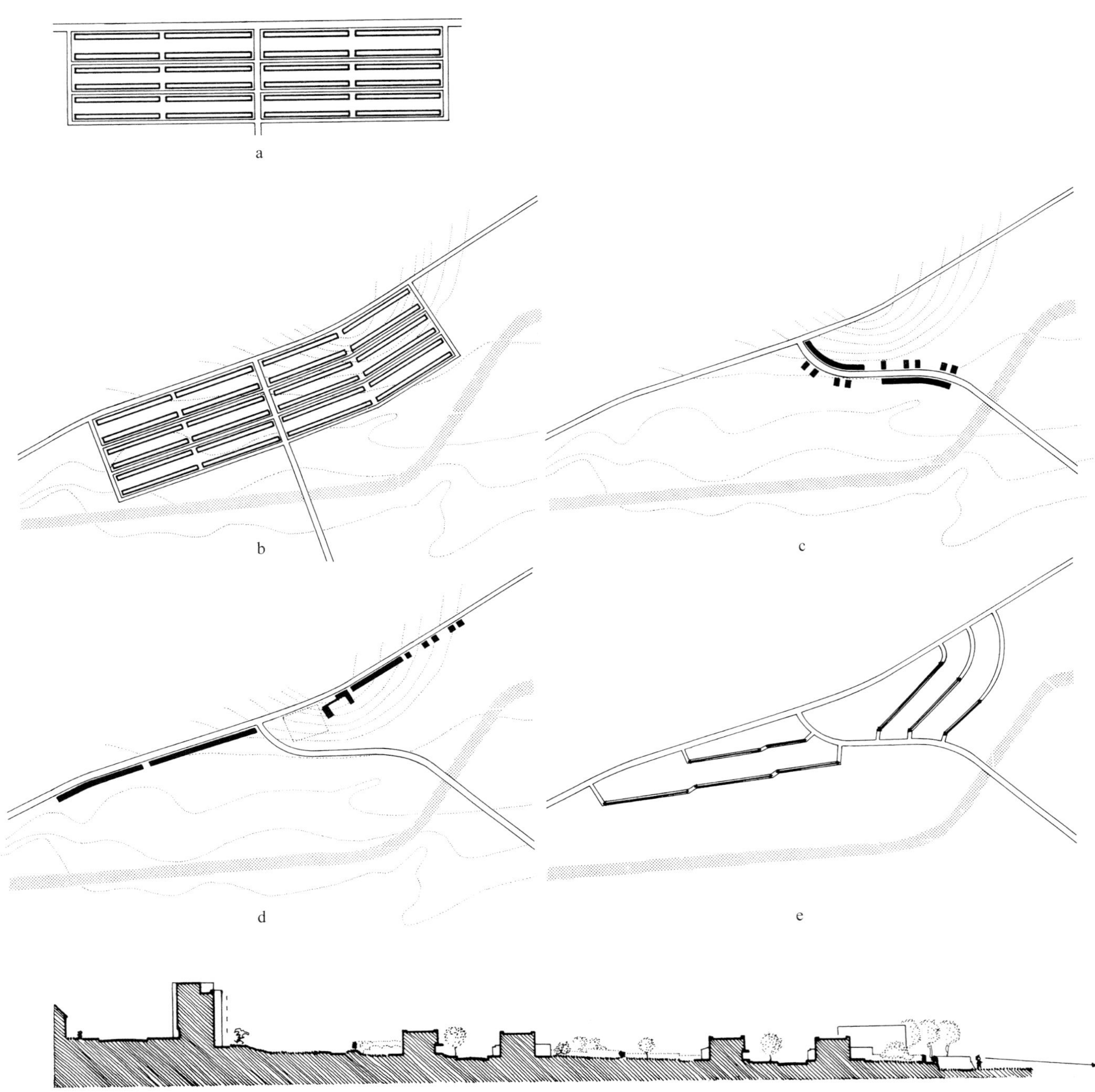


罗莫斯达特区的类型处理：
a. 罗莫斯达特规划类型的类型图
b. 规划类型投映在建筑基地上
c. 标示出大道
d. 标示出通往该区的道路
e. 住宅区街道亲密的特质

罗莫斯达特区的规划截面图

## 5.4 类型研究与景观 | Typology and landscape

就景观建筑而言，针对类型研究所提出的争议中，很少有明确的范围。一直到过去十年，在景观建筑的书籍中才开始出现类型研究。

17、18 世纪时，关于地点、尺寸、外形等花园庭院的必备（绿化）要素的基本法则才陆续出现。这个视觉上的系统是景观建筑的构件，它包括了一系列的（原始）类型，这些类型能个别或整体地展现出自然。17 世纪时所经营的法国花园包含了各式各类的园艺形态（草皮、树林）以及各种不同的水体组件（喷水池、瀑布、池塘、小河）。这些组件都有预先设定好的尺寸、大小比例、位置与建材。

在 19 世纪后半期的 50 年中，巴伦·乔治－欧仁·奥斯曼大规模地重新整顿巴黎的城市结构，关于绿化构件的类型研究适应了当时的需求。所谓的范本中，包含了无数足以决定都市空间设计的建筑构件。奥斯曼的花园建筑师让－夏尔·阿道夫·阿尔方（Jean-Charles Adolphe Alphand，1817—1891） 在 1867 至 1873 年间出版了《巴黎的公共步道》（*Les promenades de Paris*），将所有的公共步道、广场、公园及街道设备加以分门别类，可称得上是都市空间设计上的杜兰德。

### 5.4.1 耕植景观的类型研究 | Typology of the cultivated landscape

在涉及土地开拓与利用的农业工程技术上，有一个相当悠久的传统。对于荷兰而言，这一点更是不容置疑。在荷兰，排水系统有一整套的类型，开拓土地的方法可以回溯到中世纪时代。这种方法创造出狭长的平行区块，一边是土地，另一边则是沟渠。16、17 世纪时，人们用理性的方法创造出这样的格局，进而加上正方形或长方形的格状图案，将其转化成一套开拓土地的类型研究。在林登勘测学院（Leiden Surveyors School）出版物的大力推动之下，不管荷兰国内或国外，这些方法都被广泛运用在开拓土地的规划上。

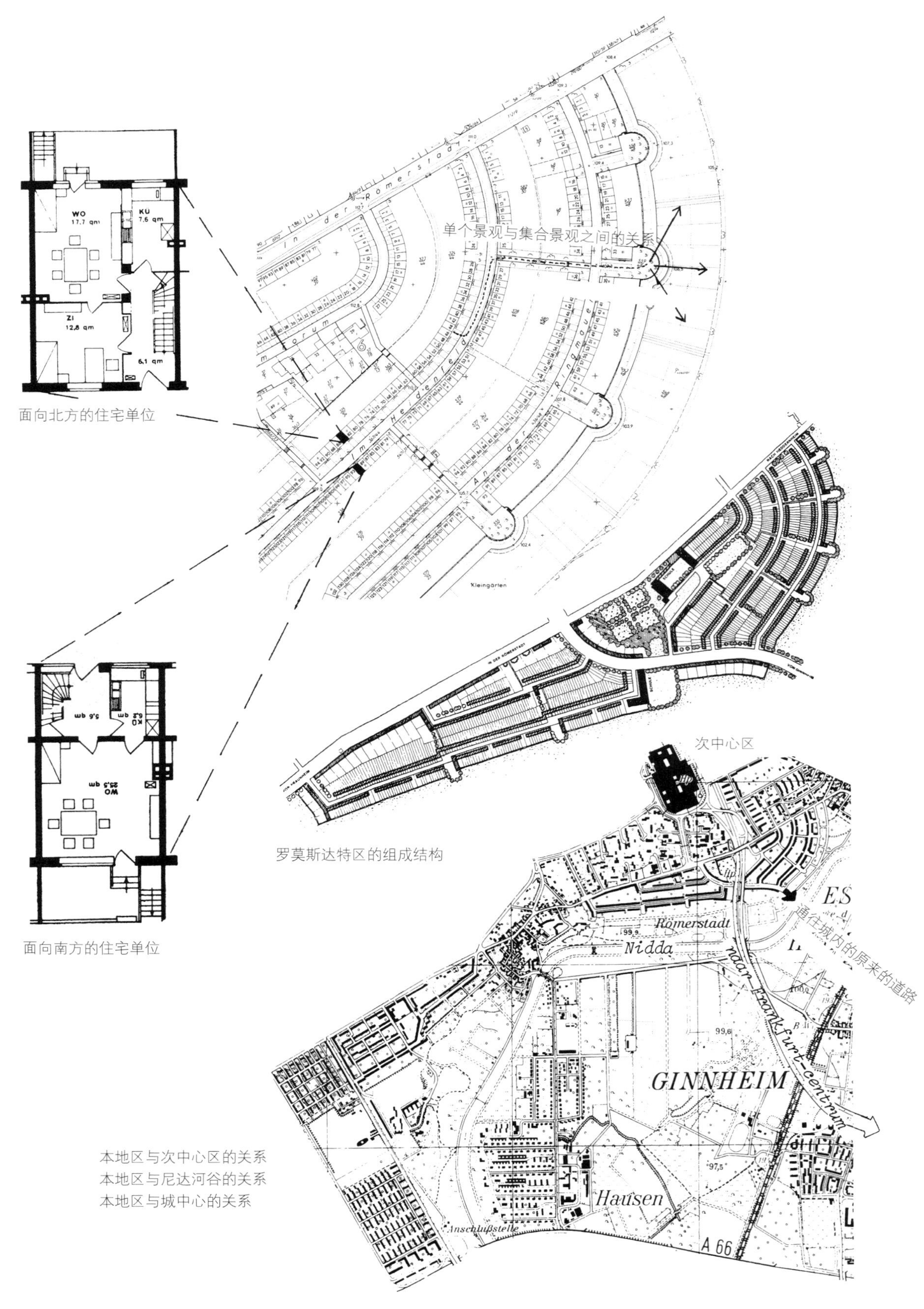


罗莫斯达特区，交叉尺度分析图

# 第6章 设计与背景环境

## Design and context

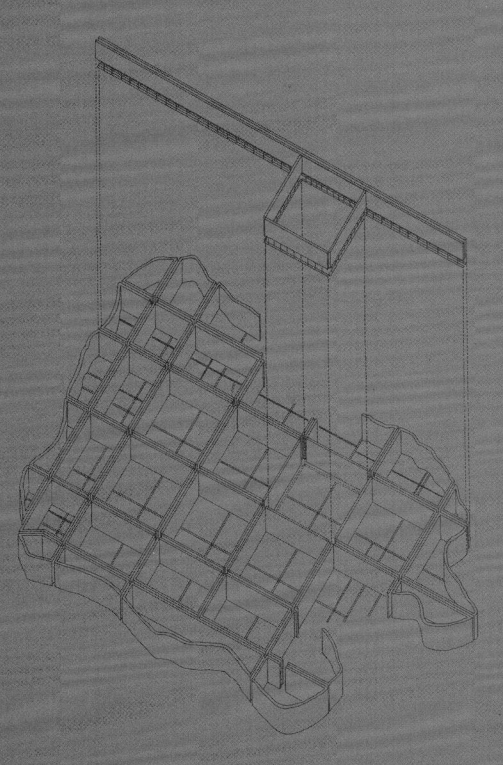

## 6.1 导论 | Introduction

设计并不是在真空的环境中完成。设计是针对具有自身历史的、处于特定环境中的特定地点实施的。这些特点、基地的条件构成了设计的环境背景（context）。

在建筑与都市设计上，环境背景的概念扮演着一个相当特殊的角色。在外行人的眼里，一切看来都十分合乎逻辑，环境和地点都会影响建筑设计；但是对于设计者而言，它就没有那么简单。主要的问题来源是，“环境背景”并不是一个清晰界定的现象，而是每一次都有不同的情形发生。

环境背景并不受限于任何一个空间或时间上的范畴。最具实质性的信息或间接的组成因素，都一样可以在建筑设计上占有重要的地位。前者如地理形态、现有的建筑物和功能上的联系，后者如一个地方的起源、历史和目前的地位。

因此，一个地方的特点到底如何影响一个设计，这个问题找不到简短的答案。这一点由设计者自行决定，而且取决于他们的想法及对地方本身的考量。不管是介入一个大规模的景观工程、改变一栋既有的建筑物，还是进行一个短暂的作业或展开一个长期的转变过程，在所有的这些情况下，设计者都必须在设计的背景环境中选择一个立足点。

由于环境背景不会一成不变，如何诠释一个特定的地点是相当重要的[1]。因此，对于建筑场地的了解和分析是绝对必要的。设计者为环境背景加上一份诠释，使得他们能够确定自己设计的前提。此外，这一份了解足以让他们精确地指出问题所在，接着也能确定主要的设计工作。最后要对建筑规划的限制条件有所认知，如此才能让别人了解一个建筑提案，并进一步公开讨论。

接着，我们要研究景观或都市的环境背景在设计中扮演什么角色，也要探讨哪些资源可以用来处理建筑设计和环境背景之间的关系。我们分析的重点将集中于建筑地点、设计反响、应用方法和最后成品之间的关系。这些分析的本质是假设性的，而且每一次都可以说是在诠释设计本身以及环境背景所扮演的角色。

以下所述的例子分为两组：介入景观（6.2—6.5）与介入都市地区（6.6—6.9）。每一组背景环境的复杂性逐渐增加，这是因为景观与都市发展中有许多阶段，而相连的阶段被视为独立的“层次”，在时间的流程中层层相叠。层次越多，环境背景就越复杂；环境背景所指的是影响设计的因素本质如何与数量的多寡。这些个别的层次组合起来，形成了所谓的“背景环境”。任何一个新的设计都是一个新的层次，它与既有的层次结合，进而决定未来建筑介入景观或都市的环境背景。

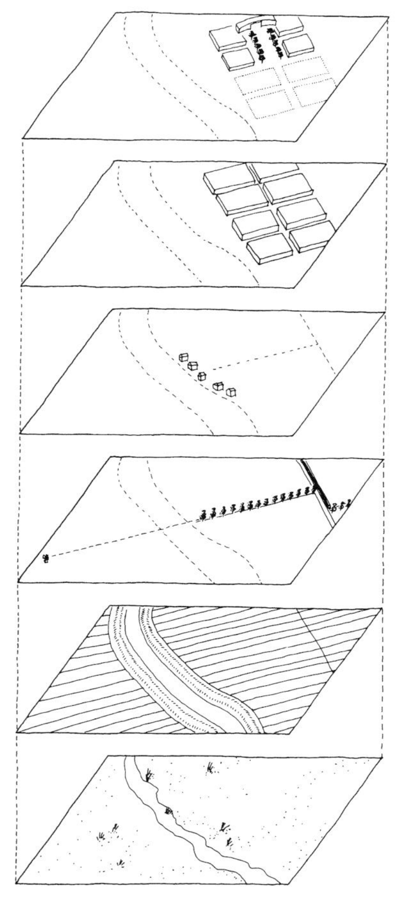

“层次”的堆积
——变形
——经过设计的结构
——自然的成长
——建筑景观
——耕植景观
——自然景观

## 6.2 景观 | The landscape

在一项景观工程的形成与发展过程中，时间常常是一项决定性的因素。树木成长的速度与无机物质的堆积与流失、损毁，与房屋建筑相比之下都是相当耗时的过程。这些过程正是所谓的自然过程，却也无法抵抗自然中突发的改变，例如洪水。同样，它们也会受人类活动的影响，例如大量开垦土地所导致的地形结构重整。

### 6.2.1 地层 | Layers

景观可视为水平地层于长时间下堆积而成的产物；每一地层为后来一层提供了一个空间上的环境背景，并以此类推发展。这种结构组合取决于某一个自然的组织系统，泥土层堆积于泥煤之上便是一例。最上方的几层可以视为人类介入自然时的环境背景，例如组织严密的排水沟、屯垦区、农田及低洼开拓地中的排水沟等。由此可见空间因素的模式，便得以一窥景观中较低地层的标志物质。举例来说，罗马的西班牙台阶（Spanish Steps）就可以让人回溯该城底层的轮廓线条。

我们可以将一个景观的组成结构视为一个活动的过程，过程中既有的地层与自然、耕植及建筑三个体系密切互动。

### 6.2.2 自然、耕植与建筑 | Nature, cultivation and architecture

自然景观是有机物（有生命）在无机物上运动所产生的结果，例如植物生长于土壤上。

耕植景观是耕植系统（水利灌溉或农业开发）在既有的大自然体系上开发的结果 [2]。

建筑景观是刻意以建筑手法改变自然景观或耕植景观，使其转变为有固定形式的建筑组合 [3]。

本章接下来将探讨这三种景观模式。耕植景观将以荷兰的低洼开拓地为例。建筑景观则将举出六个实例：一个低洼开发区、两幢别墅、两座花园及一座公园。

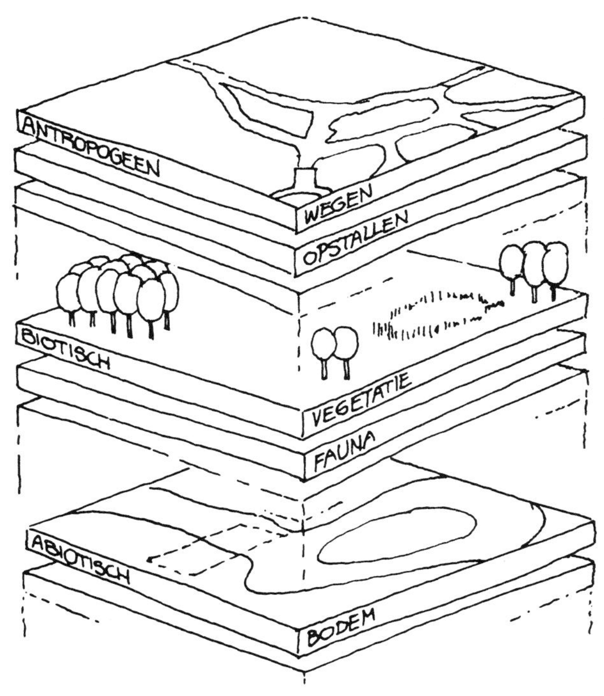


层层相叠的地层景观等轴测图

## 6.3 自然景观｜ The natural landscape

高山、峡谷、平原、森林及海洋等组合成一个庞大的系统，我们称之为“景观”（landscape），它是经过非常长的时间自然形成的（没有人力的帮助）。自然景观是自然界（即无机物质，如沙、土和泥等）及生物圈（即动物、植物等生命体）交替作用而产生的。自然界的发展动力，例如风的侵蚀作用及河流的涨退潮运动，造就了今天的自然景观[4]。

这个最初的结构就是我们所说的“都市环境背景”（Ur-context），即人类介入自然的基础。在岩石景观中有些要素，如稳固的建筑地基及安全高度的考量，正是人类不能贸然介入自然的原因。相对地，就位于河口三角洲地形上的荷兰而言，不断地控制景观及修整地形，却是维持人类安居乐业不可或缺的条件。在荷兰，没有任何一块土地不经过整治，因此荷兰正是将自然景观开发成耕植景观的一个最好的例子。

荷兰的地质是大量的沙地、泥土及泥煤所组成的。中世纪以来，大部分的土地都已经加以整治。

沙及土都是由微粒组成；沙粒较大，可以提供稳固的地基，同时也具备了穿透性[5]。

沙地在荷兰形成了一个稳固的地基，即我们所谓的“地质骨架”（geographical skeleton），泥土及泥煤则依附于上，沉积成长。这个地基包括了荷兰东部和南部的沙层，多碎石及多沙的中游河床，以及细长的沙岸及沙洲。沙岸及沙洲位于现今的海岸线外，呈南北走向。

河口三角洲是动态的，在荷兰西部沙洲及东部沙床之间的区域最为明显。在那里，侵蚀运动及土地扩增从未间断，泥土及泥煤已经形成一个有如环礁的小岛地区。

在自然的情况下，泥地上会有泥苔生长，没有海潮的时候泥苔会布满潟湖区之上。事实上，它们是一大片湿海绵（即“泥垫”，peat cushions），成分是茂密的扁长状植物，以波浪状向外延伸，在泥河交错的地形上发展。泥煤依附在沙土上生长，洪水期会被冲走或被泥土掩埋。纵观而言，潟湖区堆积起一个由泥土交错的地层，形成一个地块。

这个泥土层区域大部分是经由海水暴涨、冲刷海口而形成，而海口是河口开拓沙洲所形成。事实上，格罗宁根省（Groningen）、菲仕兰省（Friesland）、荷兰省（Holland）及泽兰省（Zeeland）等地低洼开拓地的土层，都是潟湖干涸而形成的。潟湖区中有较高的土堆及咸水沼地。这个景观是由两个运动所造成的：一是海洋中土壤的沉淀及汇集，另一个则是网状排水系统或河流的退潮作用。土壤及泥煤区呈现出荷兰西部景观的地质结构。它分层的地质结构因土地开发系统而增强，该系统可以控制它的动力。

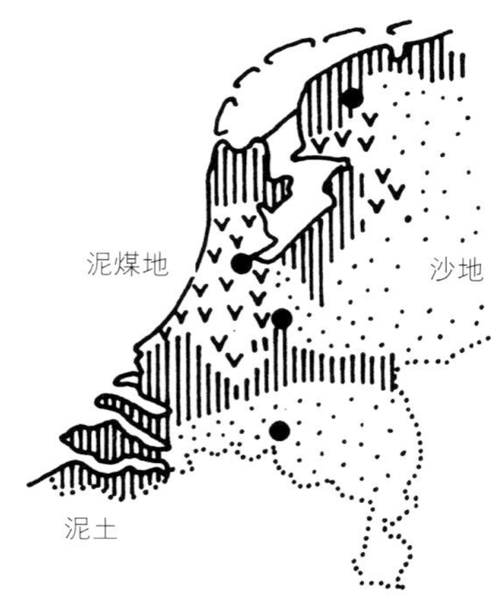


荷兰的地质：沙地、泥土及泥煤

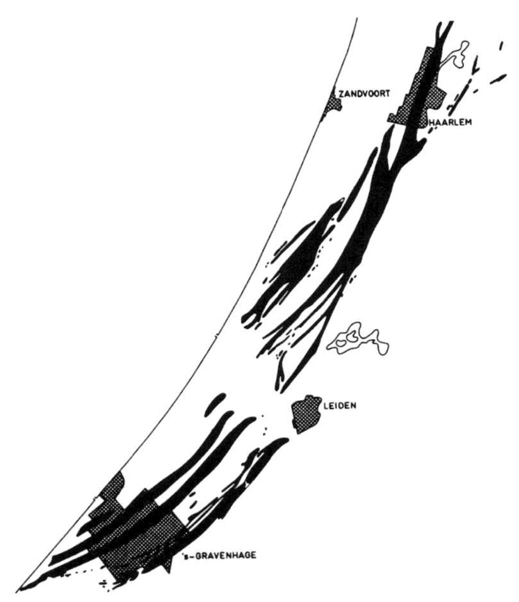


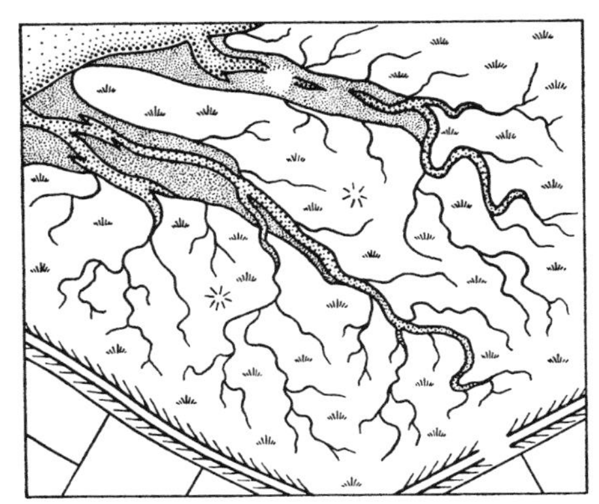

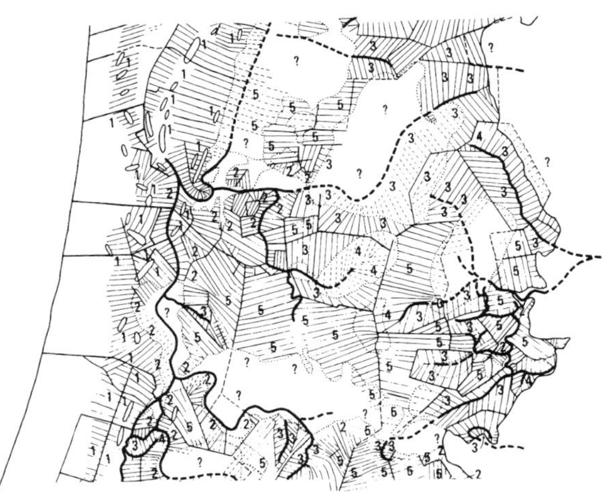

南荷兰省（Zuid-Holland province）阻隔沙洲；古莱茵河穿过了林登沙层的狭长沙洲

天然土层区中的咸水沼泽

北荷兰省（Noord-Holland province）泥沼地的耕植区

## 6.4 耕植景观 | The cultivated landscape

在景观的经营上，荷兰有自己的传统[6]。荷兰发展疏浚、排水及筑堤等“低地开发技术”，乃是因为有必要控制及稳定河口三角洲地带水流的动力。整修工作及技术革新必须不断进行，才能应付土地的开发与海平面的升高。这是一种求生存的文化，必须展望未来，以水利工程来掌控景观的耕植开发。荷兰人造陆的传统应该回溯到中世纪末，尤其是17世纪。当时的景观受到土地开拓及非低洼开拓地的支配而完全转型，为当地人们的活动建立基础的架构，特别是整理土地、铺设排水系统、开辟土地并加以分割及开发。

### 6.4.1 泥煤及低洼开拓地 | Peat and clay polders

为了使低洼开拓地成为可居住或耕植的土地，尤其是泥地，最重要的莫过于水利管理[7]。这个工程起始于荷兰东部沙岸及海岸之间广大的泥煤苔地及泥沼湖。自20世纪以来，网状的沟渠排水系统一直对该地区自然景观整治有方。

后来狭窄的土地出现在泥沼河弯曲处的右角，自然的泥煤地景观呈现出长扇形的结构，只有一边河岸有建筑开发。建筑开发、排水系统及土地开发，三者形成一个组织严密的土地管理系统。由于有排水系统持续运作，泥煤干涸、缩小及氧化，使得原本滚动的泥煤表面进一步沉淀，形成一片硬地（taut），甚至形成一片广阔的草地及泥煤绿地。时至今日，这些地区上交错着无数的排水系统，周围是防波的堤防，俨然已经成为荷兰一大景观特色。至于水位的调节，则全依赖人工渠道、水车与汲水站。我们将这样的一个景观称为“低洼开拓地”（polder）。

土壤的再造有赖于在浅滩或咸水沼泽中地势较高处挖掘排水沟、汲水及耕植工程。在不规则堤岸及残存的河道中，今天我们仍然可以感受到旧有潟湖所带来的水流动力。多处较小的低洼开拓地汇集在一起，形成一个薄饼状的结构。土地的开拓及开发通常随着堤岸变化而调整，有如溪流的排水系统则不然。这样的景观在荷兰西南部最为常见，因为中世纪晚期以来排水系统一直十分稳定。从核心地区开始开发（如西布拉邦（West-Brabant）的沙地以及南贝沃兰（Zuid-Beveland）的古地），邻近的咸水放牧地外围也构筑了堤岸[8]。

非低洼地的开发技术也颇有发展，促进了荷兰西半部的开发，人们对修浚挖凿泥煤时所留下的湖泊勤加经营。在北荷兰省的贝姆斯特（Beemster）低洼开拓地便是湖泊再造的一个好例子。

### 6.4.2 再造的湖泊—贝姆斯特 | The Beemster, a reclaimed lake

贝姆斯特低洼开拓地位于阿姆斯特丹北部的泥煤地中，长 8 千米，宽 5 千米，原本是自然泥沼区中的湖泊。湖泊底层蕴含有利于农耕的沃土，世人皆知[9]。16 世纪中期以来，许多泥沼湖中的水被抽干，进而发展耕植。每一个再造的湖泊都有河渠环绕，并且有汲水站从较低洼的土层中排出多余的水分[10]。

河渠的外缘是由原有湖泊的堆积作用所形成，它紧紧锁住了周边的泥煤草地；内缘则是堤防的一部分，堤岸的缓坡在地势较低的低洼开拓地周围形成了不规则状的边缘。

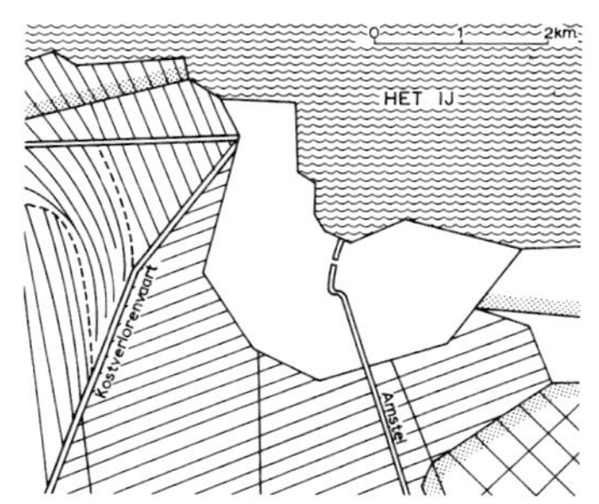


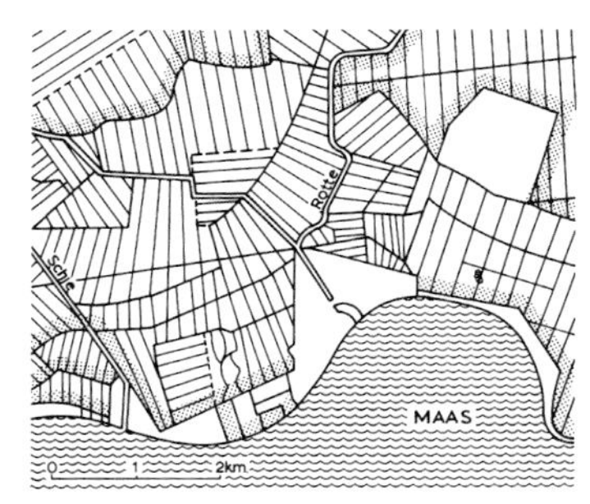


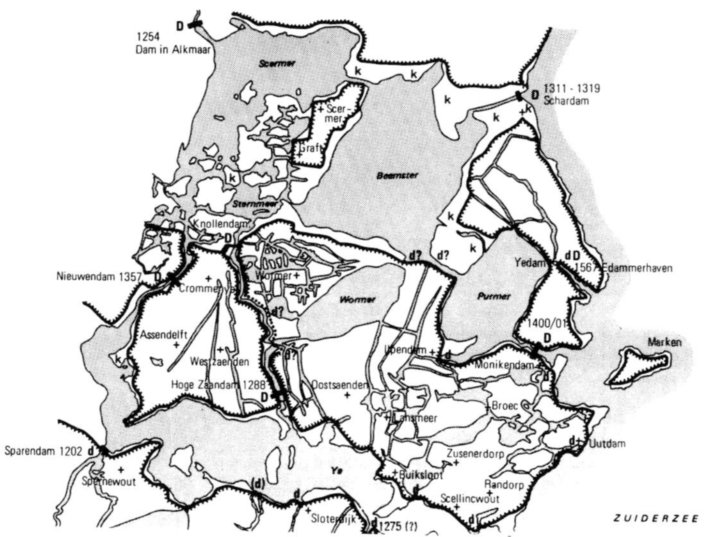


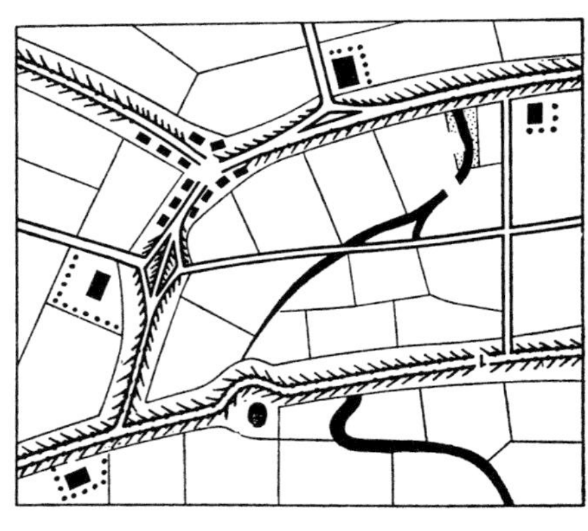

借助于在南荷兰省的耕植泥沼地上筑堤防，地形得以固定。环状的堤防标示出需要保护才能免于潮水冲刷的土地

鹿特丹及阿姆斯特丹周围的耕植泥沼地

荷兰西南部海岸上堤防内的农业景观

贝姆斯特的设计理念来自荷兰西部泥土耕植区的悠久历史。排水系统的模式有别于一般泥煤地上的处理方式，它使得整个排水系统与建筑发展的形式迥然不同。16 世纪末以来，荷兰的农业专家开始对意大利的建筑论述有所了解，并且熟悉建立在几何方格上的设防城市。在荷兰，林登勘测学院（建于 1600 年）便是以这方面的学识著称，它的课程包括了农业工程、都市规划及防御建筑等[11]。

正如第 2 章中所提过的，几何方网格状设计在希腊的米勒图斯可以见到，然而罗马人进一步发展成一个基本架构，将其运用于农垦区的耕植景观上。这种几何方网格的设计也用于荷兰，将代表古典的耕植景观投射在低洼开拓地上。

1612 年，贝姆斯特的湖水终于抽光，主持该工程的是水利工程师兼水车建筑师简·阿德里安松·李格维特（Jan Adriaanszoon Leeghwater，1575—1650 年；其名在字面上正好翻译为“掏光水”）。他从一些阿姆斯特丹的富商手中赚取佣金，那些富商都想将资金投注在土地开发上。另外两位勘测员是简·彼得斯松·杜（Jan Pieterszoon Dou）和卢卡斯·詹斯松·辛克（Lucas Janszoon Sink）。他们负责分割土地，土地运用两套排水系统及街道系统，但是共享一块 1300 米 ×1300 米见方的正方形网格。这个模式投射在干涸湖泊自然的外形上，使得几何方网格的基本

巴萨帕达那（Bassa Padana）农业垦殖区的网格状设计

方向能尽量与低洼开拓地的基本方向一致。整体而言，几何方网格的方向与原有的堤岸平行，目的是为了减少新河道的数量。尽管如此，低洼开拓地的边缘出现了一个改变，它发生在这两个模式中的相关位置，而低洼开拓地周围的回旋更助长了这样的改变。这一改变是基于现实因素的考量而做的，目的是要预留一块区域，以作为农业活动之用。就整个低洼开拓地而言，正方形的模式所产生的误差是受所在位置的影响。结果，一个层次分明的配置却呈不规则的网状排水系统，就这样将属于土木工程的组织秩序加于正方形的格局上。

低洼开拓地的地层微微向东北方倾斜，使得这个地区聚集了大多数的汲水站。此外，强烈的西南风也为当地带来大量的雨水。由于低洼开拓地的深度增加，层次分明的排水系统及切割土地的水道被细分成四个低洼开拓地区。这个排水系统非常有利于将农田定位在这些分割地区的路旁，让建筑物能集中在正方形的街区形式中。

这些农地景观有正方形的平面及金字塔形的屋顶，非常适合于新生地快速地垦殖，因为它的建筑构件有限，建筑组合的系统也相当有效率。这种农地类型的基准单位架构于几何方网格设计上，只用4根柱子支撑起它的架构，中间部分的承重量很大，土壤稳固时还可以承受。这里还可以看见另一功能性的组织秩序，属于农机业的形态，建立在每一个正方格上。整个背景环境变动很大，强化了位于最东北方的水道模式，也将园艺区定位于西南方。交错穿梭于低洼地的连接线，也必须塞进这个正方形的街区形式中。然而这个街区形式却无法与周边的道路紧密地结合在一起，也因此无法融入原有土地的改建，配合各种不同宽度的道路。

最初的20年间，贝姆斯特的格局只受农业系统的规范。随着林地、道路以及垦殖村落的出现，这片低洼开拓地遂转型成一个乡野休闲的好去处。

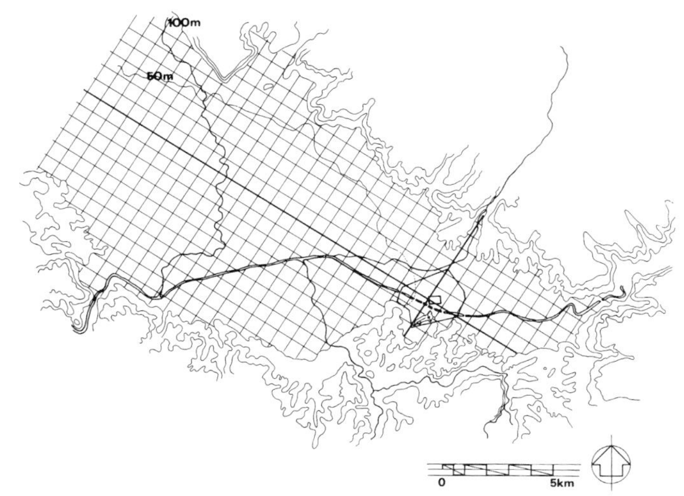


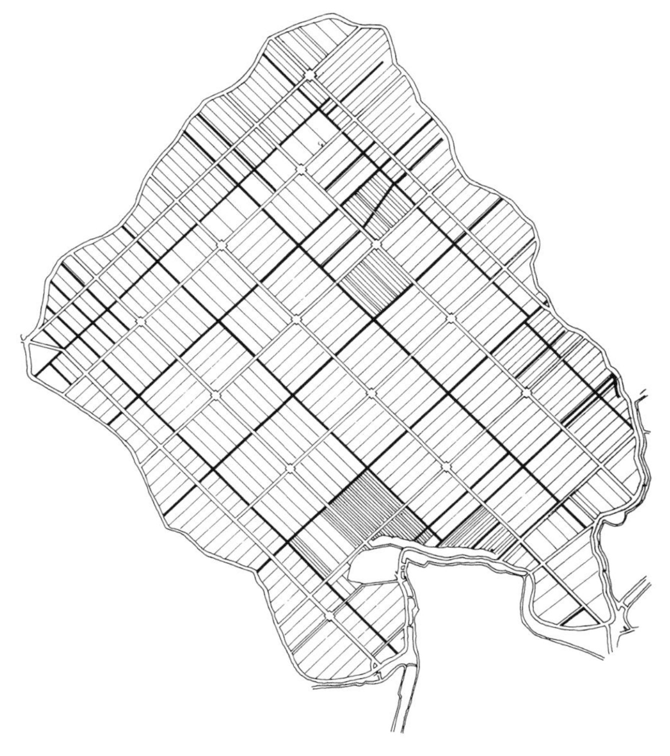

阿尔诺河谷（Arno Valley），罗马农地的排列与河谷的边缘平行

贝姆斯特开垦区域；工程师的设计图标示出排水沟及农作物

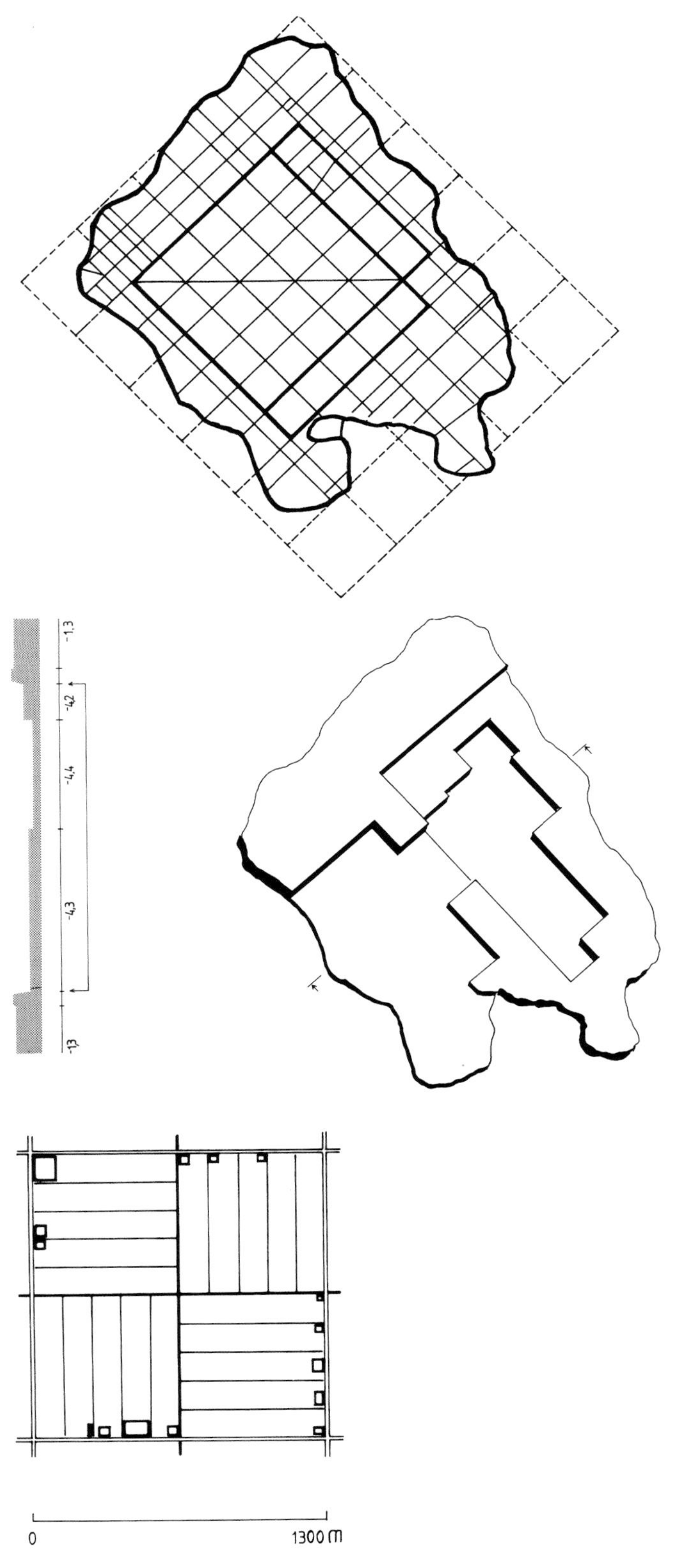


贝姆斯特开垦区域；设计图边缘的改变

贝姆斯特开垦区域；四层低洼开拓地

贝姆斯特开垦区域；由于有排水系统，开发区块显得相当密集

## 6.5 建筑景观 | The architectural landscape

贝姆斯特转型成一个休闲景观，可以说是在耕植地上实施建筑工程的一个好例子。除了贝姆斯特之外，本节将分析圆厅别墅、凡尔赛花园以及斯托海德公园（见第 2 章）。这 3 个设计是建筑景观的代表，分别以合理的、形式的以及图画式的模式来呈现。分析第 2 章中的这 3 座花园时，所运用的主要工具有 3 个，分别是几何系统、空间系统以及图表系统。以空间的背景环境为参考来分析建筑设计时，这些工具都相当实用。

17 世纪期间，贝姆斯特开始出现属于建筑层面的土地开发计划。这代表当时荷兰的城市新贵对当地景观的看法，他们将田园梦想实现于农业的开发上[12]。他们将土地开发视为一门有效用且有利可图的生意，而这一门生意是需要有恰当的观念与建筑的模式。当时荷兰的乡村被视为科技上的世外桃源，整个地表都有人居住，充分地开发[13]。

荷兰景观平扁简单，有笔直的线条、不刻意凸显的穿堂门厅以及明暗对比的效果，在空间上造成一种抽象的理念以及景深的效果。天气和光线上的变化更为它添增一种戏剧变化的效果。一连串的景物创造出一种景深的效果，向后退入迷蒙的氛围中，形成一种缥缈的景致，尤其是从河岸或堤防等边缘高处往下看，效果更佳。

### 6.5.1 耕植景观的处理 | Processing the cultivated landscape

在 17 世纪末波河谷地（Po Valley）的意大利别墅农场中，世外桃源的梦想被转化成农业生产的景观[14]。这个山谷中的方网格状土地开发原本呈中性，在利用坐标系统的情况下，方网格到了范佐罗（Fanzolo）的埃莫别墅便逐步向上爬升。在别墅的中心部分，两条轴线交错在一个点上，而这一个点正是房屋本身高于两翼的地方。其中一轴（即横轴）利用柱廊来组织整个农业规划；另一轴则是两旁栽种着成排杨树的林荫路，以此展现出耕植景观以外的景致。两者的结合，足以表现出土地所有者的地位。在贝姆斯特，这个组织方式被“民主化”，广布在整个低洼开拓地上。不过，工程师的计划依然顺利进行，沿着对外通道及乡间小屋发展出一条林荫大道[15]。在梅因德尔特·霍贝玛（Meindert Hobbema，1638—1709，荷兰风景画家）的画作《米德哈尼斯的林荫道》（*The Avenue*、*Middleharnis*）中，林荫大道本身可以视为景观的构成要素，融入那一片榆树隧道包围着的耕植景观。

林荫大道将整个农场划分为许多景观区域，呈现出一种中性的区域形式，延伸至整个低洼开拓地。在低洼开拓地的中心，这些景观区域的四面都有树墙环绕起来，往外看的视野有如隧道一般，林荫大道则以此与地平线连接起来。这个效果有如拔河一般，一端是林荫大道上慢慢消失在宽广视野中的地平线，另一端则是范围有所限制的景观区域。

### 6.5.2 自然边界的处理 | Processing the natural boundary

在低洼开拓地的边缘，耕植景观底层的格状系统变形扭曲，改变了所有景观区域和林荫大道的特性。在这里，那有如隧道般的视野多了堤防斜坡的引导，产生强化的视觉效果；景观区域的一侧有堤防为边，上面草木不生。草地一路向堤防的斜坡攀爬而上，看起来让人以为堤岸的顶点就是地平线。这许许多多的条件来自背景环境，而景观为实际的空间提供了视觉上的延伸效果。在外缘地区，低洼开拓地的中央地区、其中的景观区域以及如隧道般绵延不尽的视野，全都给人不一样的印象与感觉。在这里，我们所看见的是，景观区域与地平线之间直接对立，一排又一排的水车在堤防边连成一线，为环绕于外的运河带来一种历史性的“表白”。

菲利普斯·柯尼克（Philips Koninck，1619—1688，荷兰风景画家），《废墟边的辽阔景观及道路》（*Extensive Landscape with a Road by a Ruin*），1655 年。画中的平原上遍布长条状的农地，农地间是城镇、道路及河流。图中属于人为景观的桥梁、堤防及果园与无尽的地平线相映成趣

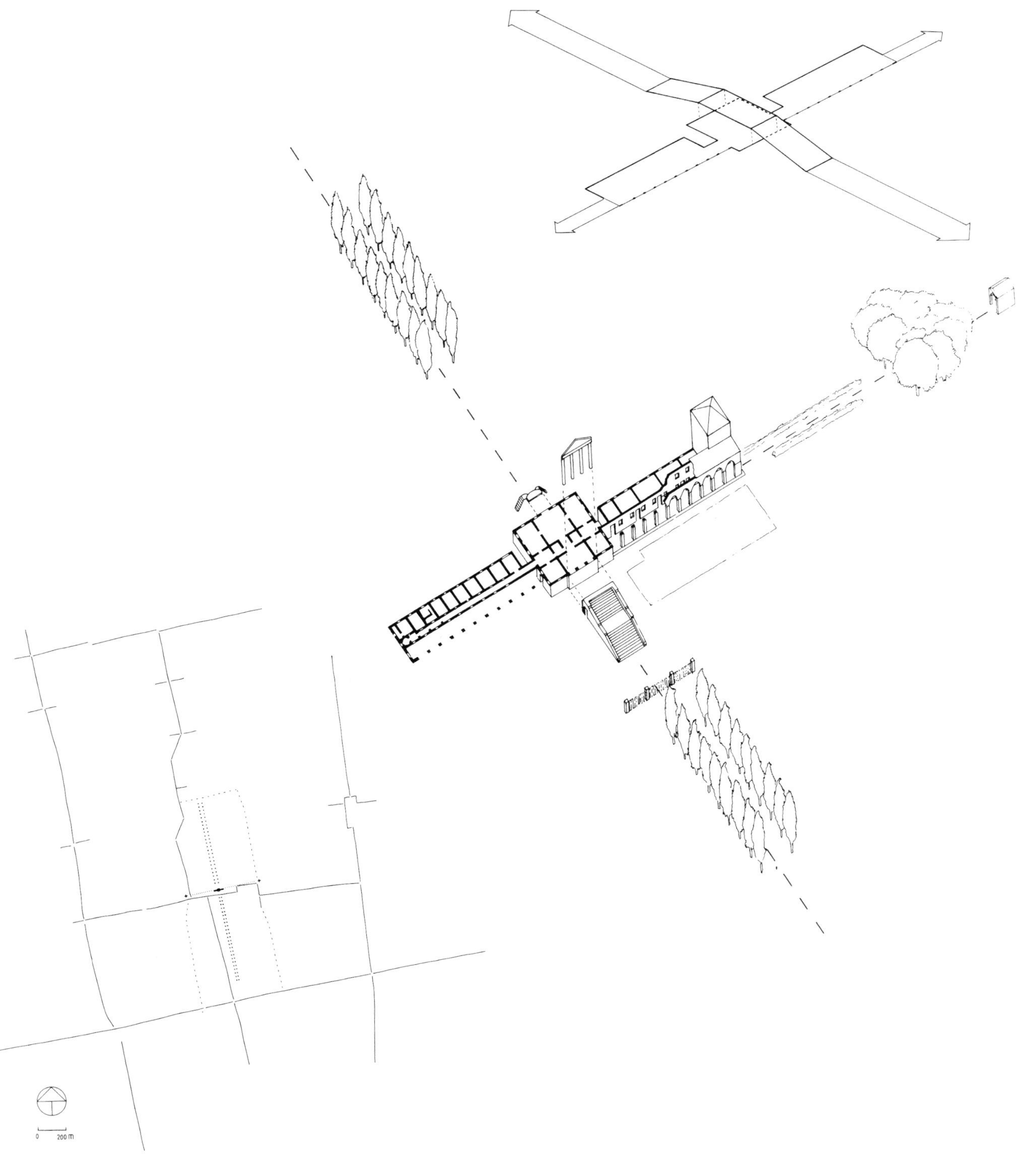


图中显示出两条交叉轴

安德烈·帕拉迪奥，埃莫别墅，范佐罗（1560 年），别墅位于农业景观之中

安德烈·帕拉迪奥，埃莫别墅，呈现出两轴的轴测图

梅因德尔特·霍贝玛的《米德哈尼斯的林荫道》，1685 年

贝姆斯特的林荫大道，通往低洼开拓地的边缘

### 6.5.3 农庄 | Country estates

在低洼开拓地上，耕植景观也表现于平面的建筑层次上。农舍有金字塔形的屋顶，创造出点线连接的韵律，为景观区域中坚硬、单调的景致增色不少；三角形的屋顶更与细致的榆树道形成强烈的对比。有时候，房屋的正立面会漆上红色，与金字塔状的屋顶相互烘托，让人想起阿姆斯特丹运河边的房屋。都市人就是以这种建筑手法来传达乡村生活的特色。从许多例子看来，农舍当作制酪场使用的情况不多，农场总是当作都市中的世外桃源来看待。

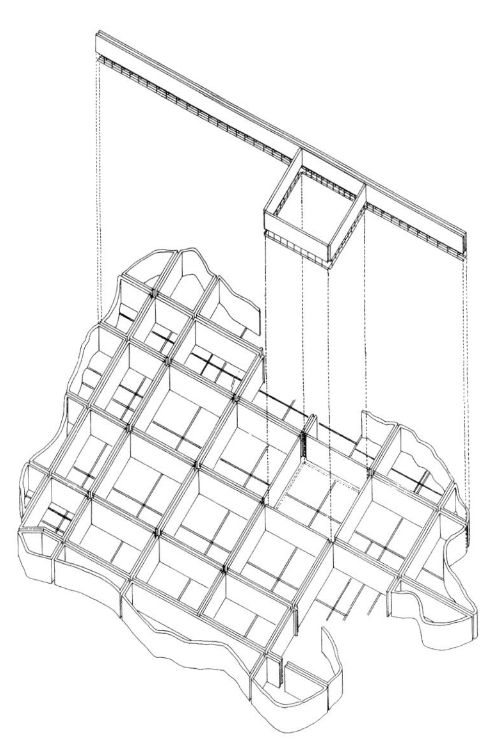

贝姆斯特的耕植地；规划为林荫大道及景观区域的建筑规划

从空间因素看来，包括农舍与土地在内的农场，整体一起反映出低洼开拓地的条件限制与利用价值。维伦登堡（Vredenburgh）农庄便是一个好例子[16]，它是建筑师皮尔特·波斯特（Pieter Post，1608—1669，荷兰建筑师）在1640年所建造的。到了19世纪初，这样的农庄在低洼开拓地中曾多达52座，如今所有的农庄已尽数荒废，无一残存幸免。

正如意大利波河谷地中范佐罗的埃莫别墅一样，维伦登堡的结构组件以功能与生产为主。在贝姆斯特农庄中，果园、菜园、林荫大道、运河状的水道以及房屋本身四处散布，没有任何等级关系。这一点让庄园反映出低洼开拓地自然、中性的特色。贝姆斯特的开垦区也一样反映出中性的特色，两条林荫大道的交叉点没有任何突显的特色。在交叉点的四周，所有的开发平面都经过深思熟虑的设计，其中包括了教堂及开放空间。就建筑而言，贝姆斯特的耕植景观是以合理的阶段形式建构而成；相对地，给人的视觉效果则呈现出其形式上的特色。同样的情况也可以见于我们下一个例子：圆厅别墅。

### 6.5.4 圆厅别墅自成方圆的基地 | The autonomous siting of the Villa Rotonda

在选择圆厅别墅的建筑基地时，帕拉迪奥将重点放在两个不同的层级上，以寻求别墅与周边环境之间的关系。在周边景观的层次上，别墅的定位相当精确，而且还能保有它自成方圆的风格。在周边环境的层次上，帕拉迪奥利用梯田来联结别墅与周边的景观。他如此形容当地既有的环境："那个地点令人愉悦，感觉非常快活，因为它位于一座小山丘上，交通方便，可通航船只的巴齐里奥内河（Bacchiglione）从一旁流过。此外，基地周围还有景色迷人的高地环绕着，看起来有如一座舞台。当地全面施行农耕，有鲜美的水果和细致的藤蔓。因此，从每一个角落来看，它都能提供最美丽的景致。美景或有限，或延伸，或止于地平线。建筑的四个正面则建有凉廊。"[17]

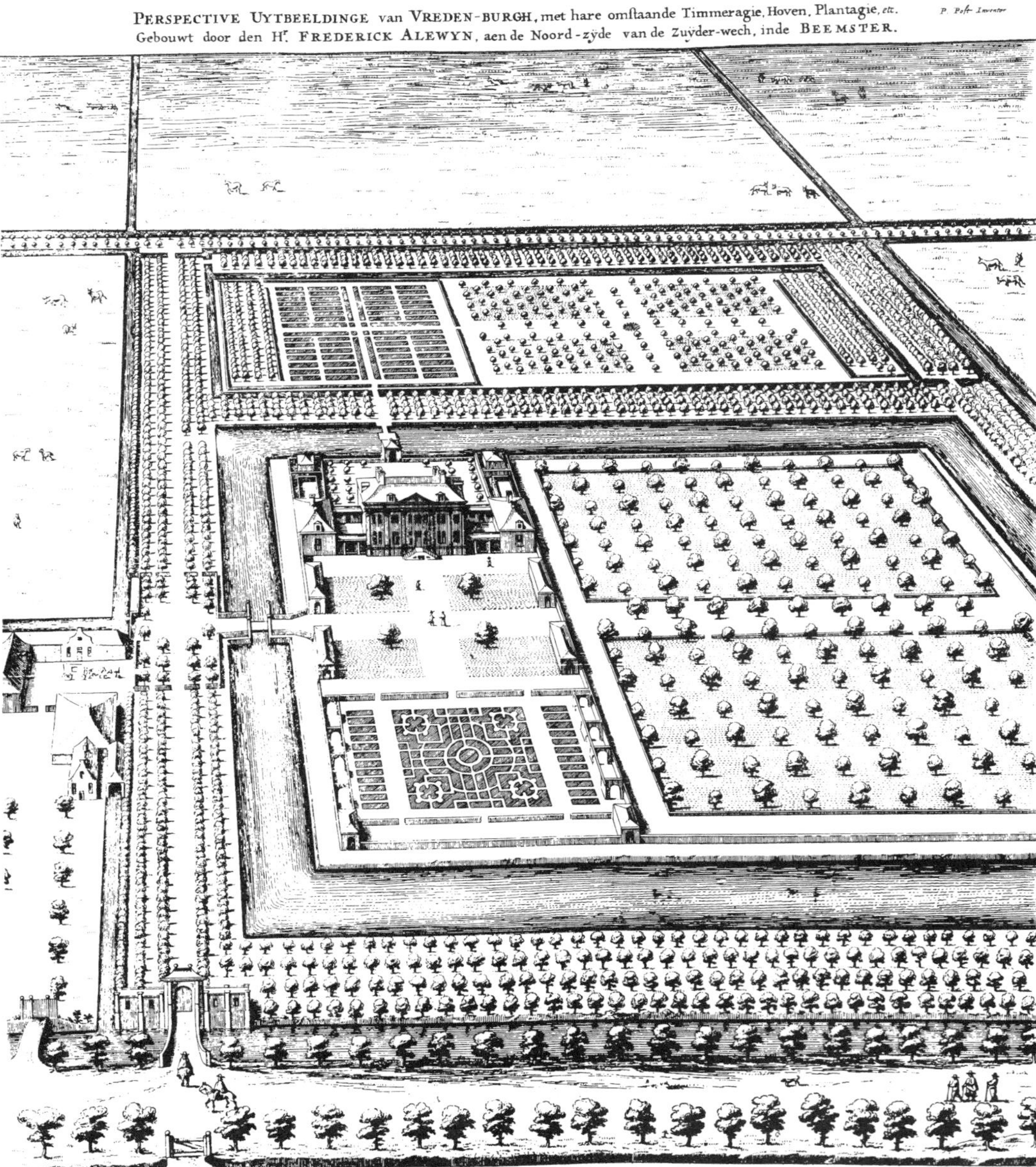


皮尔特·波斯特，维伦登堡农庄，1640 年

### 6.5.5 别墅的定位 | Positioning of the villa

从地图上看来，这栋别墅的圆顶在该建筑背脊的中心线上形成了一个突出的构件，而这一条中心线刚好与巴齐里奥内河呈平行延伸。借助将房子建筑于轴线上，周围景观之间的差异得以充分利用，从门廊向外看的全景中便可以一览无遗。同样地，为了要将别墅定位于山丘上，建筑本身必须旋转 45°；如此一来，别墅建筑所有的正面才都能在一天之内享受到数小时的阳光。由外观来看，圆顶是整体景观中一个自成一格的指针，与周边不规则的环境相比，显得相当突出。由于别墅的背脊抬高，向外突出，门廊得以戏剧性地眺望周边环境的景观。

西南面的门廊连接邻近最高的山峰，贝拉瓜地亚山（Monte Bella Guardia，高 129 米），西北面的门廊则与维琴察区（Vicenza）的教堂相连。

东北面的门廊正对着环绕维琴察区的耕植景观，东南面的门廊则面对别墅南面的河谷。在耕植景观与自然景观的全景交替出现之下，两种景观之间的差异明显可见。从远处看去，平行对称的四方形门廊就好比一个舞台，出现在这个景观的剧场中。

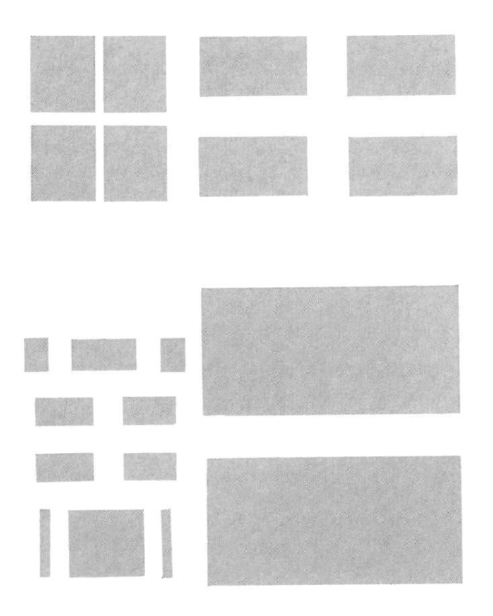

图中显示出维伦登堡农庄的结构组合

### 6.5.6 同化周边的环境 | Assimilating the immediate surroundings

该别墅所处的小山顶经过了平整，转变成一个不规则四边形状的平台，四边再加上挡土墙。因此，如此情况下形成的梯田创造别墅及景观之间的连接，而别墅正位于这梯田的中央[18]。为了让别墅的对称结构与周边景观相互融合，梯田对外的延展也有不一样的形态与方向。从梯田的设计配置图看来，周边环境的视觉构件是以抽象的方式来表示，而所运用的是修剪过的绿草及无杂质的沙砾。这个视觉上的分隔有其主要的形式及残留的形式，两者都足以表现出高原上别墅的位置，也因此得以在梯田有限的空间中表现从石地到农地的转变。

几何系统决定了梯田壁的方向，并且与周边环境的地形因素融合在一起。西南面的边界与连接别墅及教堂的直线平行，并且与山脊上维琴察区的建筑物相呼应。东南面的边界沿着横跨巴齐里奥内河的农业区，顺着它的格状系统延伸。东北面的边界则顺着别墅所处的山脊伸展。

就空间上而言，梯田在别墅的“展现”上扮演着重要的角色。梯田壁的西南面开发程度较低，它浅浅的深度似乎将别墅与这边的树林相融在一起。东南面作了一点旋转，将整个全景的视野转向了河谷。东北面有两座雕塑相当对称地放置在梯田的边缘，从中穿过的是一条建筑形式上的轴线，在这里可以看见此轴线最初阶段的发展。最后，西北面提供了一个景观，这个景观的构成来自梯田层次的减少以及梯田连接道路的转折。该道路介于两壁之间，壁上排列着雕塑品。在南面，有如雕塑般的梯田与挡土墙自成方圆，壁角上的刻纹更增加其精致细腻，也为别墅区提供了不同的建筑形式。尽管它在整个耕植景观中自成一格，别墅周围的土地仍然包含了与别墅几何系统相呼应的景观要素。过去有一条农业道路与一道堤坝，可以连通河岸一带，如今将它置于东北—西南走向的轴上，足以让别墅稳稳地定位在周边耕植景观之中。

本页、右页：安德烈·帕拉迪奥，圆厅别墅，维琴察区。从四个门廊往外看的景观

梯田的几何形状

别墅位于巴齐里奥内河谷与维琴察区周围的丘陵之间

别墅在那不对称的台地上分散地布置

## 6.5.7 为凡尔赛的景观造型｜ Giving form to the landscape of Versailles

安德雷·勒·诺特（André le Nôtre，1613—1700，法国景观建筑师）在凡尔赛运用了操控视觉的建筑工具（即第2章中讨论的造型花园设计），其目的不只是控制庭院内部的组成，同时也提供一种解决问题的方法，让花园得以定位于平坦广阔的山谷及周边的耕植环境中[19]。这座山谷位于塞纳河一处南向曲道的开头部分，那里是一片盆状的沼泽地带，宽1千米，长1.5千米。利用稍早提过的视觉操控主轴，勒·诺特将平原的长度缩短。他将这条主轴设计成一幅向前延伸的远景，结合了花坛（东边山丘上）、一条向下走的步道（盆地东部边缘）、一条运河（平原上）以及一条向上走的绿茵小径。勒·诺特不仅让花园内部和谐一致，也将花园固定在山谷中广大的空间，将地平线带进花园中。整个远景的主轴以不对称的方式来安排，勒·诺特却以主轴对称的设计将之隐蔽了起来。

## 6.5.8 土地的规划｜ Preparing the ground

在运河与梯田中，两条交叉的轴线位置较为偏南，如此便突显出主轴与河谷边缘的关系。交叉轴中断的模式各有不同，更加强了这样的效果；然而只有在这里，才可以看到底层地势形态的参考物体，了解它的不规则性。花园中一连串的水景将浮雕突显了出来，坐落于轴线上的喷水池与池塘分别标出了高、低点。小径、步道及水景的位置和造型淡化了对称的设计，并且结合了花园的组合及不规则的地势形态。当造型花园靠着河谷边缘发展，设计平面的几何系统就会和该地区自然的形式相冲突。河谷边缘的高度差异被树林隐蔽了起来，花园的休闲设施就在这树林中。这个区域的边缘林木参天，将花园隔绝于周边耕植景观之外。虽然如此，依然有林荫大道穿过了树林的边缘，向平原开展而去，将花园固定在耕植景观中，并且在花园的造型展现与周边的自然景观之间创造了一个视野上的联结。

## 6.5.9 斯托海德公园和自然景观的图画式展现｜ Stourhead and the picturesque staging of nature

在第2章中，我们曾探讨过斯托海德公园的英式景观花园，指出它是一个自成一格的建筑结构，其中包含了一连串图画式的景致。但是，对于花园的结构，底层与周边的基本地势形态仍然占有相当重要地位。把整个空间上的背景环境融入了设计中，方式有三：让自然的地面显得活泼，以建筑的方式发展白垩台地的缓坡以及放置大量建筑素材于花园外的耕植景观[20]。

斯托海德公园位于索尔兹伯里平原（Salisbury Plain）西侧陡峭的边缘，该平原是面积广大的白垩高地，东侧缓缓倾斜。高地底部的泉水衍生出许多小支流，侵蚀峭壁，创造出一个圆形突出的地形[21]。斯陶尔河（River Stour）源于六泉底（Six Wells Bottom）

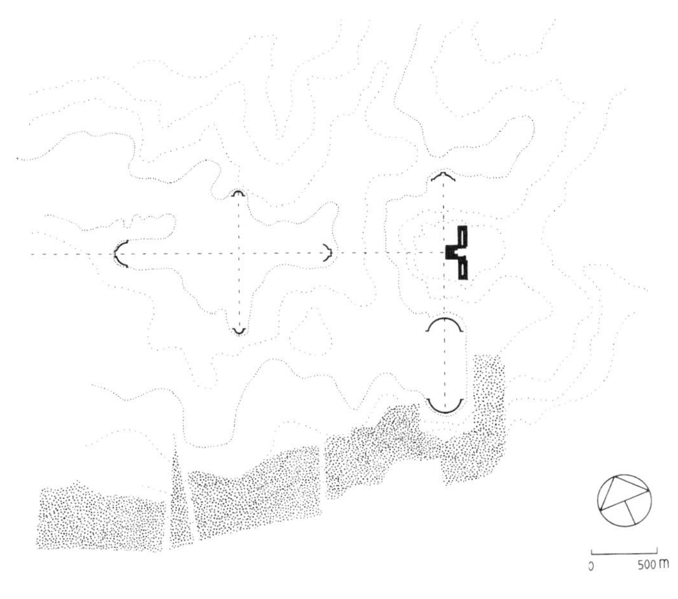


凡尔赛花园，主轴与横轴的尽端。底层地势形态的不规则性及高度上的差异被树林所掩盖

狭长的河谷中；斯托海德公园所在的河谷较为短小，目前已规划成斯陶尔顿公园村（Stourton village）的公共绿地。此地一直有人为因素的介入，加强自然的地形，使其更为活泼。例如，在主要的河谷中修筑水坝，改变了主要与次要山谷中自然产生的不对称现象，形成一个等边三角形的水库。当地原来生长的植物经过扩大种植，目前足以掩蔽水库的尽端。此外，广大的水景隐藏了山谷下降的斜坡，使得三块挺拔的山岩峭壁成为景观的中心，再加上峭壁中央那一面平静无波的湖水，整体创造出大自然剧院的效果。

### 6.5.10 建筑物的输入｜Architectural injection

索尔兹伯里平原的斜坡让人不禁想起地中海边的山地景观，就像克劳德·莫奈（Claude Monet，1840—1926，法国印象派画家）画里一样。在古典如世外桃源的画里，世界沉浸在南方明亮的阳光之中；同样的世界投映在这里，不同的只是北方英国的景色多了一片朦胧。这一片辽阔无边的视野、湖畔尽头弯曲的种植区以及远处的丘陵，三者连成深邃无垠的一处景观。各式各样如图画般生动的风景，分布在湖的周围，倚着斜坡。大部分的风景都以古典时代的建筑物为中心，之所以如此安排，为的是要突显底层地势形态的特质[22]。

这些建筑物被安排在斜度不同的斜坡上，有些映照在湖面上，如“洞室”（Grotto）、帕拉迪奥桥（Palladian Bridge）、花神庙（Temple of Flora）以及天堂井（Paradise Well）等。再往斜坡上方走，有一处小山岗，上面建有缩小版的万神殿。斜坡顶端是台地的边缘，阿波罗神殿的复制品就在那上面。

本地果蔬与外来植物如何在斜坡上安排，是否向阳的考量也是重点之一。果蔬植物的栽培像舞台两侧的背景，都足以衬托出建筑物的特色。最后，建筑物与视线连贯在一起（见图），更提高了建筑物输入斜坡后所造成的剧场效果。

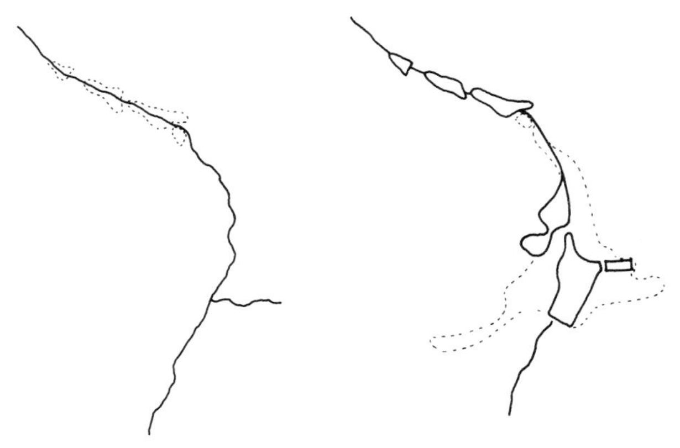

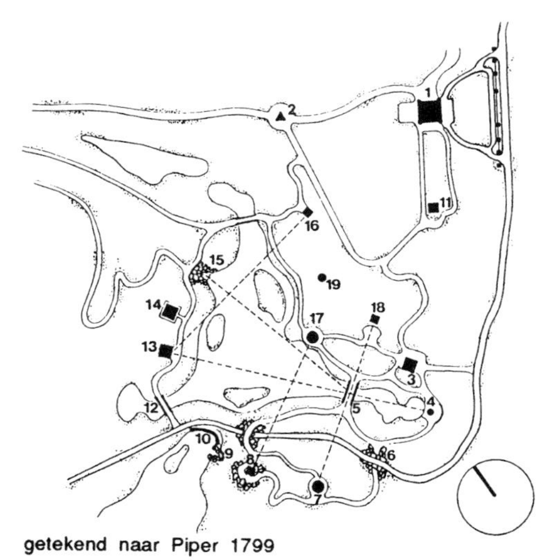


斯托海德公园；斯托河上游的原貌

斯托海德公园；斯托河的河道被鱼池与蓄水池加以调整

湖边建筑物之间的关系

1. 斯托海德住宅
2. 方尖碑
3. 花匠的住房
4. 布里斯托十字架（Bristol Cross）
5. 帕拉迪奥桥
6. 巨石
7. 阿波罗神殿
8. 座椅
9. 瀑布
10. 水坝
11. 阿波罗眺望台
12. 铁桥
13. 万神殿
14. 隐居所
15. 洞室
16. 座椅
17. 花神庙
18. 温室
19. 中国式花园小亭

斯托海德公园：湖边的建筑物体，从帕拉迪奥桥远望万神殿

位于索尔兹伯里平原的边缘处

### 6.5.11 台地上的物体 | The objects on the plateau

凡尔赛周边的耕植景观是凭借着林荫大道的系统才得以完成，斯托海德公园景观的完成则是仰仗公园特定距离外所放置的一些物体，其中之一就是方尖碑，它标示了白垩台地的界线[23]。除了这种古老的参考物体之外，还有足以说明英国耕植景观历史的必备对象，例如路边的哥特式十字路标。从花园一眼看去，可以看到阿尔弗雷德国王纪念塔（Alfred's Tower），那是一座高 48 米的三角形建筑，是为了纪念盎格鲁—萨克森国王击退丹麦侵略者所建造的。这个引人注目的景点是索尔兹伯里平原西边的尽头，同时也巧妙地将当地景观的地势形态融入整体的组合中。

这部分的最后要提两个较为典型的例子。第一个例子是沙丘景观中的荷兰别墅，别墅设计者允许空间的背景环境影响建筑的造型，风格完全不同于帕拉迪奥及他的圆厅别墅。第二个是城市公园，虽然位于城市，却以乡村的风格来安排。这个例子之后，接下来是几个以都市背景环境为主的案例。

### 6.5.12 罗伊金别墅，背景环境发展出来的设计 | Villa Looijen, a contextual design

1950 年设计师约翰斯·杜克（Johannes Duiker，1890—1935，荷兰建筑师）与皮埃尔·查里奥（Pierre Chareau，1883—1950，法国建筑师）早年的伙伴伯纳德·毕沃耶特（Bernard Bijvoet，1889—1979，荷兰建筑师）在哈勒姆（Haarlem，荷兰北部城市）附近的艾登豪特（Aerdenhout）修建了罗伊金别墅。该别墅像变色龙一般融入了景观之中，建筑物与背景环境几乎融为一体。这栋房子坐落在一处沙丘斜坡的脊背上，沙丘面向西北方。房子的基地由两条平行的边线来固定，边线同时也联结了斜坡脊背与下面的道路。毕沃耶特运用两种方法来让房子固定在背景环境中。最为重要的一种是角度的旋转，另一种则是房子的建材迁就于背景环境。

### 6.5.13 旋转角度 | Angle of rotation

分析别墅的组合结构与建筑基地形状之间的关系时，最好的方法就是遵守 3 个想象的步骤。在我们的分析中还有一个重要的因素，那就是位于构成别墅结构的两个区块之间的旋转角度[24]。在第一个分析步骤中，我们可以将别墅视为在长方形的建筑基地上的两个独立区块。一个区块构成卧房的区域与日光浴的空间，另一个区块则构成起居的区域。在此一步骤中，

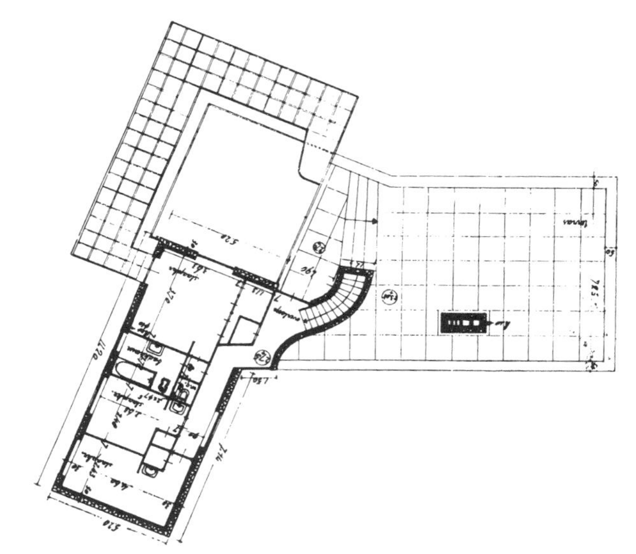

伯纳德·毕沃耶特，罗伊金别墅，艾登豪特，平面图

罗伊金别墅，艾登豪特，入口区北面的景观

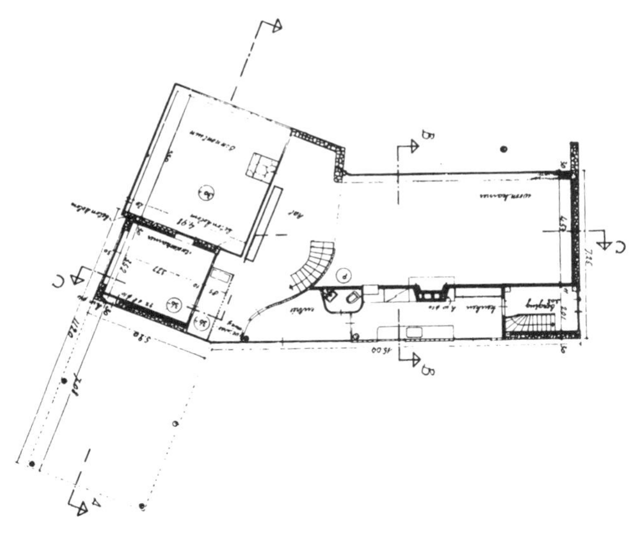

两个区块以直角定位，与整个别墅的占地呈平行走向，以前庭为聚集的中心。

至于第二个步骤，我们应该将它视为建筑组合构成的修正，目的是要配合沙丘边缘延伸出来的一条边线。基于这个考量，卧房和日光浴室的那个区块必须旋转23°，与起居的区块之间加大距离。如此一来，室内的空间变大，能够容纳一个自由造型的门厅，门厅内再加上弧度优美的楼梯，通达卧房。从旋转角度的枢纽点看过去，观者的视野非常广，对角线可以穿过客厅，直达后方远处的沙丘地。两个区块的前后都略有角度偏离的安排，因此两侧都纳进了外部的空间。在区块的前面有车库，界定出前庭的范围，后面则由别墅建筑本身作为沙丘地草坪边缘的最高点。

第三个分析步骤探讨别墅建筑本身在建筑基地上的定位。顺时针方向旋转整个别墅组合，让客厅及日光浴室的面向更为向西。此外，由于勘测员所测的位置相当精准，别墅本身得以与沙丘的斜坡成对角线砌合在一起，进而融入沙丘景观的地势形态中。整栋别墅楔入一对虚构的线当中，这两条线也界定了别墅最后的朝向。建筑物的边界范围是其中的一条线，由建筑基地的北边向内缩20米，另一条则由建筑基地边缘两个小角来决定。

通往别墅的车道沿着沙丘的斜坡蜿蜒而上，斜坡的最高点正好是别墅的前庭。这里看不见较低的沙丘，景观完全被起居空间空白墙面所遮掩。伸入沙丘的车库标示出建筑基地东侧的斜坡；卧房的区域被建筑的支柱往上撑，下方出现一条没有特定造型的通道，连接客厅与后方的梯田与花园。部分通道上铺着斜纹的地砖，更加突显出两个区块之间的旋转角度。还有另外一条通道，从门厅往上通到屋顶上的花园。从这里可以看到沙丘后方向大海延伸而去的景观。这条通道一直延伸出去，跨过日光浴室中钢制凉棚的阳台。这里是主要的衔接处：在阳台的地方，内、外通道以不同的高度交会在一起，花园、沙丘与海洋融合成一幅壮丽的景观。

罗伊金别墅，后院的藤架

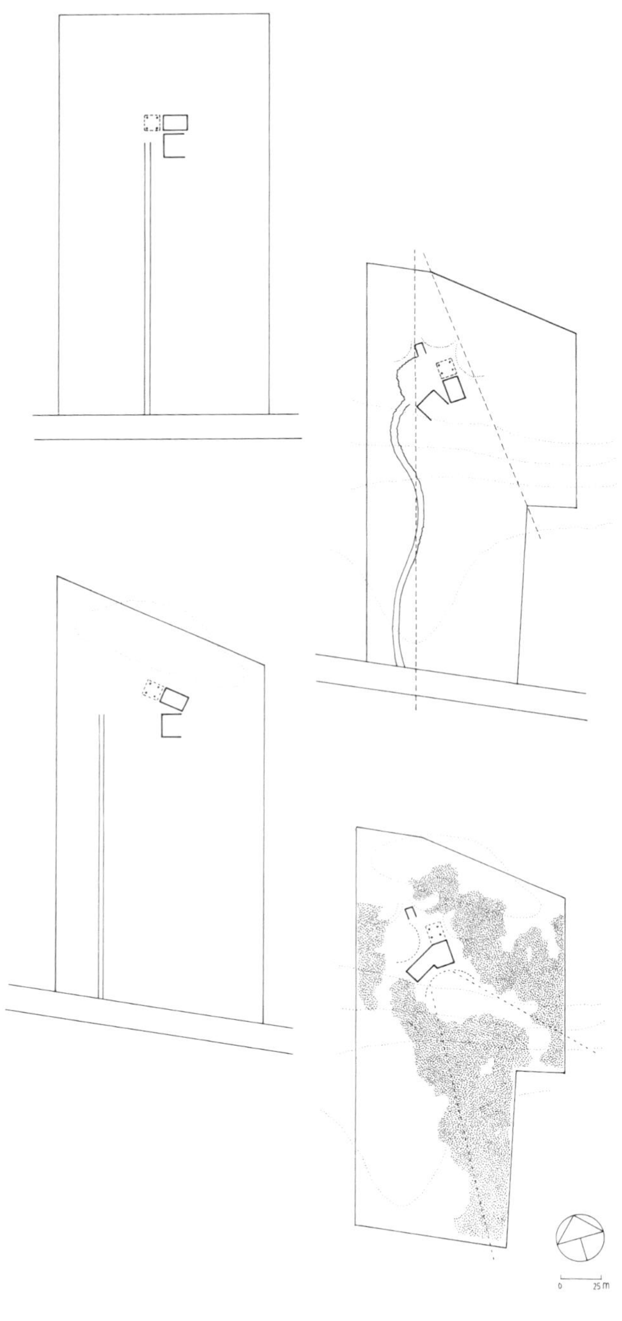


计划中别墅构件在
建筑基地上的位置

别墅的组织配合
沙丘地形

别墅的结构组织经过修改，
以配合沙丘地形

别墅在该地区最后的
空间定位

## 6.5.14 建材 | Material

我们先前使用过变色龙的比喻，这里可以延伸至建材上。别墅中未经处理的混凝土及表层瓦砾墙，可以和沙地环境中的灰棕色混合在一起；日光浴室用薄薄的玻璃及钢筋搭建而成，呼应了该地区空间的宽敞及绵延不绝。在屋顶各式各样的线条与形状的烘托下，这些指涉环境特点的构件显得更为鲜明，而屋顶设计的灵感则是来自沙丘景观的波动感。

## 6.5.15 克洛特公园：都市地形的扩展 | Parc del Clot, the dramatizing of the urban topography

前面的例子以自然景观及耕植景观的背景环境为出发点，接下来我们要探讨的是在都市环境中插入乡村风格的景观。

在都市中，公园最能表现都市文化如何与自然结合。城市公园是 19 世纪城市文化的产物：不断扩展的大都市中，人们发展出一种表达都市与景观之间关系的新方式，利用 19 世纪图画式的景观设计来达到目标（见斯托海德公园）[25]。早期的城市公园以不同的方式来组织景观公园，将里外的构件反过来放置，将自然景观集中在公园中央，建筑方面的发展则安排在边缘部分。

蜿蜒穿过公园的路径成为连续的景点，景点周边的发展却与向内部延伸的自然景观设计相抵触。从 19、20 世纪之交以来，对这样一个图画式设计的空白容器作大幅的改变，才能适合现代都市中休闲活动设施的扩展。

在某些案例中，这种做法导致公园一分为二，同时拥有城市景观部分与乡村景观的部分，图画式的景观组成被挖空，最后成为公园计划特点中的样板而已。

今日的城市公园中，传统及现代风格的造型方式自由地组合在一起。基地表面层层的累积都来自一个大型的城市规划；西班牙和法国正是这方面发展的主导[26]。近几年来，为了让整个城市有整体的发展，西班牙都市规划的策略变得以广场和公园作为建筑的主要区块。每一次，这些议题的目的都是为了澄清公园在都市结构中的定位，在寸土必争的大都市中规划出特定的空间，在城市中创造出一个交通方便、环境宜人的空间。最后，都市组织结构的连续性增加，障碍减少。巴塞罗那便是一个很好的例子，该城市已经多次运用了都市规划的策略。

### 6.5.16 公园｜ The park

克洛特公园的建筑基地是以前西班牙的铁轨工场，夹在克洛特古老的村落与圣马丁（San Marti）的郊区之间。前者的街巷狭窄且分布密集，后者则有典型的大型封闭性街区，即所谓的“塞尔达网格”（Cerdà grid）。当地的自然地形随着东南方的斜坡缓缓延伸至海边。这个斜坡缓缓上升，成为旧时代巴塞罗那西北方的出口道路，斜坡上便是克洛特的村落。铁路的轨道与长方形的铁轨工场则位于村落的东南方[27]。

塞尔达网格位于自然的建筑基地上，大致随着斜坡的轮廓线发展，对外通道及铁路则在它的一角交会。此外，方格之上有呈对角线的大道于此交会，直接联结市镇组织结构的环节。方格上有许多封闭的街区都已经被高耸的住宅大楼街区所取代，只剩下过去铁路调车场硬邦邦的长方形区域，孤单地伫立在切割成一片一片的周围环境中，成为界线分明的都市景观构件。两条笔直的轴线穿过公园，清楚地划出边线，然后融入周边都市的地形中。公园本身以两个划分非常清楚的区域组合在一起，一个是都市区域（有一个散步的大道和广场），另一个则是景观区域（有一座草木不生的小山丘和林荫区）[28]。

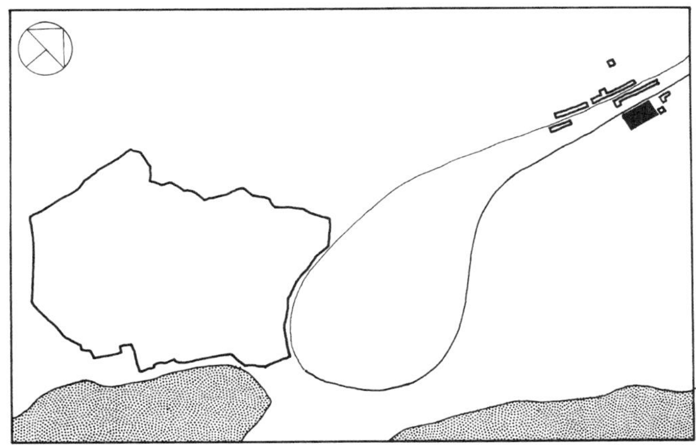

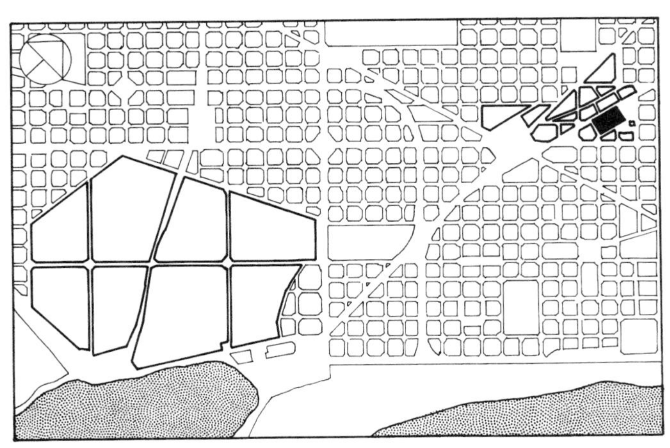

克洛特公园，巴塞罗那：自然地形中的位置

克洛特公园的位置与 19 世纪前半期的铁路轨道

调车场在塞尔达网格中的位置

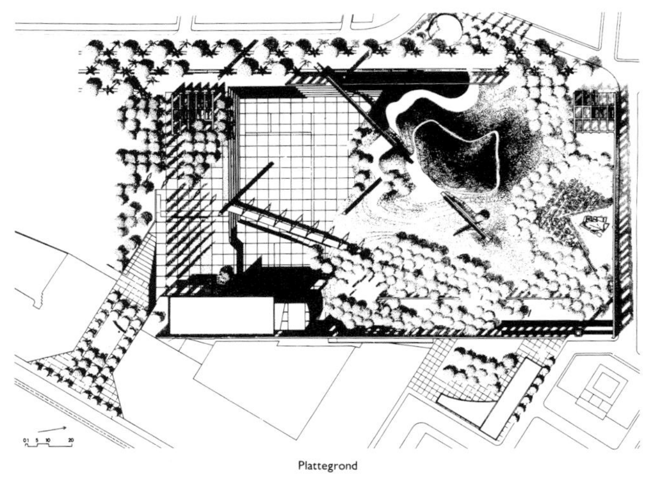


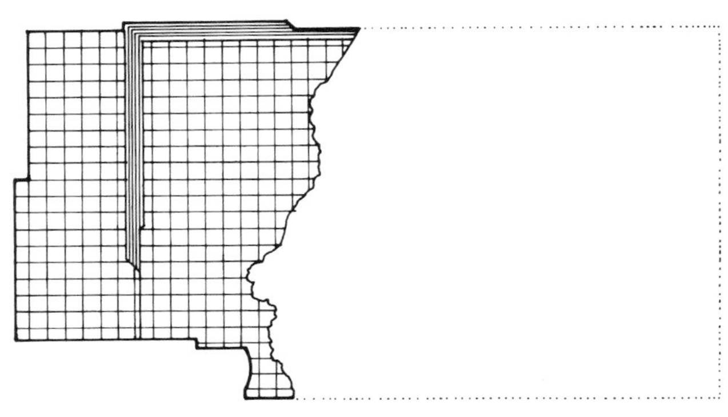

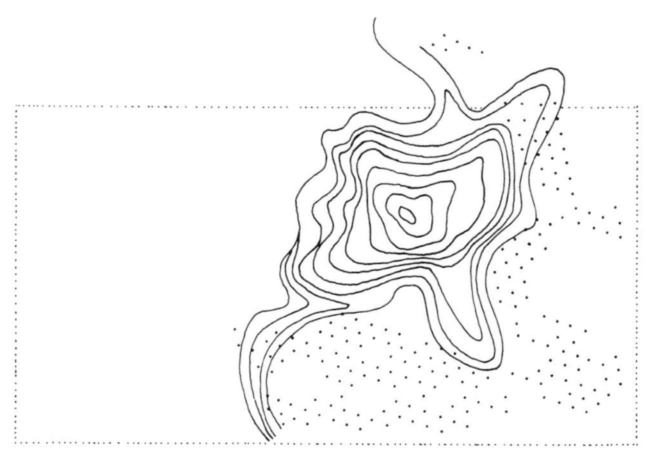

克洛特公园，平面图

克洛特公园；都市与乡村部分

### 6.5.17 冲突的方向 | Directions in confrontation

景观的造型反复无常，从中可以找出各式各样的几何图形，其中还包括迷宫。

这座公园周围环境的方向线通常来自塞尔达方格，这些直线无法融入过去工厂墙壁所形成的线性长条区域、新近完成的水景、台阶以及环绕着公园的果蔬种植区。冲突对立的情况在公园里继续：有两条轴线来自周围的环境与公园迷宫般的造型，而轴线的轨迹却与长方形的建筑基地相冲突。这样的情形在一个点上最为明显。在这个点上，一条轴线刺穿了建筑基地西侧边缘，出现聚成一束的方向线，因此也显示出公园本身是该处都市地形的一个环节部分。自然的地形与人为的几何规划之间存在矛盾冲突，而这些冲突与参照更加深了两者之间的不协调，这一切在设计上都一览无遗。公园的广场上伫立着四支高高的灯柱，呼应着塞尔达网格的模式。网格的走向系于两条行人走的动线轴，然而这个走向却与硬地广场和台阶的走向发生冲突。

### 6.5.18 下沉式广场；都市剧场 | The sunken square; an urban theater

公园主要的空间构件是一个下沉式广场和一座小山丘。两者之间形成高度上明显的落差，充分利用在分阶段的空间展现上。这些构件有舞台、摊位、景观等，皆聚集在一个伞状的构件之下，即所谓的“导演的盒子”（director's box）。“盒子里”有两条通道跨越过舞台，将许多构件连接在一起。这两条轴线上的通道以建筑基地东边一角的旧烟囱为终点，与周边环境中预期的路线搭配在一起。公园的建材处理以表达丰富与形体雕塑为主。铁路调车场的遗址重叠在一起，有如公园边缘的行道树，为建筑基地界定了边线，也勾勒出各式各样的空间形式。许多既有的构件，如工厂围墙等，在许多设计突出的灯柱、水景与天桥搭配之下，无论现在与过去均在此汇集交流。公园与城市之间有一些交界的地带，其用途因为构件的出现而有所规范，公园也得以连接外围的三个地区；这三个地区的路线都来自原有的塞尔达网格，但是它们的外表都随着公园的发展而定形。这些构件为公园清楚地划定边界，同时也表达了公园与周边都市地形之间的关联与互动。

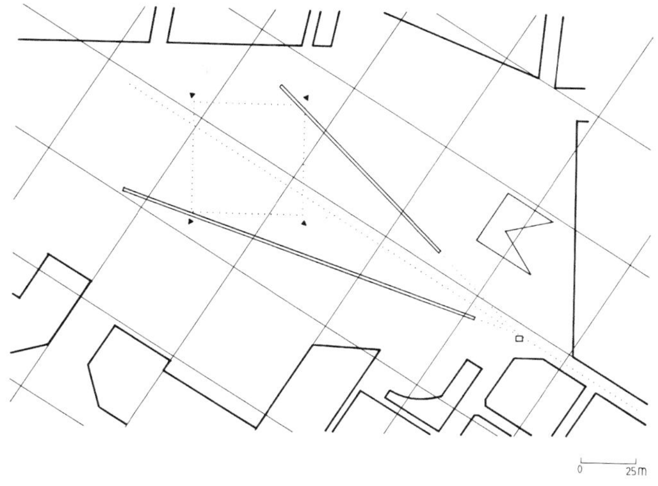


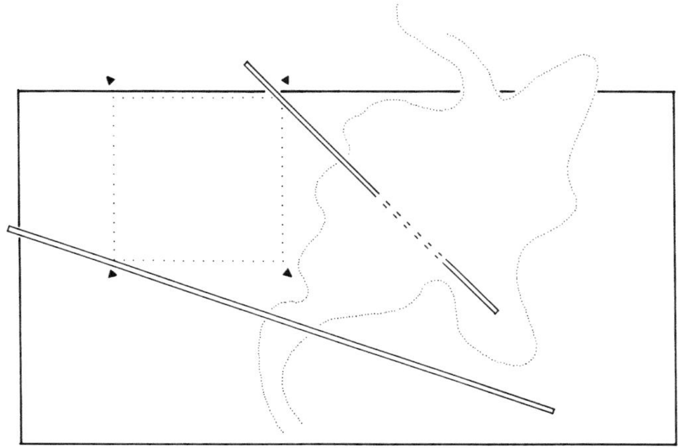

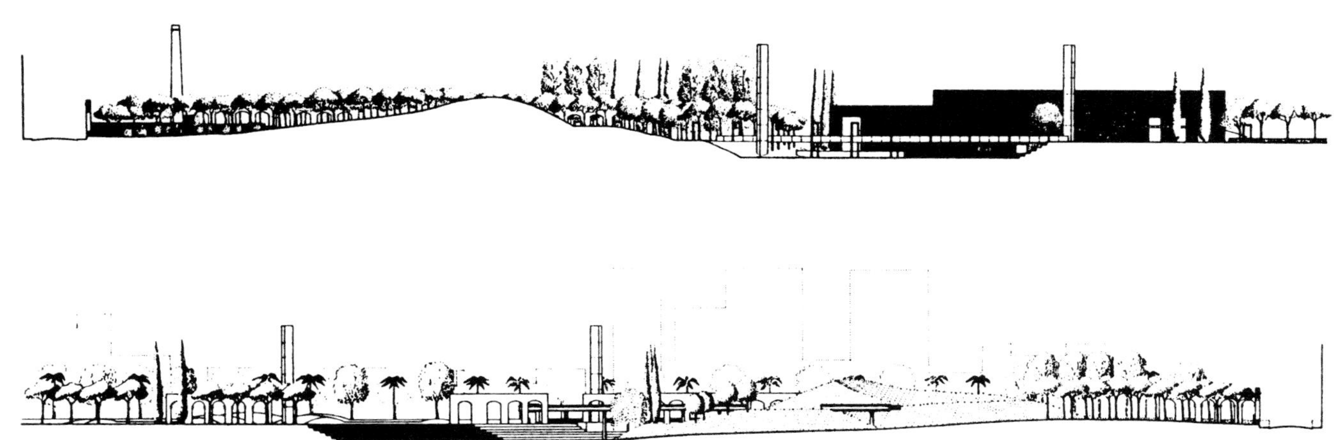

塞尔达网格纳入了公园设计中

公园的剖面图

公园周边环境的冲突

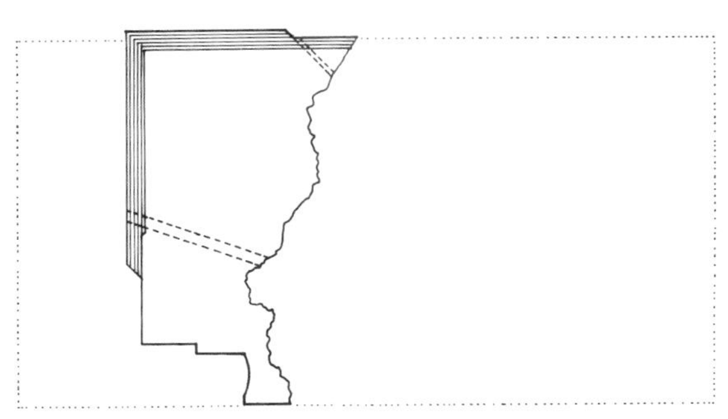

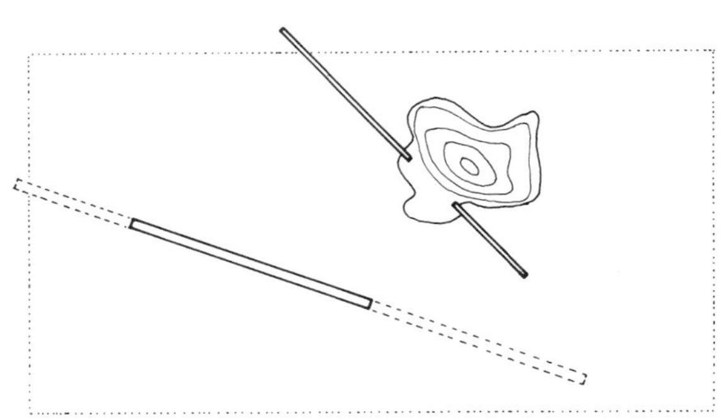

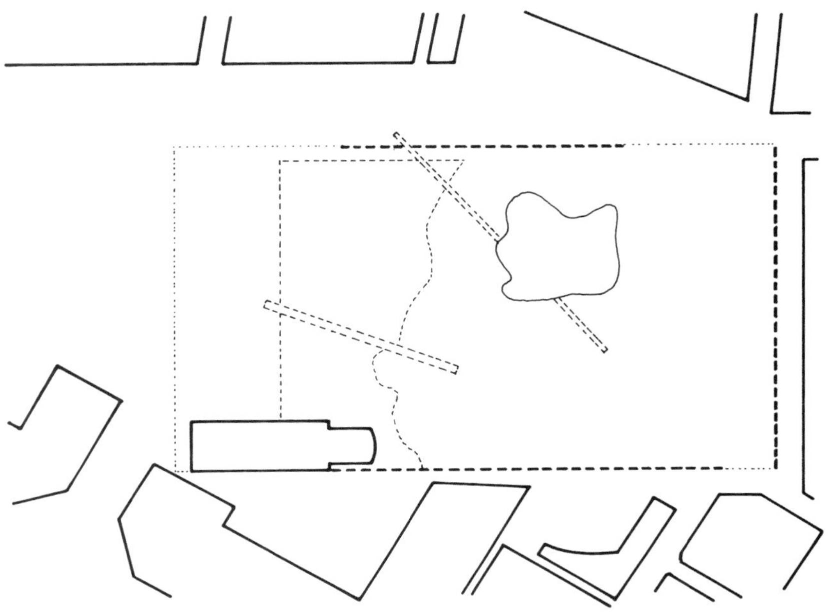

构件的交错点：灯柱、工厂围墙、水池和天桥

空间结构的三个层次：下沉式广场、建有高架桥的山丘以及都市环境的地面

## 6.6 城市形式的发展｜The development of city form

前面的部分偏重于乡村风光的背景环境与设计，接下来则着重于都市区设计的背景环境。

影响都市如何适应时代不同需求的，并非只有科技、经济、政治和社会环境，建筑与都市设计的主流思想也是主要的因素之一。因此，随着时代的改变，背景环境与设计之间的关系也发生了极大的变化。

空白书板法（tabula rasa approach，即视建筑基地为一页空白的纸）的影响极为深远，勒・柯布西埃1925年设计的伏瓦生规划（Plan Voisin）便是一例，相当有名。这座由奥斯曼规划的城市必须先将塞纳河右岸的田野清除干净，为的是十字塔形的区块需要一个清楚的形状。原来的城市中，只有某些选定的纪念性建筑才保留下来，融入这全新的规划中。背景环境与设计之间的关系只能见于塔形建筑的点状网格排列上，网格排列则进一步连接既有的卢浮宫西向轴线。

法国建筑师伯纳德・于埃（Bernard Huet，1934—2001，建筑师、城市规划家）所代表的则是另一个完全不同的风格与做法，他的设计特别强调建筑基地本身历史发展的轨迹。他对历史的背景环境加以诠释，甚至于以真正的历史发展为师。因此，1986年在巴黎的“拉维莱特流域”（Bassin de la Villette）对勒杜圆亭（Ledoux's Rotonde）和附近地区所作的规划中，他将“鹅掌形式”运用在再开发项目上。于埃增建了一条假的运河，将所谓“完美的对称”加诸原本不对称的都市环节上。由于对于历史方面的理想太过于热衷，这个方案在努力修补都市组织架构之余，只是去除了建筑基地本身某些特点而已。

在20世纪最后的几十年中，我们看到许多背景环境特别强调主流的设计观念。许多设计师和历史学家在做研究时所关心的基本问题是：在城市形态的发展中，哪些才是左右发展的主要因素。在这类的研究中，都市被视为一种空间的现象，而过去其他时代则视都市为一个社会经济的系统。

20世纪50、60年代时，人们相当重视背景环境与建筑设计之间的关系，这一份关注凝聚了特别的活力。当时，以厄内斯托・南塔・罗杰斯（Ernesto Nathan Rogers，1909—1969，意大利建筑师）为首的“十人小组”（Team Ten）和坦丹萨学派（Tendenza，20世纪60–70年代的新理性主义运动）等团体，对功能主义的设计理念与空白书板法的发展提出了严厉批评[29]。萨维里奥・穆拉托里和卡洛・艾蒙尼诺也致力于新设计方法的发展研究，在20世纪50年代的威尼斯完成，在该城的都市形态与建筑发展的类型之间架构起重要的桥梁。他们的目的在于探讨都市发展的因素，研究哪些是固定不变的，哪些却是经常改变的[30]。到20世纪60年代时，随着阿尔多・罗西等人的工作进展，意大利方面的研究向前跃进了一大步，都市形态的研究才开始持续不断地影响其他的国家[31]。

因此，巴塞罗那也开始这方面的研究，重点是将都市形式的研究与形式本身意义的研究结合在一起，并且将都市空间视为都市文化的一种表达方式[32]。虽然这种方法受限于形式与用途之间的相互关系，但是都市形式与都市空间的类型研究却因此产生了紧密的关联。巴塞罗那的拉巴尔区（El Raval，原为巴塞罗那的红灯区）重建工程便是一个很好的例子。在那里，他们增建了一系列的公共空间，为整个都市结构带来了重大的改变。

在其他由历史学家所完成的研究中，都市形式的发展被视为是一种比较独立的过程，这种过程足以避免大型建筑工程的介入。以费尔南・布罗代尔（Fernand Braudel，1902—1985，法国历史学家）为首的法国年鉴学派（French Annales School，20世纪40年代中期开始形成的一个法国史学流派）有这方面的历史理论。他们认为，历史的运作有不同的速度（speeds），产生不同的过程（processes），每一个都有它自己的“动力”（dynamics）与空间“模式”（patterns）[33]。根据他们的说法，日常生活的改变过程远远赶不上政治、经济和生产方面改变的过程（这些改变过程都有“事件”作标记，例如政治革命、贸易路线的改变以及科技方面的发现等）。各种过程的模式一个接一个自然地发展，即所谓的历史阶层‘historical strata’，而决定都市景观结构的正是这些阶层之间的互动关系[34]。以这些理论的观点看来，都市形式的发展历史实在是一种相当独立的过程，有它本身的动力与速度。

法国建筑师布鲁诺·福蒂埃（Bruno Fortier，1947—）在他对巴黎内城历史的研究中指出，都市形式不只是因为大型的都市工程而定型，其他的发展因素也有同样的影响[35]。这些因素通常都是没有特定形式的建筑结构，但与日常生活息息相关。在他众多的发现中，奥斯曼林荫大道下的商店街便是一例。该商业区明显于19世纪独立地自然诞生，在巴黎的商业与文化生活中扮演着相当重要的角色。

我们可以看到，在范围广大的方法、研究和探讨中，对于都市形式的发展，仍然有人在全力地探索。然而最重要的议题还是哪些因素足以决定都市的外观，哪一种才是建筑设计应该扮演的角色[36]。都市的形式真有其本身的历史吗？真能由其他因素的发展来了解它吗？在第一种说明中，都市的发展被视为一种相当独立的过程，有其本身的速度、动力及空间模式。在第二种说明中，都市与风景被视为几个世纪以来发展与转变过程下的产物，而且一个历史阶层的改变足以影响其他阶层的改变与结构上的改变。

勒·柯布西埃，伏瓦生规划（1925年），东北方向的模型景观

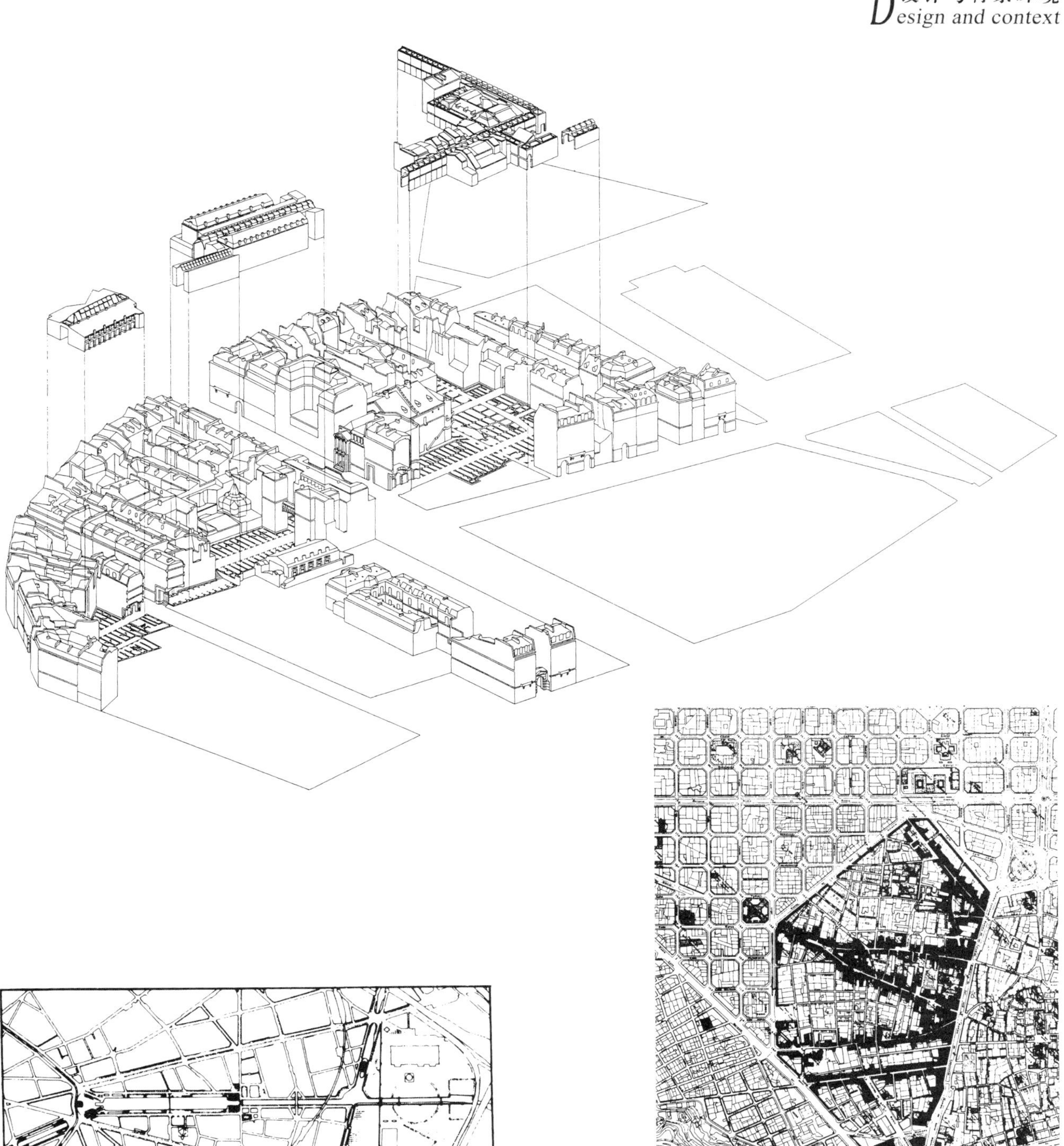

伯纳德·于埃，“拉维莱特流域”的设计（1986年），设计图中还包括斯大林格勒广场（Place Stalingrad）与勒杜圆亭

布鲁诺·福蒂埃，巴黎地图集。该地图集经过精细靡遗的调查，非常精确地以图解的方式表示都市组织脉络的改变；本图是19世纪的商店街，位置在蒙马特尔市郊大街（Rue du Faubourg Montmartre）与九月四日大街（Rue du Quatre Septembre）之间

巴塞罗那，拉巴尔区。一连串新的公共空间造成了都市结构的改变。目前状况的分析图

## 6.7 城市建筑的发展 | Growth of the urban fabric

聚落（settlement）是两个过程其中之一的结果。首先，聚落是在条件适合人类居住的地方自然产生的，例如地势高而干燥的地方、跨越陆地或河水的路线上、交通要冲、自然形成的港口或锚泊处等。其次，聚落也可能是人为力量造成的，在短暂的时间内经过设计建造出来的，通常是在政府的命令下执行。我们将在第 6 章的 6.8（设计的结构）中探讨都市的建立。

事实上，在自然形成的情况下，都市并非“设计而成”，其发展结果并非预料中的事。相对地，设计是事先计划好的一种有意识和创作力的动作。

从这类聚落的外表就可以看出它们缺乏人为的设计。结构、形式和意象都来自自然条件与人类需求之间紧密的配合。它们形成的因素只有地形、经验、主流的科技以及可以取得的建材等，其中找不到有意识的操纵。因此，瑞士的村庄与墨西哥市贫民窟之间的截然不同，是自然条件、社会条件和科技条件方面的差异所导致的[37]。

这并不表示所有发展阶段中都没有任何的设计可言。不管任何有意识和预先设定的人为介入，都必须迁就整体环境中的个别因素和实际上的考量。正如从农耕地发展到都市区的逐步改变，这类聚落的改变也是循序渐进的。这种改变的动机可能来自居民需求的调整、土木工程的科技发展以及社会政治方面的变动。这种都市发展的形态足以配合某些人类社会的形态，然而大部分都是低级的发展。例如，自从中世纪末城镇开始高度发展以来，自然发展的聚落在欧洲就已经变得非常少见了。中古世纪的阿姆斯特丹是自然聚落的一个完美例子，它的结构取决于地形因素和人类需求之间的互动。当地屯垦区的泥煤地上有复杂精密的排水系统，影响颇深，在此建立了风格独特的都市结构。

### 6.7.1 地质基础 | The geological foundation

14 世纪时，荷兰的泥煤地大都只用来耕种，其间有大大小小的溪流纵横，垂直交错成一片网络，两侧则是开垦的狭长土地[38]。阿姆斯特丹有阿姆斯特河（River Amstel）流过，那是泥煤地中最大的河川，它流进矩阵湖（IJ）。那里的人造景观是由一大块的泥煤地所构成，它的形式则因为井然有序的排水系统而固定下来。这个排水系统遍布整块形同梳子状的泥煤地，与矩阵湖的堤防平行，让屯垦区（沉淀后的泥煤地）免遭海水入侵。

堤防和阿姆斯特河呈平行走向，足以保护内陆，控制矩阵湖的湖水。横跨阿姆斯特河的水坝创造出人力治水的工程实体——阿姆斯特兰（Amstelland，意即阿姆斯特河沿岸地区）。同时它也提升了河流的技术形态，将其从自然的港湾转化成矩阵湖的蓄水库。这个开放水域直接连通，出现了两条运河，与原来的河道平行，借助水坝上的人工渠道让阿姆斯特河与矩阵湖连接起来[39]。

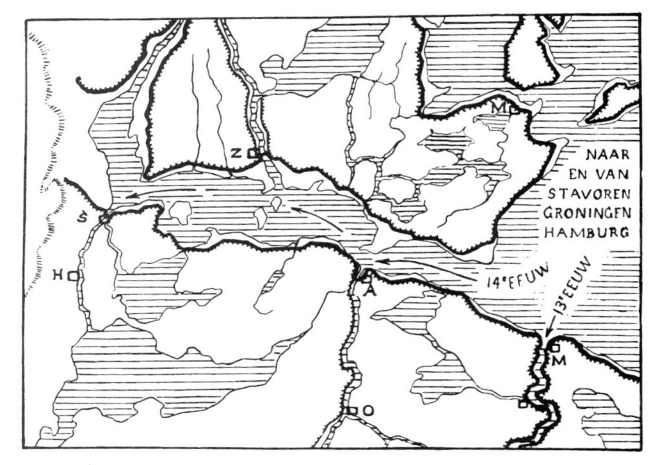


中世纪矩阵湖周边的堤防

### 6.7.2 都市化的模式 | The urbanization pattern

决定第一个屯垦区模式的重要因素有二，即阿姆斯特河蜿蜒的河道和流入矩阵湖的方式。第一批建筑物出现在向内弯曲的堤防边。

后来，随着一步一步地填土，在第一批建筑物与新近挖掘的水道之间农耕地转化成都市区。既有的排水沟和泥煤地的通道都融入了屯垦区的结构中，街道巷弄的发展走向也因此固定下来。城镇的中心在水坝四周迅速发展开来，而水坝本身也在精密的排水系统中扮演着重要的角色。它的四周也陆续出现了市场、市政厅、教堂和交易场所[40]。

### 6.7.3 水之都 | City of water

中世纪时，阿姆斯特丹在阿姆斯特河四周稳定地发展，以同样的开发原则继续拓展。距离原有的水道不远处，新的水道陆续动工挖掘，多少都与原有的水道平行，然后流入细密的河水管理系统之中。现有的林荫大道、街道以及低洼开拓地的排水沟，都与建筑的发展结合在一起，而这些建筑的发展包裹住了老旧的部分，如同新长出来的一层皮。结果出现了一个由后街与侧巷组成的系统，大致与主要的水路网相配合。这个次要的系统结合了放射状的土地，连通往来都市的主要路线。

水道是中世纪阿姆斯特丹最重要的构成因素，决定了该城本身的空间结构与功能组合。这个水道网络提供该城与港湾之间一个主要的运输系统，同时也解决垃圾和排泄物的处理问题。

主要的水道系统和次要的陆路系统之间有一些基本差异。水道的位置和规模是取决于土木工程的技术和交通运输的条件。相反，后街与侧巷等次要道路的位置、方向和规模却必须考虑地质方面的因素。

各类开发的功能也有不同。水滨的开发服务于贸易、运输及仓储；同时，次要的交通网络只负责家庭、供货商和特殊船只的往来。

整个都市组织里充满了水利工程。市区的发展意味着水道网络系统的扩张。新的水道为这个持续成长的城镇设立新的边界。直到17世纪，这种水都发展的原则一直主宰了中世纪阿姆斯特丹城的扩展。

这座中世纪城镇外围的区域也有发展，但不是依循同样的都市化模式。因此，从15世纪开始，制绳场、码头及类似的行会便开始肆意聚集于堤防后方矩阵湖区。

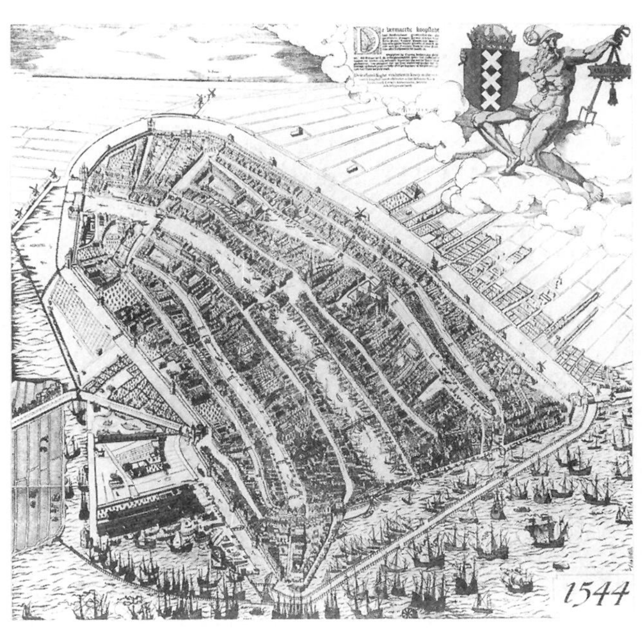


中世纪的阿姆斯特丹

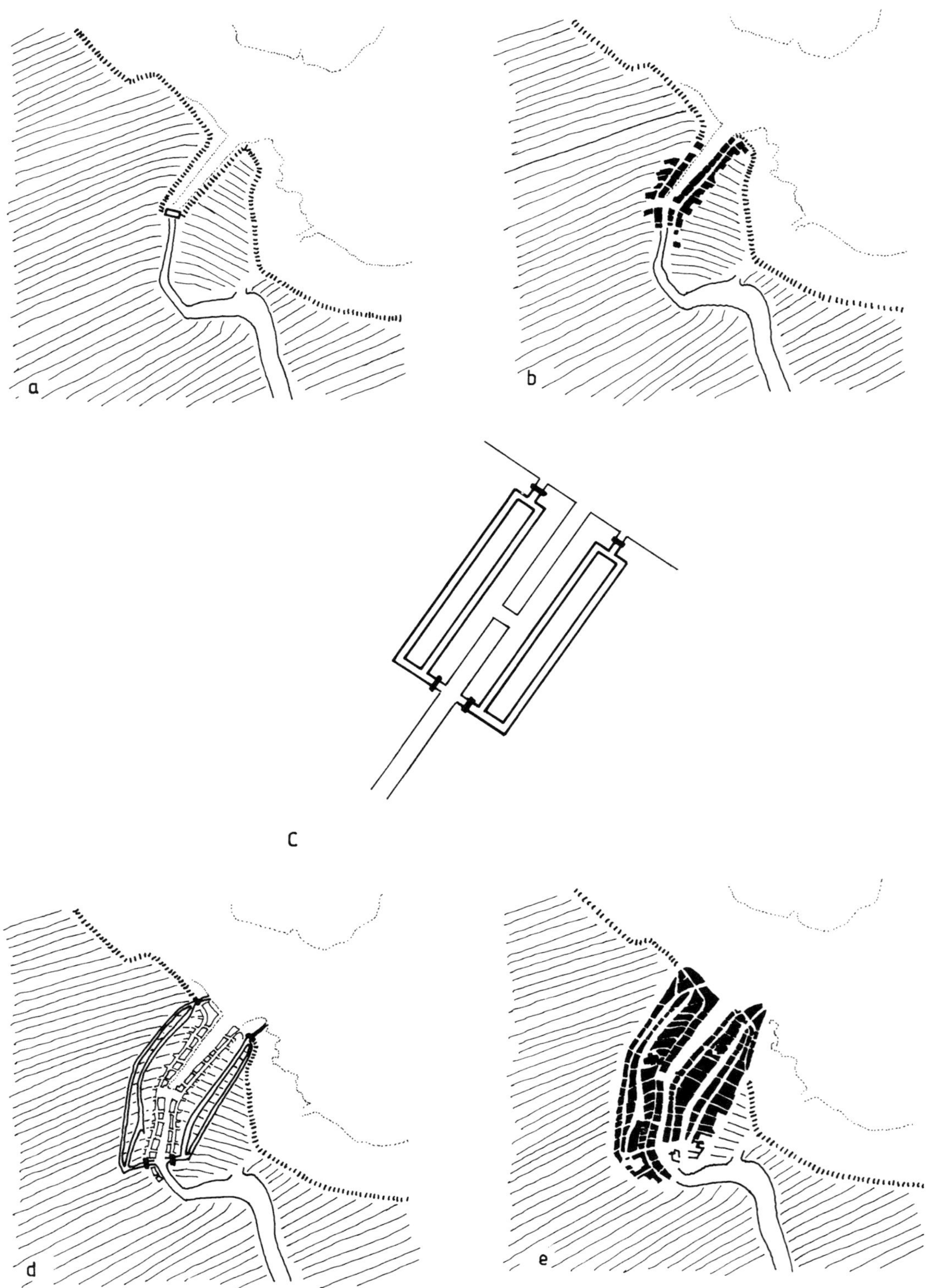


中世纪的阿姆斯特丹略图：
a．筑堤后的泥煤地景观
b．防波堤两侧最早的建筑发展
c．排水系统图
d．建筑基地上的排水系统
e．建筑开发区的结构

## 6.8 设计的结构 | The designed structure

将城镇视为配合某一个特定社会形态的居住地，这样的理念慢慢形成时，就会需要一个合理的方法来规划城市的发展[41]。广义上来说，这个情况早已经发生，从希腊格状的城市形态开始将“城市”和“民主”的概念转化在空间上，一直到当代的都市拓展[42]。如果自然的成长足以明显反映一个社会，例如欧洲中世纪时期的社会，那么都市设计便可以说是在尝试为一个值得效力的社会创造理想的空间条件。

随着都市规划的出现，都市发展上便有合理的方式。从那时候起，都市形式的设计就是一件值得夸耀的事，诠释与控制背景环境也变得可行。

这种发展最重要的动力来自 15 世纪意大利先人传承下来的理想城市蓝图。这些计划随着文艺复兴的出现而发展，它们的形式组合满足人文主义者的需求，在城市建筑上建立完美的形式，与社会、政治上完美的安排相呼应[43]。“理想城市”（città ideale）的设计基础来自全新的见解与透视法的法则。其中所应用的原则呼应了对称与比例方面的法则，例如方格之类的几何图形、同心圆或放射形状的轮廓或规则的多边形[44]。

随着透视法的来临与尺度比例的增加，城市的空间组合与形式得以多加安排，成为功能与意义上的象征。后来，城市的形式被有计划地运用来表现权力，尤其是君主专政的时代。

在城市进一步的空间发展上，文艺复兴时代理想城市的设计发挥了类型的功能，而不是概念或模型。首先，理想城市的蓝图通常用来建立新的城市。抽象的蓝图常常被当作模型，直接套用在全新的背景环境上[45]。在这样的情况下，背景环境与建筑设计之间没有一个特定的关系。若以荷兰的防卫城市科沃登（Coevorden，荷兰东北部城市）来判断，新帕尔玛（Palma Nova，意大利东北部小城）这个“理想”的防卫城市只能算是一个标准的输出品。

在理想城市的进一步发展中，设计的重心有了改变，从形式的一致性转移至实用上的可行性。在这个前提之下，实践上要不但寻找例外的城市类型（例如港口、碉堡、军事要塞以及宫廷都城），同时也要看看是否能将理想城市的蓝图应用在现有城市的扩建工程上。后者在 16、17 世纪时大规模出现在欧洲城市的扩建计划中。在这样的背景环境下，那些抽象且相当严密的计划表现出相当程度的弹性，几乎可以配合所有的需求。这些“因地制宜”的修正常常使得地形条件在建筑结构上扮演着重要的角色，其重要性不亚于该条件对先进城市的影响。

人为设计的城市不同于自然产生的城市，设计中背景环境与设计方案间的关系是深思熟虑的结果。

若是将设计应用在城市的形式上，那么设计过程中就有一个主要条件：建筑是否与背景环境相呼应。如果有的话，到底如何呼应。常常看见的是，处理建筑基地的态度会带来一个特定的设计，或是为城市或某一地区塑造出特色与个性。

### 6.8.1 全盛时期的阿姆斯特丹[46] | Amsterdam in the Golden Age

中世纪的阿姆斯特丹足以说明自然条件与人类需求之间的互动，而该城于 17 世纪的拓展工程则完美地展现出理想城市蓝图的组织原则在实际应用上如何发展。

### 6.8.2 形式上的组织原则 | Formal ordering principles

阿姆斯特丹的环状运河有共同的圆心，将两个理想城市的蓝图合并在一起，分别是丹尼尔・斯巴克（Daniel Speckle，1536—1589，德国建筑师）的防卫城市和西蒙・斯蒂文（Simon Stevin，1548—1620，荷兰数学家、工程师）的商业城市[47]。

从环状运河区的组织原则中可以发现该城与碉堡有相似性：碉堡是一个完美的作战机器，其造型与结构完全取决于军事用途方面的考量；运河区是一个多边形的防御组织，有放射状的结构。同样，从环状运河区的线性组织以及该区建筑用地的规模大小，也可以找到斯蒂文的建筑模式：建筑基地配合最大的使用率来规划，牺牲一定的军事用途建设，追求商业城市的弹性与效率[48]。运河在多大程度上是将抽象的示意图落实投映到了大地景观之上以及怎样在特定背景下引入深思熟虑的特定设计，这些都可以通过分析 17 世纪的城市获得结论。

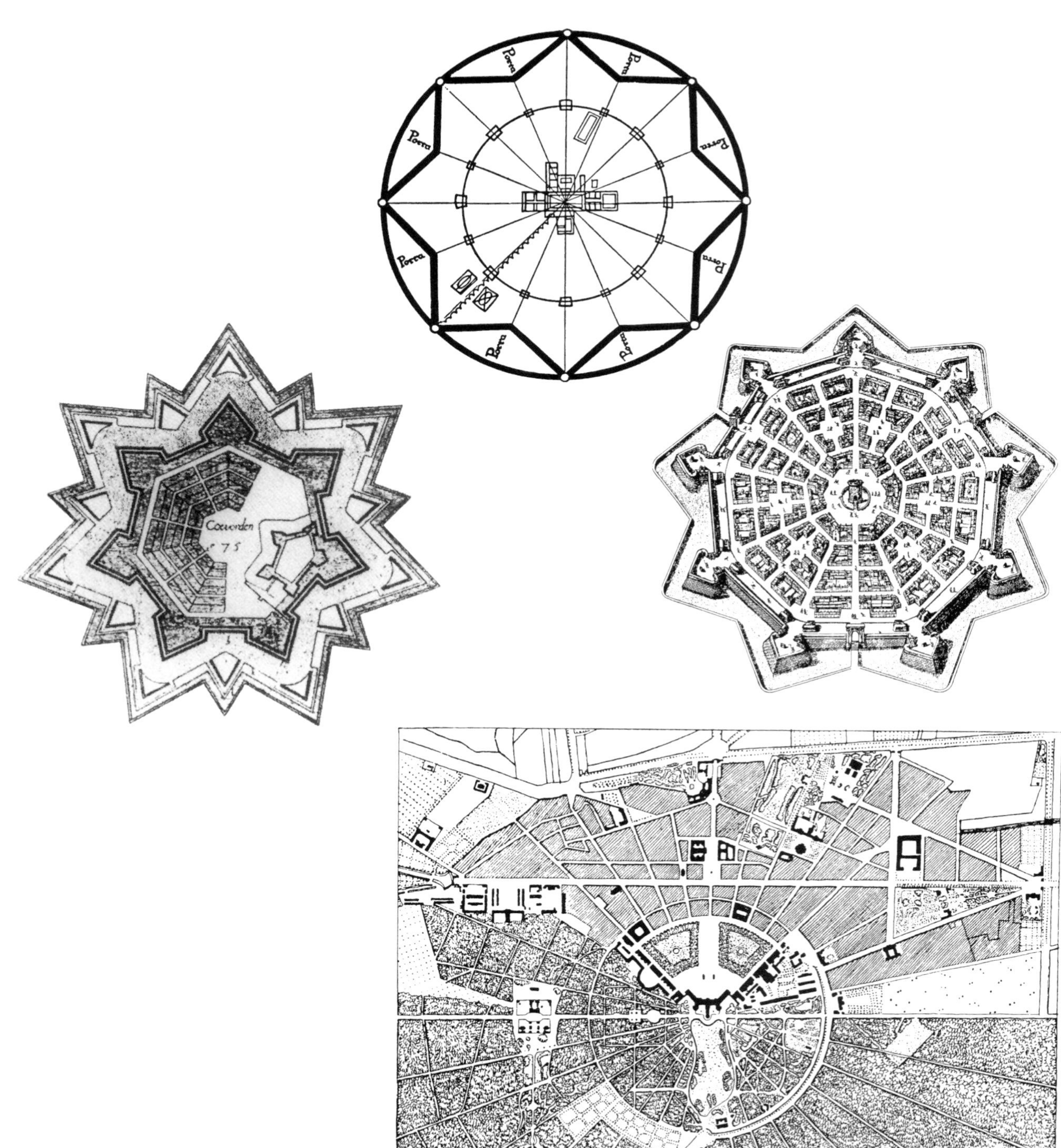


荷兰防卫城市——科沃登，建于1597年，建筑平面以帕尔玛的平面为依据

理想城市的概念：人称“爱优者”（filarete）的安东尼奥·埃维里欧（Antonio Averlino，1400—1469，佛罗伦萨建筑师、雕塑家），理想城市“斯福金达”（Sforzinda）的概念图（选自于埃维里欧大约完成于1464年的建筑论述）。这个计划依然遵循着中世纪世界观的传统及当时主流的测量与制图原则。一直到后来人们才了解，它的星状造型在军事防御上占有明显的优势

该城的造型是一种表达权力的工具：卡尔斯鲁厄（Karlsruhe，德国西南部城市）的居住内城

意大利新帕尔玛，理想模型的城市。这项由文森佐·斯卡莫齐（Vincenzo Scamozzi，1548—1616，威尼斯建筑师）于1593年完成的城市设计目的是为了保护威尼斯，该城是防卫城市由外向内发展的一个完美例子。最明显的做法就是在九边形的卫城中放进一个六边形的武器广场（Place d'Armes）

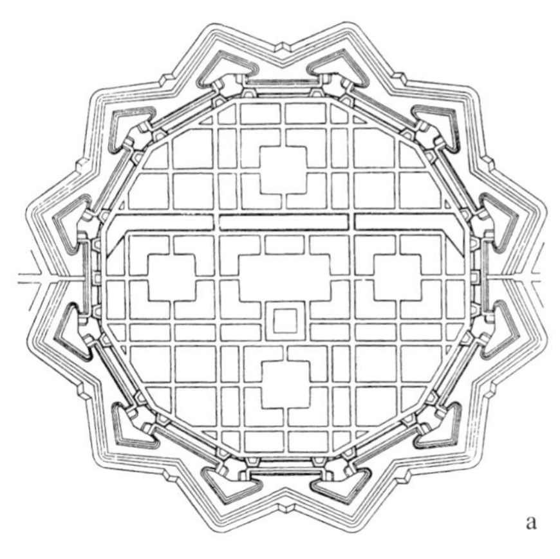
a

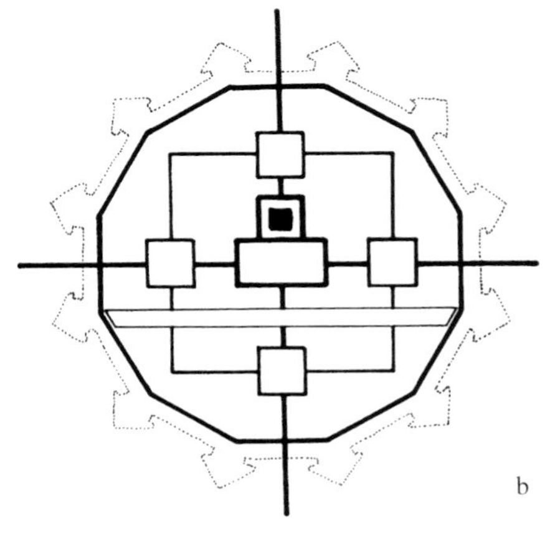
b

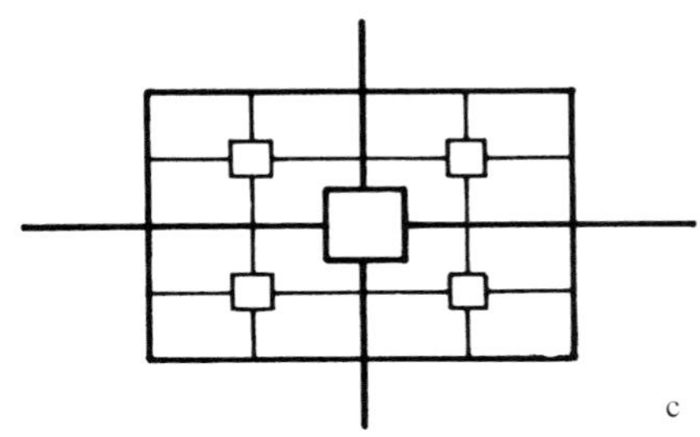
c

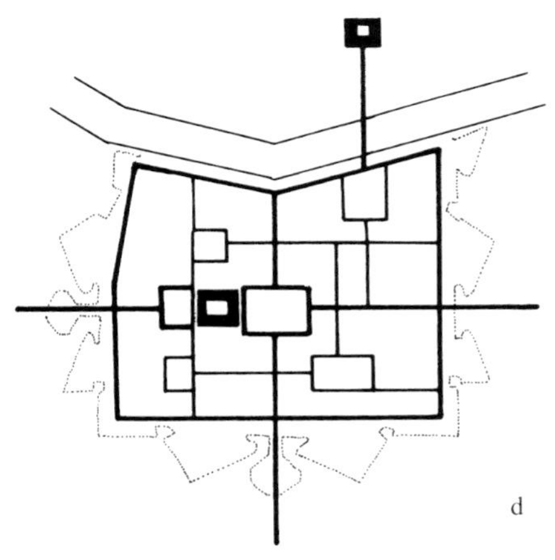
d

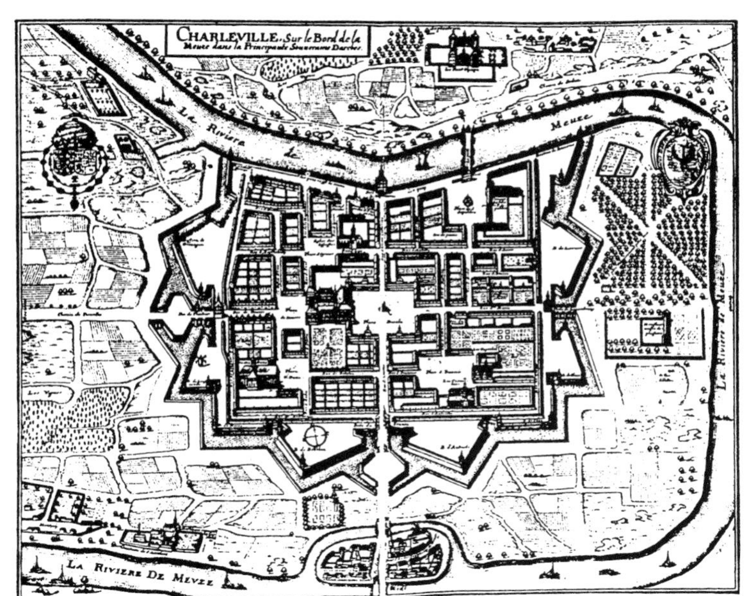


理想城市的类型：
a. 文森佐·斯卡莫齐，理想城市的设计，大约于 1600 年完成
b. 斯卡莫齐的理想城市简略图
c. 类型图：平面包含四部分
d. 查尔维尔（Charleville）简略图

查尔维尔，1608 年修建

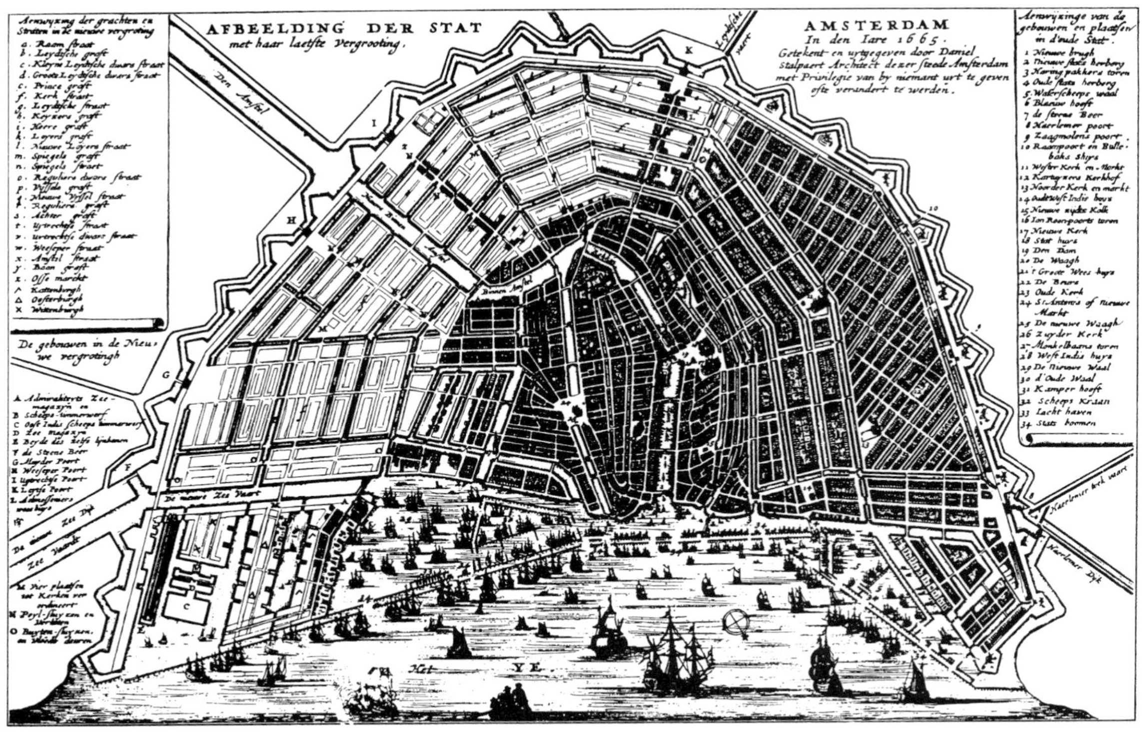


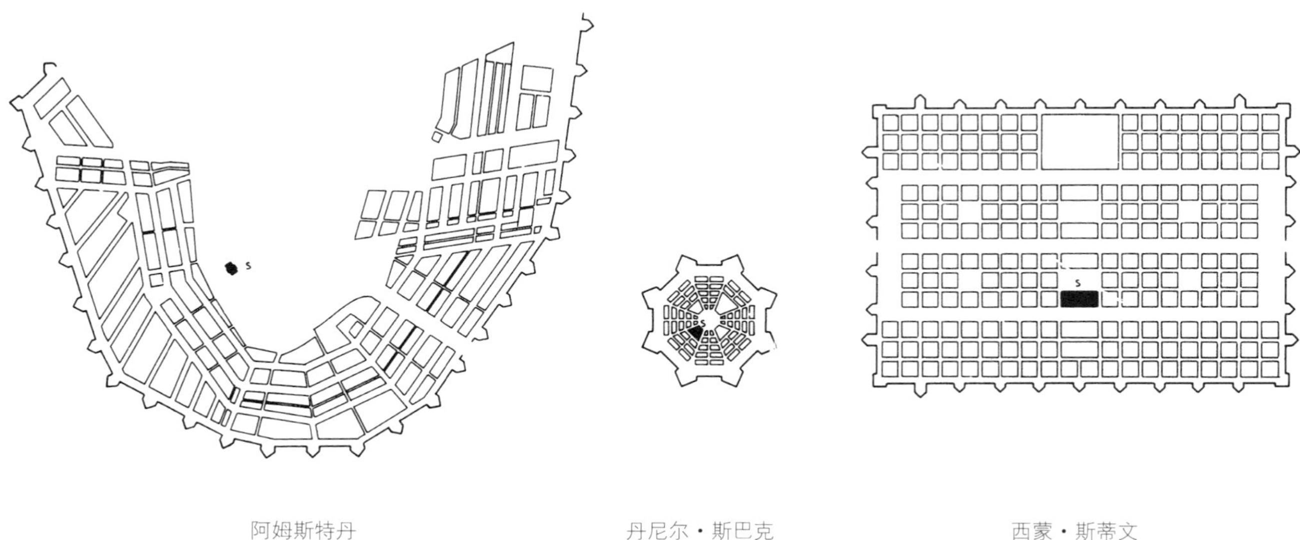


1665 年阿姆斯特丹的平面图，显示出 17 世纪时该城的设计。环状运河区的西区与乔登区（Jordaan area）已经完成，南区与东区的扩建仍然在设计阶段。在阿姆斯特丹旧的规划设计中，矩阵湖在该城的角落，北海则于最下方

环状运河区相较于丹尼尔·斯巴克与西蒙·斯蒂文的理想城市图：3 个设计平面以相同的比例表示

### 6.8.3 配合眼前的情势 | Adapting to existing situations

为了比较阿姆斯特丹这部分和丹尼尔·斯巴克的规划，环状的运河区被修改成一般的多边形。从这一点看来，扩建计划明显没有初看时那么有规则。事实上，环状的运河有某些环节可以说是“纠结难解”，呈放射状的直线则是随意地交叉在一起。它们的位置大多取决于是否被划入中世纪时期的城镇范围，或是受到既有陆路通道的影响，形式组织上的因素比较不重要。

为了与西蒙·斯蒂文的方案比较，我们把环状的运河画成直线，如此可以清楚地显示出规划中构件的不同。三个部分都完美地展现出以背景环境来诠释建筑设计的范围相当大（三个部分分别为：包含 1611 年环状运河的西区与乔登区；建于 1657 年介于乔登区与阿姆斯特河之间的南区；1682 年中世纪城镇以东的区域）。

所以，在环状运河区中（包括绅士运河（Herengracht）、国王运河（Keizersgracht）与王子运河（Prinsengracht）），每一“层”计划对背景环境的处理都不尽相同。在这里，平行的运河都被稠密深厚的街区分隔开来；若从这些运河的空间与功能组织看来，环状运河区可以说是这个中世纪荷兰水上城镇的延续。相对地，若从形式组织来看，它则是“理想城市”在低洼开拓地上的投影：该城的工程一气呵成，完全不考虑基础地理环境的因素，而这个区域则是根据数理基础设计的。

乔登区则不然，它直接将既有的耕植景观转化成都市区。该区的空间结构来自旧有的沟渠与通道。草皮的引进是为建筑做准备（可能是人工种植的）。这个设计上的差异恰好呼应了这两个区域在使用与功能上的差异。环状运河区代表了城中富裕家庭的豪门巨宅，乔登区则涵盖了各类的服务业和商业机能以及中低收入家庭的住宅。

拓建区的南部大致依循着环状运河区的格局来发展，将新的建筑结构加诸低洼开拓地的农业形态之上。整个平面的边缘呈不规则状，地处中世纪城镇区域与后来所建的堡垒之间，然而在边缘稍浅且不规则的建筑区块影响之下，线条趋于和缓。这些区块中所包括的是环状运河区的公共设施。

最后谈到东边的部分，它由两个截然不同的部分组合而成。这个区域的南部是环状运河区的延伸，主要结构与中世纪城镇的护城河平行；北部建筑平面的主体排列则旋转了 90°，与护城河垂直。从高处俯视而下，往城东延伸的景观调转了头：新拓建的区域斜跨在整个地面上。同时，建于 13 世纪的防波堤也消失在偌大的矩形方格中。

从另一个角度看来，这个平面上的构件（指东部地区）的确与周围环境之间有一个相当稳固的关系。它与中世纪城镇区东面的群岛结构配合得很好，那些在防波堤外属于边陲地区的岛屿，可供居住和工作之用[49]。东部地区的发展明显衬托出阿姆斯特丹自中世纪以来所作的改变。阿姆斯特丹的各工作部门集中在东部地区，环状运河区则慢慢变成该城市最具代表性的部分。至于 17 世纪中产阶级的势利媚俗是否带来影响，导致乔登区的发展背离理想城市蓝图，造成南区及东区北面方向出现了不规则的街区，在这里我们不列入考虑的范围。

从我们的分析看来，在 17 世纪城市扩建规划中，形式方面的考量对于建筑设计明显没有原来想象的那样重要。

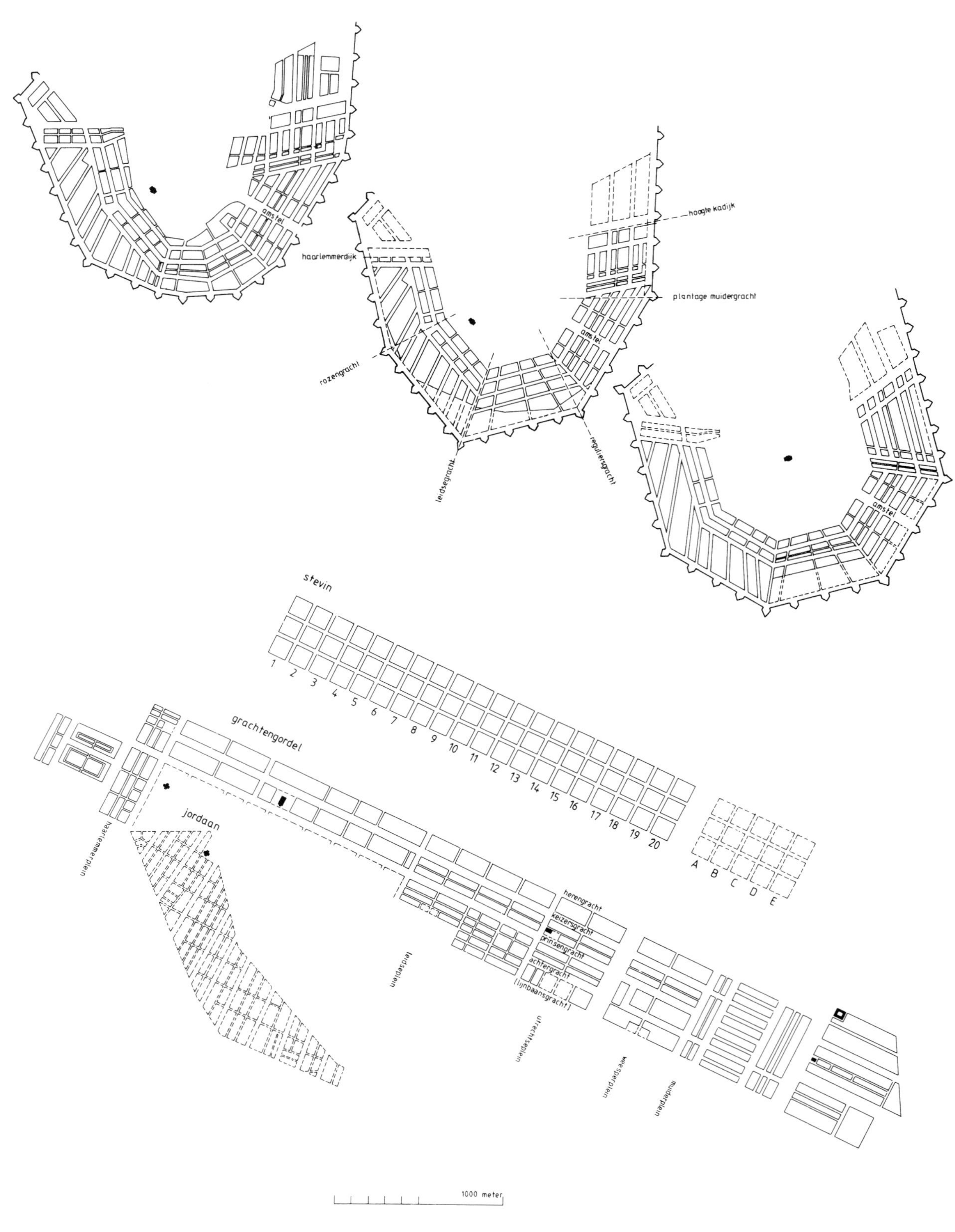


阿姆斯特丹环状运河区设计成规则的多边形

环状运河区拉直为线性的带状图

阿姆斯特丹传统风格的徽章

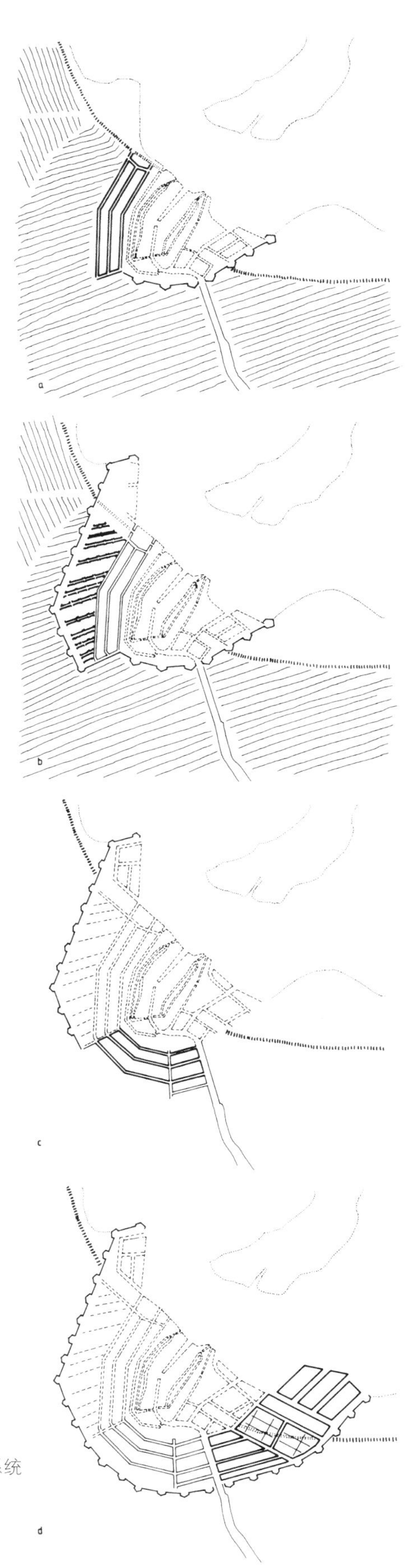


环状运河区的简略图：
a. 环状运河区，在旧排水系统之上修建的新系统
b. 乔登区，都市化后的泥煤地景观
c. 南区，环状运河区的延续
d. 东区，环状运河区的末端，延伸至群岛区

### 6.8.4 法兰克福的实验 | The Frankfurt experiment

法兰克福罗莫斯达特区的设计，展现了建筑规划与背景环境之间强有力的互动，而不再是背景环境单方面对建筑规划的影响。这个区域是该城卫星城的一部分，由厄恩斯特·梅完成于 20 世纪 20 年代，将法兰克福由市中心向外扩展的计划推至外围，以卫星城的方式作分散发展。在卫星城的理念中，城市与景观都是都市凝聚力的一部分，这个结合的形式就是绿色结构，即现在所谓的"以都市化造景"[50]。

罗莫斯达特区的设计以卫星城市的概念为依据，尤其是两个主要的元素：绿色结构就是都市化过程中的构件；新的社区塑造出有凝聚力的景观系统。在罗莫斯达特区的设计分析中，我们最关心的莫过于该设计与尼达河谷之间的相互作用。

卫星城在尼达河谷北方边缘形成一大片综合的开发地区，那里有一连串的卫星城市（魏斯特豪森（Westhausen）、普罗海姆（Praunheim）、罗莫斯达特和海登海姆（Heddernheim）），可以长期保护绵延不绝的景观系统，排拒它们不愿意接受的都市化工程。这种都市化的策略可以在罗莫斯达特区清楚地看出：沿着河谷的斜坡，整个卫星社区绵延了 1.5 千米，在河流与预定的都市化高地之间画上一条精心设计的边界[51]。

该区的设计完成取决于周围环境的特性，以中央主要通道两边较高的社区作为联结体。主要通道沿着山坡地蜿蜒而上，其发展与河谷的轮廓线非常相似。这部分的形式伴随着尼达河发展，街道连续弯曲的东部地势却对着整个景观地区向上抬高，仿佛一座处于前线的碉堡，守卫着河谷地带。

在整个开发区的边缘处，应用卫星城市的设计原则特别明显。介于尼达河与卫星社区之间的是一道长且弯曲的挡土墙，有多处被地势较高的社区中断，而且每隔一段固定的距离就有突出的"堡垒"。这些堡垒其实是眺望塔，俯视着整个河谷的耕植景观。挡土墙上种满了椴树，旁边还有一条林荫大道，将这里的

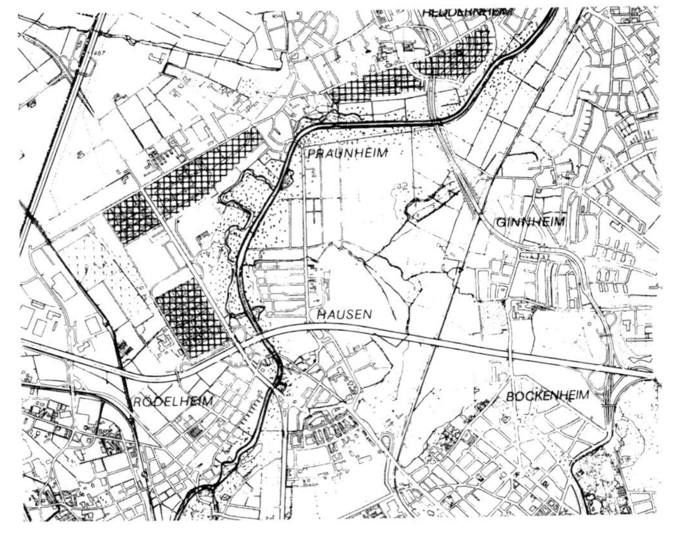


美茵河畔的法兰克福。地形图上方是一连串的卫星城市，位于尼达河谷北方的边缘

景观与都市化地区分隔开来。从边缘地带这些意味深长的造型看来，罗莫斯达特区似乎在画清楚整个景观的轮廓。同时，卫星社区有如孤岛一般，伫立在景观中，面对着远方其他的城市。它给人的印象有如一种自给自足的独立社区，表现出“分散”的都市化形态。若以历史的眼光来看，挡土墙与堡垒的形象让人联想起过去的城墙，俨然是一道20世纪的城墙壁垒。

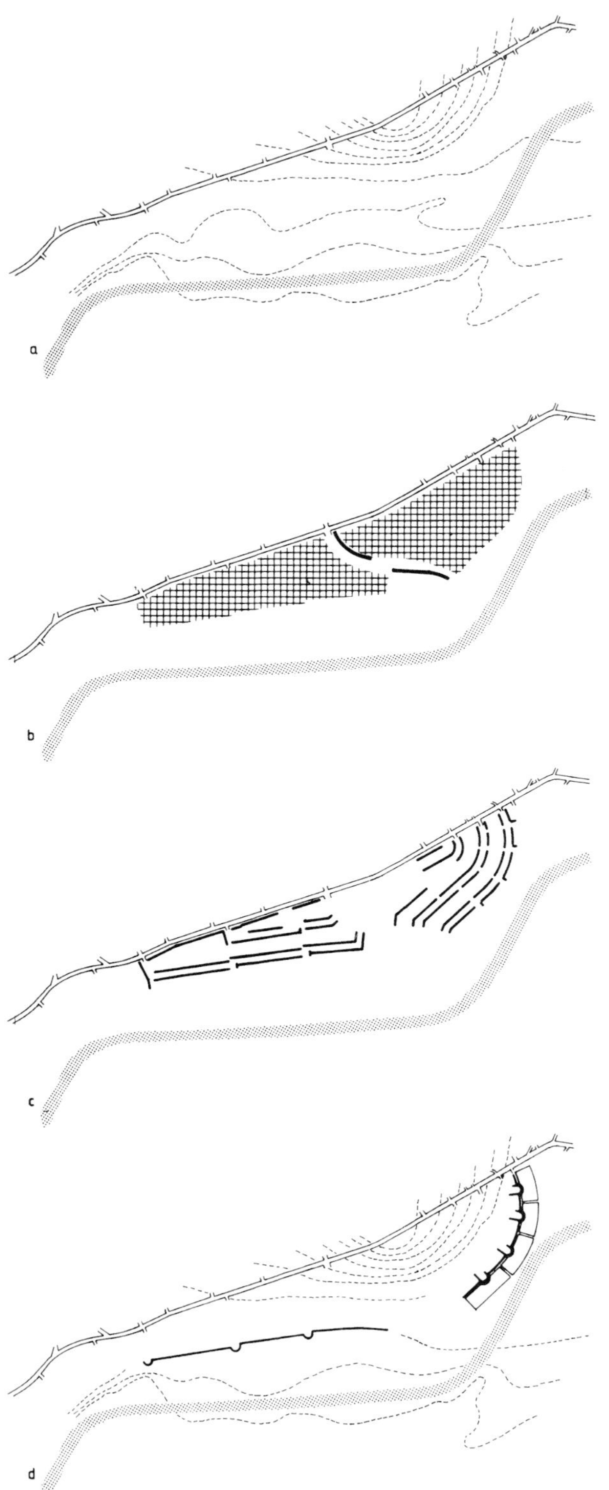


罗莫斯达特区的简略图：
a. 实地设计的限制条件：丘陵线、形成凹槽的河道、区域通道（在罗莫斯达特区中）
b. 建筑插入该区：住宅区与河谷平行；主要道路与斜坡垂直
c. 东区与西区之间的差异
d. “20世纪的城墙壁垒”划分出了集体住宅

1930年的罗莫斯达特区，从东北方鸟瞰

## 6.9 城市组织脉络的转型 | Transforming the urban fabric

城市组织脉络的转型不同于其他方面的变化，尤其是早期发生的变化，原因在于建筑所介入的背景环境在结构上已今非昔比。若以自然发展或人为设计的结构来看，所谓的“转型”指的是一个已经都市化的地区中所进行的建筑开发，而非自然或耕植景观中的建筑开发。在这里，都市化同时也代表了某些地区，在城市影响的范围中，却尚未实现建筑开发意义上的都市化。每一次城市的组织脉络转型时，都会涉及每一个可能对建筑设计造成影响的因素：包括既有的建筑发展、空间与功能的背景环境、建筑用途的方方面面以及该地区的历史。由于可能发生的影响很多，它们之间的相互作用也不少，每一座城市的转型都会在背景环境与建筑设计之间形成相当复杂的关系。

当然，转型的概念不能套用在城市中每一个重建的工程上。只有当建筑的介入造成现有情况改变得厉害时，这样的字眼才适用。描述城市转型时，你不能用 20 世纪都市重建的街区来取代 19 世纪那种穷街陋巷的街区。但是你可以用其他建筑或住宅的类型来取代这样的街区，采用 20 世纪都市空间的模式、用途及意义。

城市中某一个部分的转型，本质上可能是空间性或机能性的，它涉及城市中某地的使用及意义，或者影响该地区的某些层面。事实上，由于城市转型与目前的城市状况及城市本身的过去都有关联，所以建筑的用途及其（历史）意义通常最为重要。

同样，前面第 6 章 6.6 中提到过，城市形式的发展与其他都市活动的因素之间必然存在一种凝聚力，这些包括了社会、文化、经济等方面的因素。对于这个凝聚力的需求，在城市转型中扮演了重要的角色。它会造成城市表层构造的改变，引发其他不同“层级”的变化。这种“催化剂”般的冲击很大，对于有关城市中没落地区如何转型的设计工作而言，影响颇巨。这些地区包括一些火车的调车厂、荒废的造船厂及工业区等。对于有关城市周围地区的设计工作，情况也

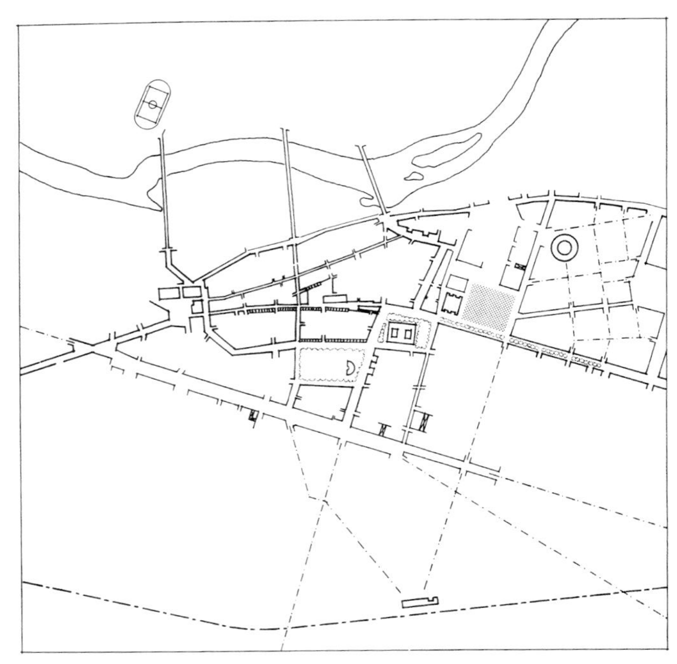

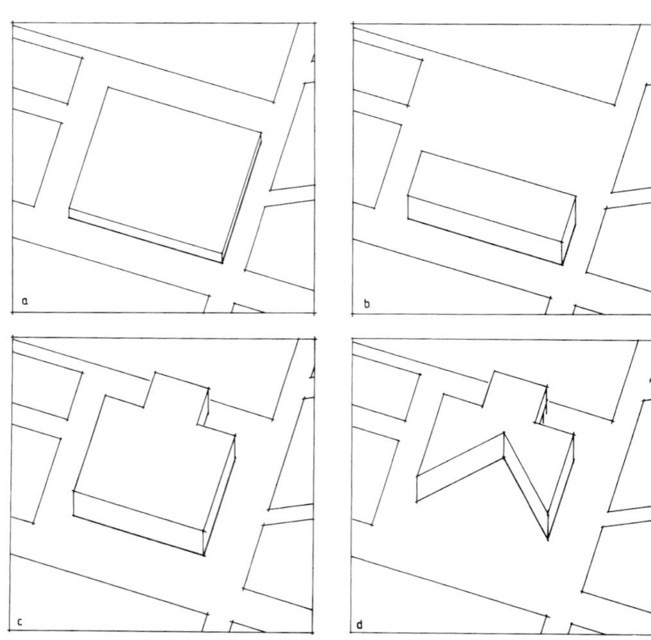


洛格罗尼奥的简略图，背景环境中的建筑基地

建筑区块与都市空间：
a. 计划于单一层面的建筑基地上
b. 计划分层
c. 计划扩大为两倍
d. 建筑体积的切割

如出一辙。这类的设计工作形成了一个问题：城市是否仍然可以视为一个整体的空间，或是应该视为许多组件装配起来的结果，功能多元化发展，有不同的发展范畴，例如一个区域、全国性甚至全球性的网状组织[52]。

下面列举一些实例，从一栋独立的建筑物及单一构件，到市区周围的荒芜地区，都显示出一个事实：背景环境对于建筑设计的影响（单向的）并不重要，重要的是背景环境与建筑设计之间的供、取关系，即建筑设计介入城市的组织脉络后，对各个层次所带来的影响，而不纯然是形式上的改变。

### 6.9.1 洛格罗尼奥 | Logroño

洛格罗尼奥位于西班牙的拉里奥哈省（La Rioja），它的市政府大楼建于 1981 年。这座市政府大楼相当吸引人，它给周围的环境带来了相当大的冲击，对周围的环境影响深远。建筑理念来自西班牙建筑大师拉斐尔·莫尼欧（Rafael Moneo，1937—），他的理念是，城市中的公共建筑物意义何来，全取决于它与周边环境的关系[53]。

以建筑市政府大楼为设计策略，这块建筑基地相当适合对周围环境创造深远的影响。从一个历史中心转变成 19 世纪的行政区，该公共设施的规划是设计上的一大进步，有助于更新这个荒废的 19 世纪城市。这座市政府大楼坐落于凌乱不堪的河畔区边缘，对于加强该城与河流之间的关系，提供了一个决定性的工程[54]。

要了解这个建筑计划的影响有多深，必先知道该建筑与周围环境之间的凝聚力有多大。莫尼欧运用整个的设计资源，虽然其本质单纯只是空间方面的，但依然可以创造出其他各个层面的关系，功能上涉及日常的使用以及建筑物的意象与意义。

莫尼欧从古老城市的建筑构件中取得这些工具，而古老城市中正是充满了拱廊、通道及绿色的广场，完全左右了城市空间的外貌与特性。在他的设计中，拱廊主要位于具有公共性质的地方，如城市广场及人潮热闹的通道。这些通道被当作非正式的快捷方式使用。

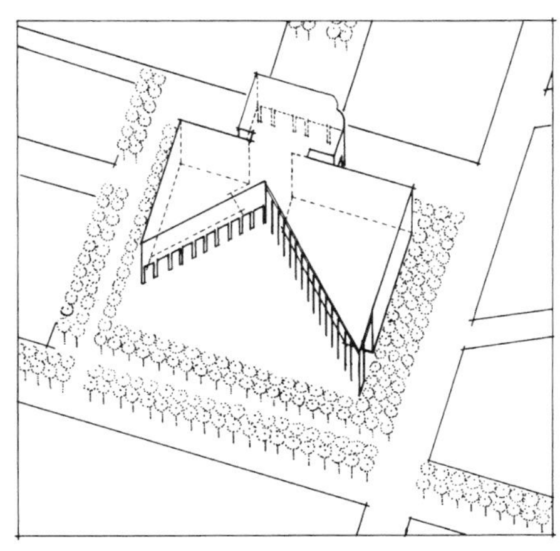

拉斐尔·莫尼欧，洛格罗尼奥市政府大楼（1980 年）轴测图

洛格罗尼奥市政府大楼，广场东侧挑高的柱廊

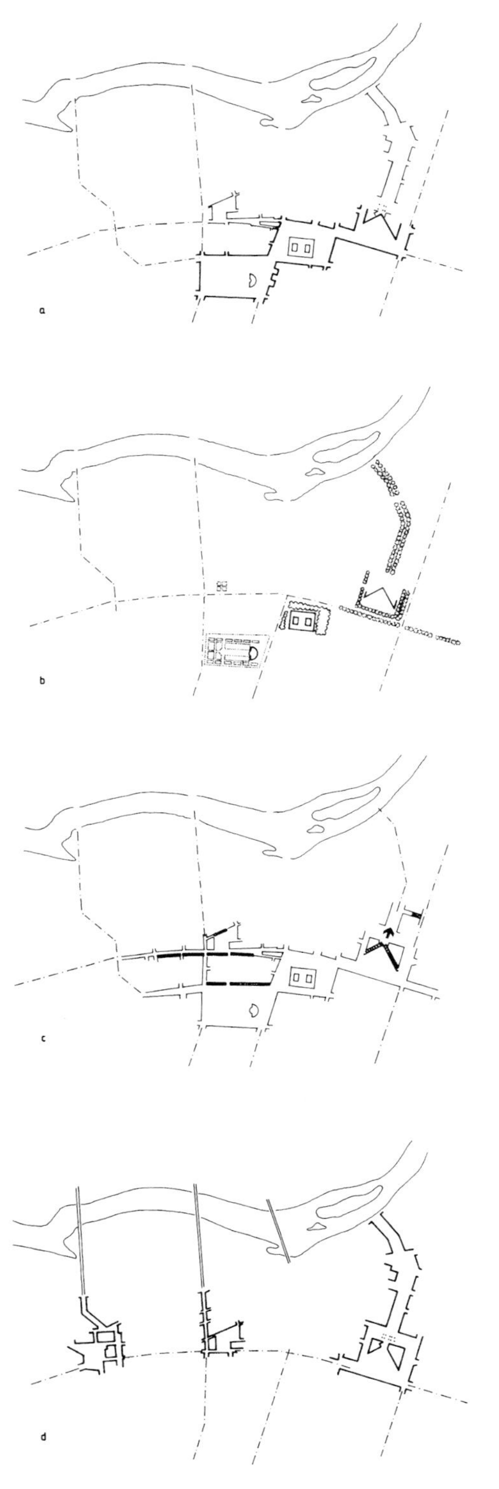

a. 城市背景环境中的建筑
b. 一连串广场的简略图：一座古典风格设计而成的城市公园、一个绿树环绕的广场、市府广场、通往河岸区的散步大道
c. 柱廊与拱廊的系统
d. 该城与河流之间的关系

这些构件的性质独特，莫尼欧亦多方面运用。首先，这些构件在空间上界定了建筑物、邻近地区与城市之间的关系。其次，他利用这些构件勾勒出建筑物本身的形象。第三，他利用这些工具，给予市政府大楼在周围环境中的定位，使其在城市日常使用中获得了一定的意义。

有多个层面都有助于安排这栋建筑在这个特别地点上的位置。以地点大小的考量看来，此计划的必备条件并不会太多[55]。这一点对于市政府大楼与林荫大道之间的关系很重要。换言之，它关系着这座公共建筑从主要道路上看起来感觉如何。它的位置所在也影响到它周边公共空间的使用及意义，从正式的市政府广场转变成一个城市广场，使其适合群众日常的使用。最后，这座建筑与其周围环境、古城及河流之间的关系，也取决于它坐落的位置。

在将市政府大楼嵌入建筑基地的工程中，莫尼欧运用了极富创造性的设计方法，成功地结合各个不同层面的特点，这些特点的变化性大，有时候还会相互冲突。这个建筑计划所面临的限制条件不少，必须依赖巧妙的策略才能完成。首先，建筑物的体积扩大到两倍，只能借助削减、挖空及挑高的方法，使建筑达到要求。这种减少建筑体积的做法，让都市空间显得更为明确，并且可以在周围加上各式各样计划中的构件。

这里有两个体积庞大的构件，即公共设施及公务大楼，分别安排在两个体积不同的三角形中。第三个部分为市政大厅，与两个三角形隔离开来，由许多的支柱撑着。这两个三角形的内角重叠，形成一个广场，开口向着林荫大道，指向斜对面的古城。这两个建筑体积重叠的地方是一条通道，借助挑高市政大厅才形成，可通往外面的区域。因此，整个建筑作品看起来就像一个超大型的烟囱。新的广场汇集了古城区域与19世纪部分之间的动线，并且疏通了城市及河岸地区的动线。

这座建筑物的形象来自广场多样化的机能。莫尼欧以不同的方式来使用该城的建筑语汇，创造出界线明确的空间，同时也强调建筑两侧在功能上的不同。

东侧以公共设施为主，前方有一画廊，造型狭长且高，坐落在细长的钢柱上。由于位置向阳，成为市民最乐于逗留的地方。画廊突出的末端则作为市政府大楼与邻近区域的通道。

相反，以办公为主的西侧有一拱廊，空间宽阔且自成一格。由于它因切割建筑体积而来，主要用来当作两边市区间的人行通道，上方还加盖。两边的拱廊在屋顶挑高的大厅相会，形成一个通道口，通往市府大楼的各个地方，同时也作为散步大道的起点，通往河边。

这些设计方式对这个绿树环绕的三角形颇有贡献，赋予它一个正式市府广场的特性，成为足以供民众日常生活使用的广场。

从都市化的层面看来，这座建筑可以发挥催化功能，刺激邻近地区的成长发展。市政府大楼本身、周围地区及河岸地区更因此而很容易地连接在一起。最后，受到市府广场之前一连串绿地的影响，它和历史中心之间的关系更趋稳定。

由于参照该城的建筑语汇，这个建筑设计的构件明显取自洛格罗尼奥本身典型的都市空间。事实上，市政府大楼看起来像是一个未经营造的公共空间，而不是一栋建筑物，尤其是它以不同类型的公共空间作为主要的构件。此一点使这栋建筑成为国家机关最有力的象征。

### 6.9.2 南锡市 | Nancy

南锡市著名的系列广场是建筑设计上的一个典范，它在原来的地点上安排新的建筑构件，创造出一个整体的空间，不但作为南锡市及周围环境的结构要素，随着时间的演进，也成为该城市的象征。

这些广场建于 1752 年，之前的南锡市包含了两个相当自治的城镇，即中世纪的老城（Ville Vieille）及 17 世纪的新城（Ville Neuve），两者的自治地位来自城市周围的防御工事。当时身兼波兰国王及洛林公爵（Duke of Lotharingen）的斯坦尼斯拉夫·列辛斯基（Stanislaw Leszczynski，1677—1766）想建造一座皇家广场（Place Royale），用来当作一个“得体的背景”，衬托他女婿路易十五世的塑像，同时也可供新市府大楼与公爵的王宫使用。建筑师艾曼纽尔·赫雷·德·狄柯尼（Emmanuel Héré de Corny，1705—1763）接受了这项任务，很明确地将这座双子城转变成单一的城市[56]。

这个新的计划融入背景环境的方式是，将所有新加入的构件形成该城的结构组件，为两座城提供“整合的模式”。

狄柯尼将这座全新、近似方形的皇家广场安排在壕沟之前，直接面对那座中世纪城市的城门，建筑基地则以新型城市的方格形式加以规划。设计中将广场建构成完整的建筑主体，风格则吸取现有的克朗饭店（Hôtel de Craon）。它的长边是市府大楼，大楼两侧是公共设施的建筑；广场开放的几个角关闭了起来，让·拉莫尔（Jean Lamour，1698—1771，著名工匠）建造了名闻遐迩的黄金栏杆和喷泉。设计中另一个构件是广场与那座中世纪城市之间的联系体。这是一个高耸的凯旋门，位于两侧皆为矮柱廊的市府大楼对面，它在皇家广场与古城入口广场之间，形成一个令人玩味的转接点。

路易十五的塑像在四方形的广场中，正好是两条主要通道的交会点。南北走向的原有通道沟通了新、旧城市，东西走向的新建通道则联结了该城与周围的乡镇[57]。该城周边还有诸多凯旋门，可连通外围的景观。

东西走向的新建道路的出现，大幅改变了该城与周围环境之间的关系：沿着这条笔直的大道向前看，周边的景观可以向前延伸，直至皇家广场。

在那座中世纪城市中出现了一个设计，足以与皇家广场形成对比：这是一个椭圆形的中央广场，与皇家广场遥遥相对，名为“半圆广场”（Hémicycle），广场中坐落着公爵的宫殿。从宽的一面看来，椭圆形的柱廊为宫殿提供了雄伟壮观的入口；从长的一面看去，它联结了那座中世纪城市与城墙边的散步道路。

为了联结皇家广场与半圆广场，中世纪竞技场的长形空间转型为卡里埃勒广场（Place de la Carrière）。这个新建的广场被视为一个独立的空间构件，四个角分别是原有的克朗饭店与饭店的三个复制品。城墙与城边也有新的建筑开发，建筑的正面统一，设计的灵感一样来自既有的建筑物。卡里埃勒广场上的开放空间有一条景色迷人的林荫大道，种满了椴树；散步道路的两侧则是路灯和黄金栏杆[58]。

对于双子城本身而言，卡里埃勒广场是这些广场在空间组合上的主要构件。它原本已是一个狭长形的空间，长宽比例得到进一步调整后，更加强了视觉上景深的效果。视觉上的几个焦点会让人感觉到，市府大楼所代表的民众力量与宫殿中的南锡政权正彼此监视着对方，中间则保有一段安全的距离。

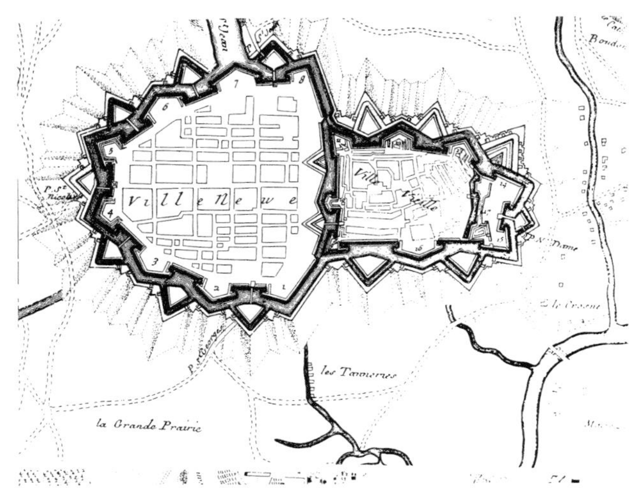


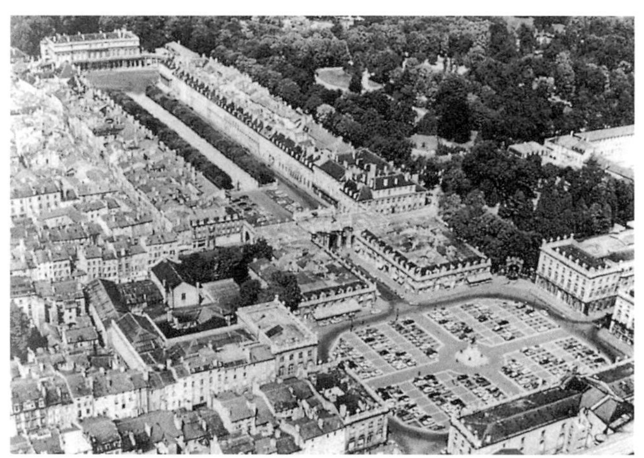

南锡市，1750 年之前的设计平面。按照传统，南锡市都画成“扁平”的形状；右侧是北方

南锡市，从东北方看过去一系列的广场。从前景到背景分别为：斯坦尼斯拉斯广场、卡里埃勒广场及半圆广场，最后方是城市公园（右边）（约摄于 1985 年）

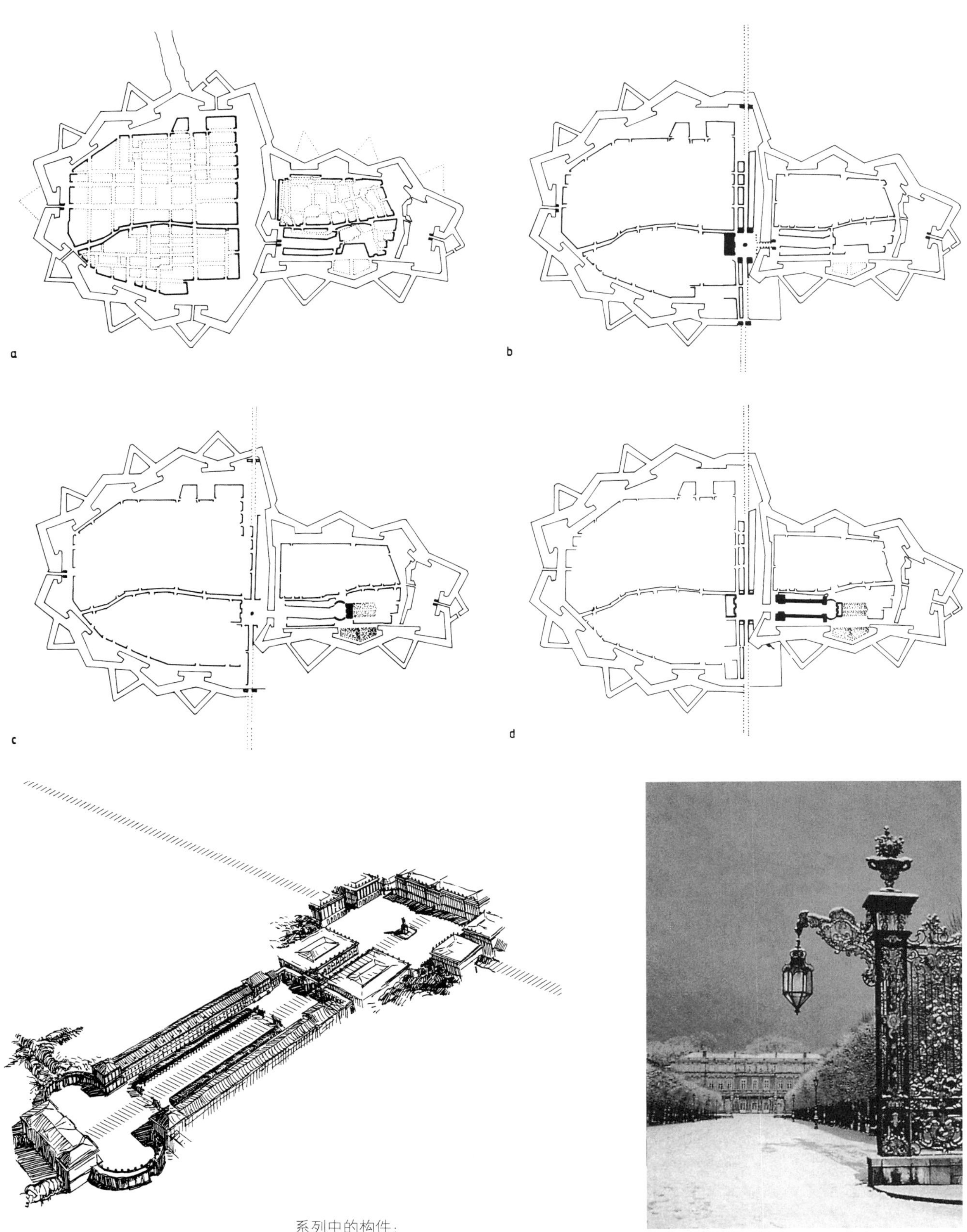


系列中的构件：
a. 双子城的平面图
b. 皇家广场与东西走向的新建通道
c. 半圆广场，连接该城与城墙边的步道
d. 卡里埃勒广场与背景环境

南锡市，一系列广场的鸟瞰图

南锡市，从卡里埃勒广场眺望公爵的宫殿

### 6.9.3 里尔 | Lille

不同于之前所提到的设计，鹿特丹大都会建筑事务所的欧罗里尔计划（Euralille project）是一项尚未完成的设计。事实上，这个计划已经开始付诸实现，但是工程尚停留在初步的阶段，整体工作还没有准备“实际测试”一下。这里的讨论将只限于设计图的讨论；因此，对于背景环境与建筑设计之间关系的批评也大多只是假设。

不过，即使这件设计还只是在制图的阶段，它已经足以吸引我们将它收于有关都市转型的讨论中。我们之所以这样做，原因在于该计划的本质（它的规模大，足以配合复杂的建筑工程）、地理背景的本质（城市的边缘）以及设计本身与它处理背景环境的方式[59]。

对于里尔这个法国乡间的城镇而言，海峡隧道（Channel Tunnel）及高速铁路（TGV，Train à Grande Vitesse）的出现代表西北欧交通网络上一个相当重大的改变。里尔原本置身于主要经济活动的舞台之外，如今却摇身一变成为中心[60]。至于这个改变的力量有多大，该城已经采取必要的措施与步骤来适应，以确保经济与机能上预期的正面影响能为城市本身带来好处。值得争议的是，最重要的步骤却是该城所做的一个决定：他们不愿让高速铁路的新车站脱离该城，成为一个独立的计划。他们深思熟虑，将车站的位置定在离旧市中心只有咫尺之遥的地方。这个决定清楚表明了里尔对高速铁路的态度：高速铁路是一个千载难逢的好机会。车站的位置不但能将铁路带给旧市中心的经济利益发挥到最高点，同时也可以为城市周边地区的转型发展铺路。

车站的建筑基地长 2 千米，宽 500 米，原为旧防御工事，处于旧城中心残破的周边地区与里尔南郊之间。它展现出所有边陲地区的特色。大规模的交通网络势必会带来重叠繁复的交叉道，穿梭交错于该地区，在各个周边区块之间造成无法避免的障碍。这些周边的区块为数众多，本身便是一连串空间上与设计上的细节：中央火车站、古老的公墓、废置不用的军营、办公大楼、市立公园、停车场以及一束又一束的铁轨。长久以来，这个地区一直有如建筑设计的垃圾倾倒场，这些建筑虽有存在的必要，但却与这座城市格格不入。

事实上，大都会建筑事务所设计规划分成两个不同的工程。它一方面彻底重新整理当地的交通网络，将高速铁路的新车站定位为组织交通动线的构件[61]。外围的环状道路、地铁车站和停车场的位置都与新车站平行，部分设定在地下。市区、车站与郊区之间有一条联结线，与车站本身成垂直交叉，将车站一分为二。

第二，他们将整个计划在建筑基地上散开[62]。若从空间设计的角度来看，整个设计展现出拼贴的特性。它在基地上创造出新的区块，这些区块的位置、区内建筑物、空间与机能的组织都能够彼此呼应。新车站坐落在一块长形的“基座”（plinth）上，将车站区域与南侧的市郊完全分隔开来，为整个设计平面上的其他部分提供一个结构上的基本要素。

新车站上有几座高塔，俯视着全市，扮演了地标的角色。车站对面是三角形的市场大厦（Forum），它是一座购物中心，在空间上与设计上构成车站与市区之间的桥梁。公园位于基座的最东边，既是联络市区的环节，也是车站与交通网络之间的缓冲地。“会议展示中心”（Congrexpo）位于基座的西边，身兼议事与展示的功能，它将二期工程计划中的建筑构件与车站整合在一起。

有一点相当重要，放下车站与周围环境不提，整个城市的建设就是要让人感受到高速铁路的存在。该地区各个层面之间有一定的差异，经过饶富创意的运用后，在高速铁路与周边环境之间产生了错综复杂的视觉关系。因此，不管是从站前广场还是站前大道或市场大厦看过去，都可以看见高速铁路的火车停靠在站内。同样，商业中心的大楼也可以看得见“基座”上的高速铁路为建筑设计的重点。

从机能与空间方面考量，利用基座当作设计中的结构要素，可以让整个计划中的建筑构件整合在一起。利用市场大厦联结市区与车站，塔楼作为更高尺度上的联结，更可以将有如拼贴碎片的区块牢牢地结合成一体。如此一来，整个建筑计划便可以无视工程

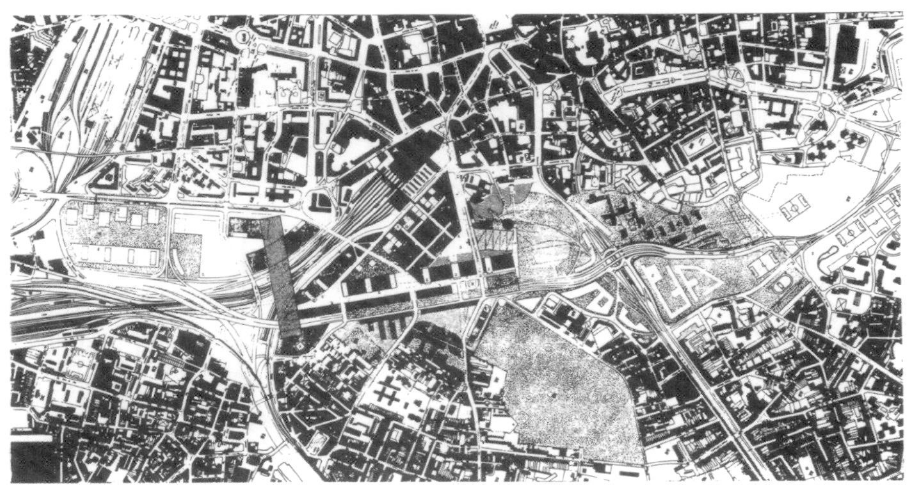

大都会建筑事务所／雷姆·库哈斯，欧罗里尔（1990 年），建筑设计与背景环境的关系

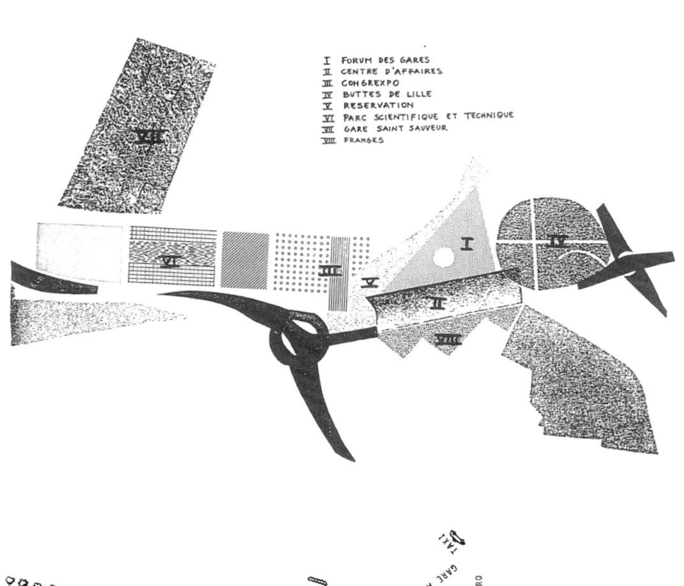


欧罗里尔，建筑基地上的设计划分，区块的拼贴

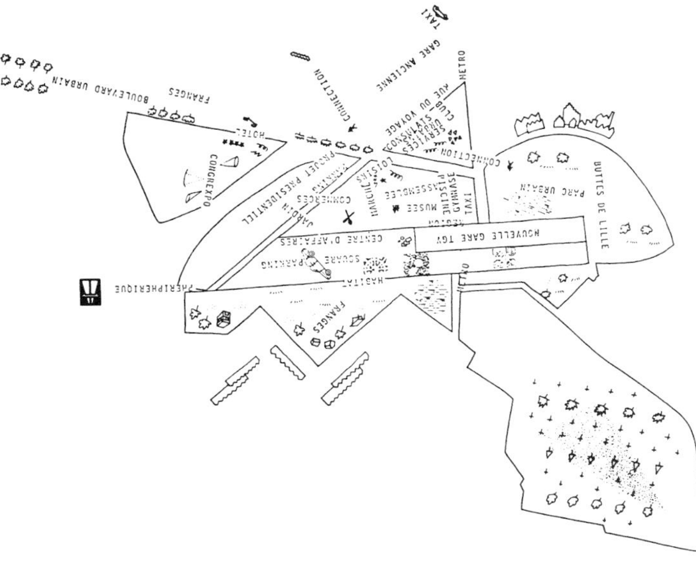


计划中的空间布局

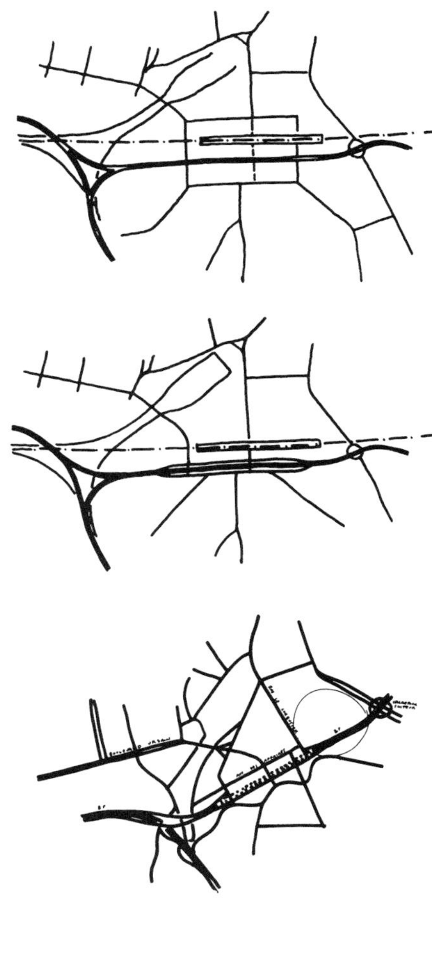

欧罗里尔，基础设施分解图；下图，原来的情况

阶段中所做的更改。举例来说，会议展示中心原本计划为一条长形的“桥梁”，沟通车站与第二期的发展工程，后来它轻易转变成一个卵形的设计，但对于各别建筑构件之间的凝聚力却没有丝毫影响。

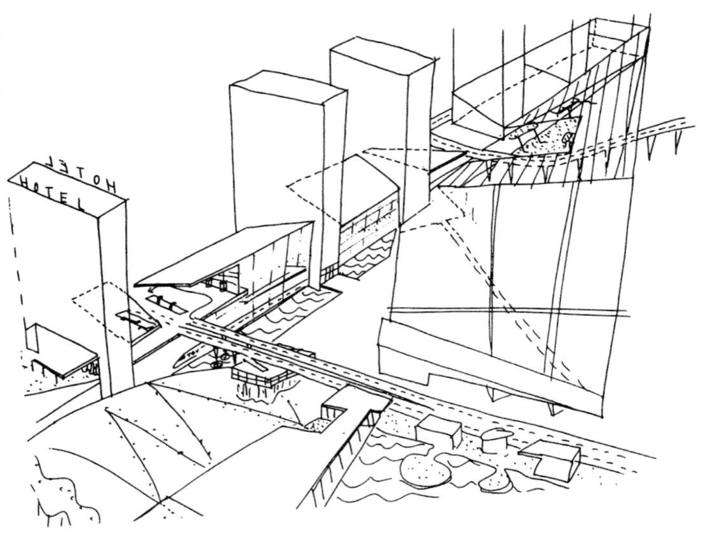


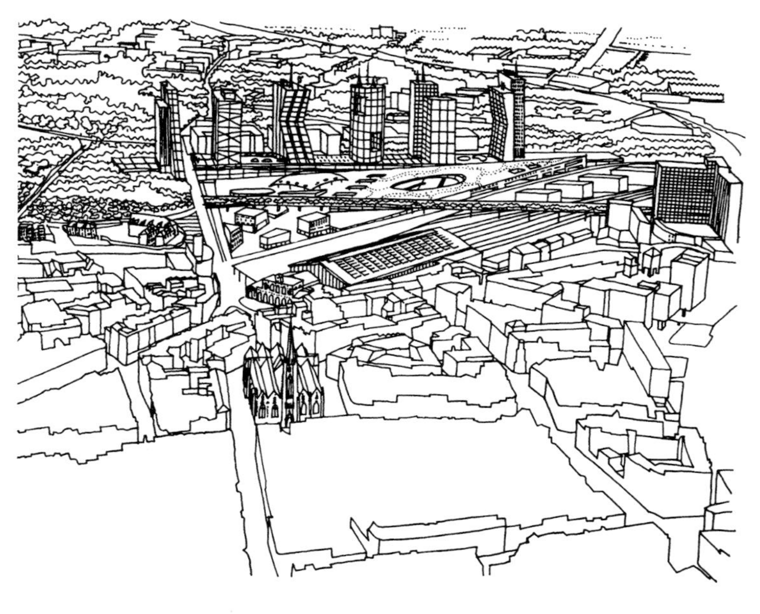

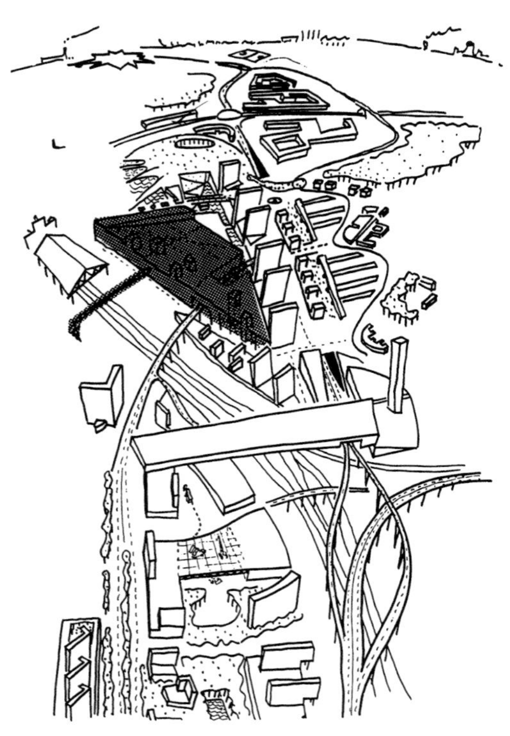

欧罗里尔，高速铁路与周围环境之间的视觉关系

欧罗里尔，高速铁路的新车站作为地标

欧罗里尔，车站为组织里尔周边地区的要件

# 附录：
# 有助于设计分析的绘图技巧

# Appendix:
# Drawing techniques to aid analysis

## 1. 基本投影 | The basic projections

设计图只能展现出所要呈现的一部分，这些图只是实物的抽象表现。每一项设计的分析都有其绘图的方法，在探讨许多各式各样的分析图之前，这部分将概略说明绘图与投影上各类不同的方法。这些方法通常用于建筑、都市设计和景观建筑等实务上。其方式主要分为两类：一类为平行线投影法（paraline projections），即所谓的“等角透视法”（axonometrics）；另一类为聚合线投影法（converging line projections），或称为“消点透视法”（perspectives）。

### 1.1 平行线投影法（等角透视图法）| Paraline projections（axonometrics）

平行线投影法主要的特色是，以平行线将实物或区块投射在图面上。平行线投影法可分为以下几种类型。

（1）正射投影（Orthographic projections），可以再分为平面投影（metric projections），如立面图、平面图、剖面图与地形图（见图2）；比例投影（proportional projections），包括等轴投影图（isometrics）、四角投影图（dimetrics）及斜方投影图（trimetrics）（见图3）。

（2）斜影投射（Oblique projections），例如平面斜影投射图（planometric）、随意放置投影图（cavalier）和陈列放置投影图（cabinet）。在这些图中，实物的一面画成平面，其他的面则“扭曲”而有角度（见图4）。

#### 1.1.1 正射投影 | Orthographic projections

**平面投影 | Metric projections**

在平面投影图中，不会反映出实物或区域的体积，绘制出来的图形有如从一个无限延伸的中心点看过去。这种投射的方法用于绘制地形图、侧视图（城市或景观的剖面图）、平面图、剖面图、立面图和建筑物的正面图。绘制剖面图或平面图时，必须删除建筑的垂直或水平部分，从无限延伸的中心点来看它。删除的部分可以用

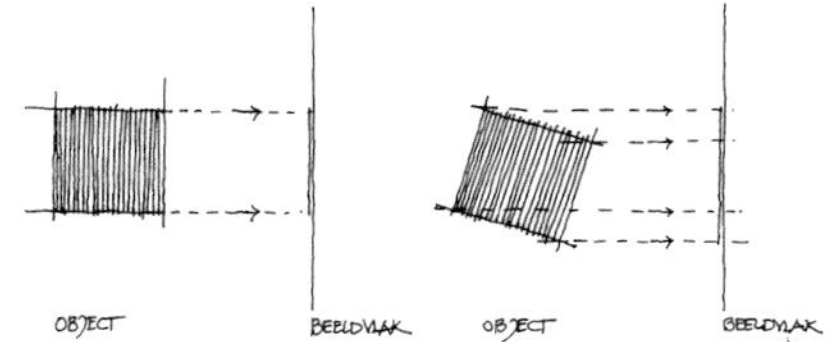


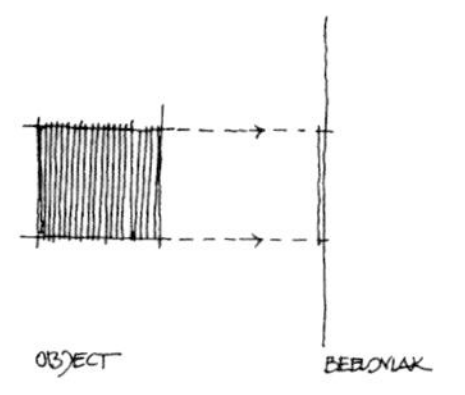


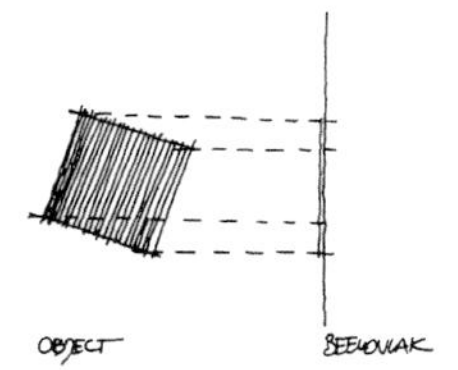


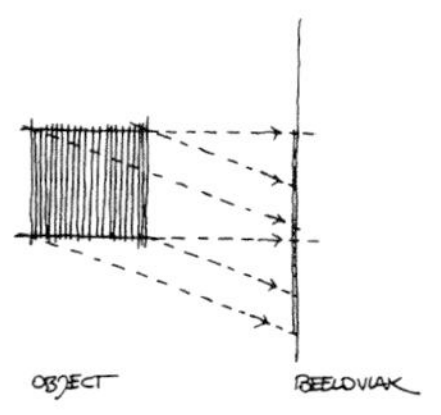


1. 平行线投影，由上往下看

2. 平面投影，由上往下看

3. 比例投影（等积投影图、四角投影图及斜方投影图），由上往下看

4. 斜影投射（平面斜影投射图、随意放置投影图与陈列放置投影图），由上往下看。一平面与实物符合，其他各平面皆扭曲

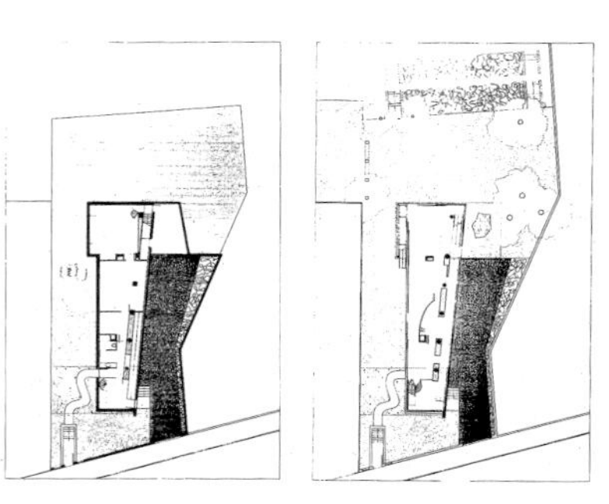

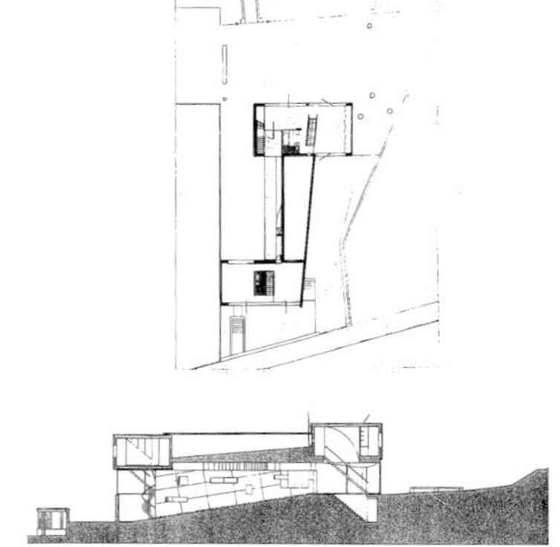

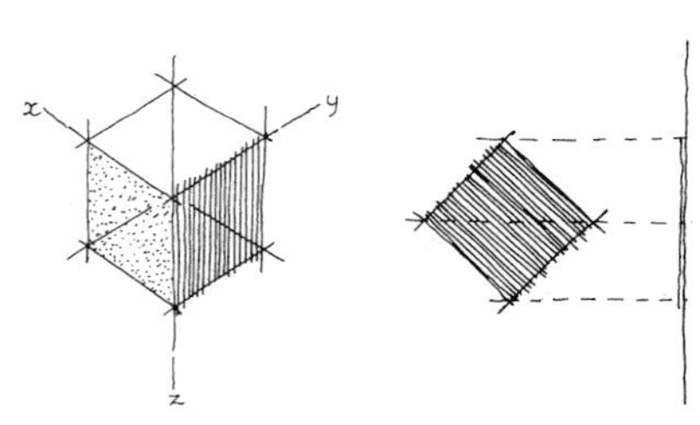

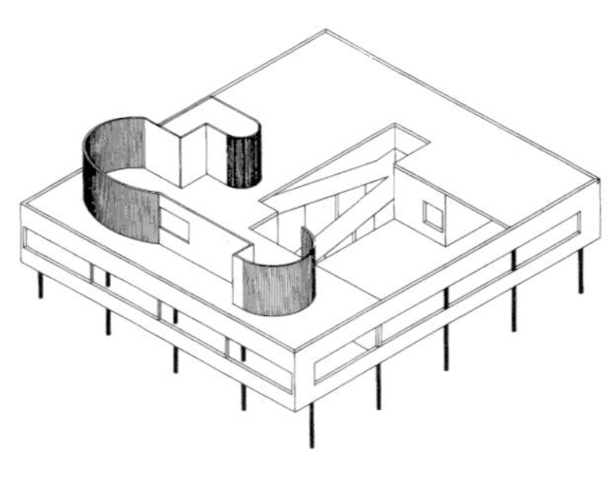

5. 艾瓦别墅（Villa dall'Ava）的平面图与剖面图，大都会建筑事务所/雷姆·库哈斯

6. 比例投影：等轴投影图（就方块而言），$x$、$y$ 和 $z$ 轴线等长

7. 萨伏伊别墅的等轴投影图，勒·柯布西埃

较粗的线条、斜线或着色来标示。没有删除的部分则选用较细的线条来标示。由于实物本身的外形没有表现出来（即平面），这种常见的投影方式比较适合用来表现工作图、契约用图以及各种不同的比例图，传达各式各样的信息。

不过，面对这类的设计图时，看图者必须在心理上自己填入立体的构成要素（见图 5）。

**比例投影** | Proportional projections

这类的设计图包括等轴投影图、四角投影图及斜方投影图。实物从某一个角度投影而下，给人立体的感觉。

#### 1.1.2 斜影投射 | Oblique projections

斜影投射包括平面斜影投射图、随意放置投影图和陈列放置投影图。实物同时以两个方向投影。虽然只有一个平面的投影与实物符合，另一个平面扭曲变形，其结果仍然是一个立体的形状。

**平面斜影投射图** | Planometric

这种投影的方式常常被误认为等角透视图，等角透视图应该是平行线投影法的集合名词（见图 9）。平面斜影投射图是一种极为普遍、制作容易的制图方式。地平面（或上表面）确实是以一个选定的角度（例如 30° 或 60° ）来投影；垂直面可能会缩短，然后向上方画。平面斜影投射图用来说明平面与立面之间的关系。

**随意放置投影图与陈列放置投影图** | Cavalier and cabinet

这两种斜影投射法有一个共同的特点，即实物侧边的一面与实物符合，其他各平面皆截短、扭曲。这类的分析图着重于剖面与立面之间的关系。

### 1.2 聚合线投影法（消点透视法） | Converging line projections（perspectives）

聚合线投影法的特点在于，实物是沿着观者的视线投影出来（见图 11）。一般而言，透视图能让一个物体呈现出维度空间的图形，与观者在现实中从某一点所得到的影像相当吻合。透视图可以分为三种，依投影的方式与消失点（vanishing point）而定，包括单点或中央透视图（one-point perspective or central perspective）、两点透视图（two-point perspective）和三点透视图（three-point perspective）。至于应该选择哪一种，则视设计分析的目的而定。例如，一连串的中央透视图非常适合用来图解一条穿越英国景观公园的道路。透视图可以根据观察者的观察点高度再行分类，其中有两个极端的方法即鸟瞰图（bird's-eye view），或称“空中俯视图”（aerial view）以及仰视图（worm's-eye view），或称“地面观察图”（ground view）。

#### 1.2.1 单点或中央透视图 | One-point or central perspective

绘制单点透视图时，作图者会选择一个直视或穿透实物的点。例如，一张依比例缩小的剖面图或立面图可以用来当作透视图的基础，需要估计或计算的只有必须缩短的深度。在单点的鸟瞰透视图中，观察点比实物或景观要高。在单点的地面观察透视图中，观察点和人站立起来的高度一样。

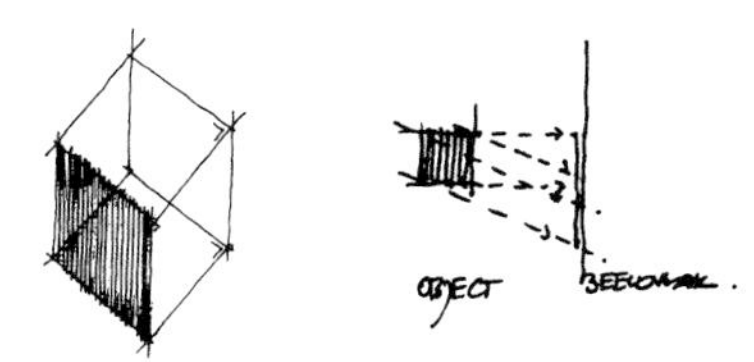


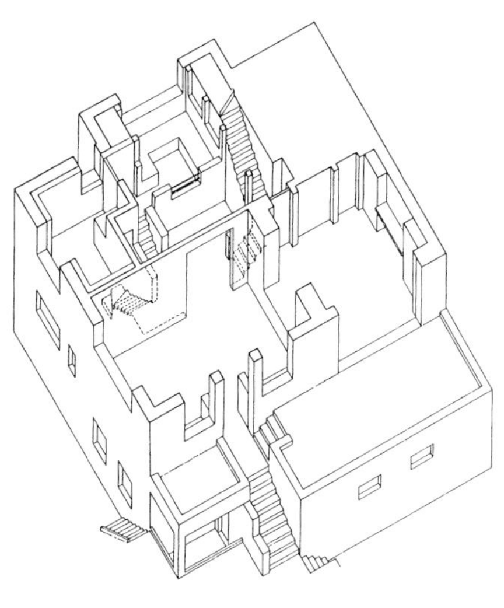

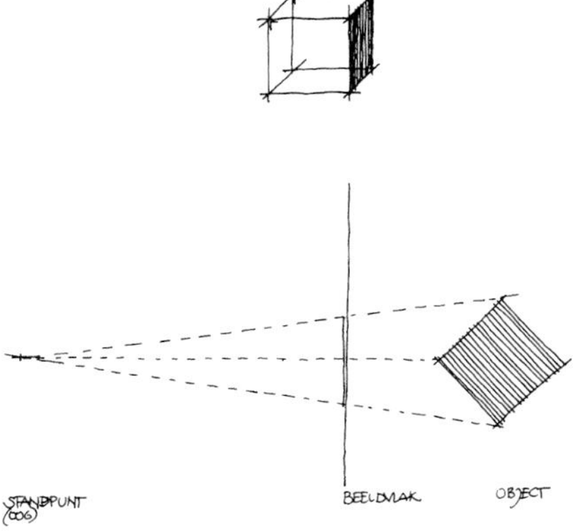


8. 斜影投射：平面斜影投射图

9. 平面斜影投射：阿道夫·鲁斯，穆勒住宅

10. 斜影投射：陈列放置投影图

11. 聚合线投影法（消点透视法），由上往下看才能将此投影法表现得最好

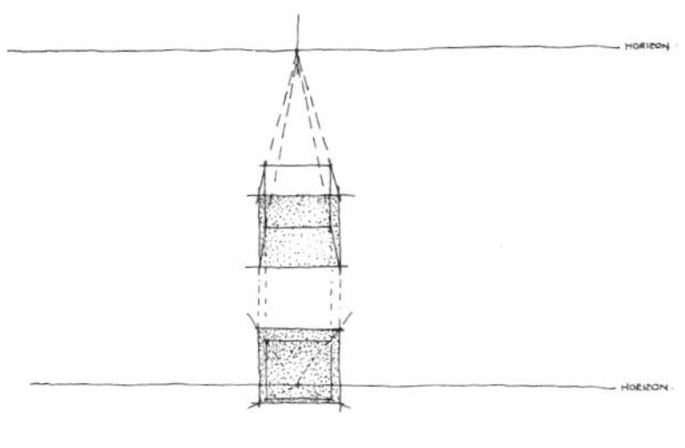

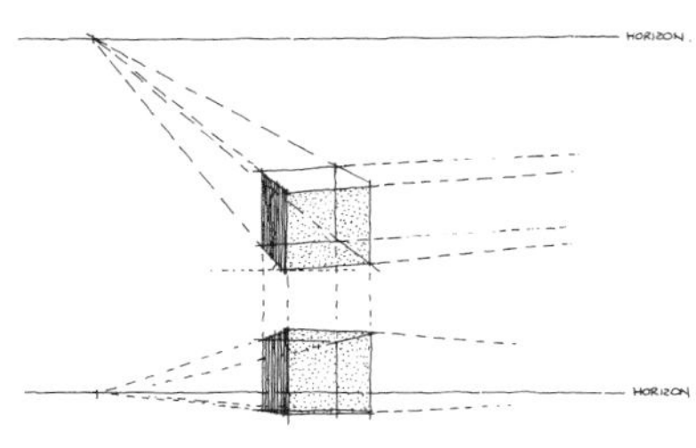

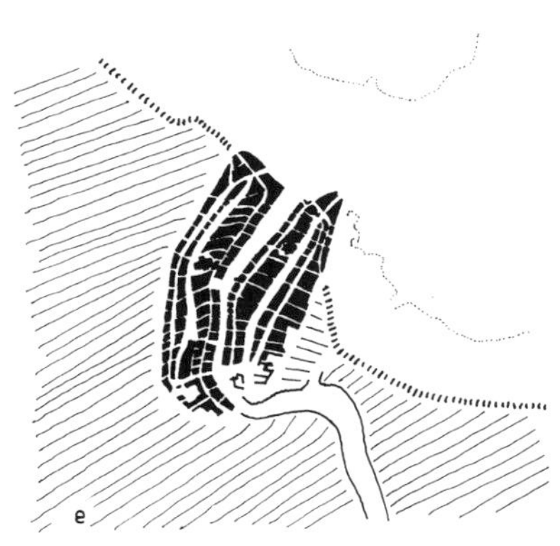

12. 鸟瞰与近观的单点透视图

13. 鸟瞰与近观的两点透视图

14. 阿姆斯特丹，中世纪城镇的空间结构。形态简化图

### 1.2.2 两点和三点透视图 | Two- and three-point perspective

在两点透视图中，观察者从某一个角度来看实物。同样地，在两点的鸟瞰透视图中，观察点比实物或景观要高，两点的地面观察透视图则维持在两眼的高度。两点透视图的优点是，它能给人真实立体的感觉；缺点则是侧面的缩短必须加以估计和计算。缩短的程度多少，与呈现平面的角度有直接的关系（例如，图 13 从左边的大角度看过去，造成相关的面大幅缩短）。

为了要表现这两种透视图之间的关系（鸟瞰图和地面观察图），两个图上下排放在一起（见图 12 和 13）。在这两个图中，垂直线的长度相同，都是从同一条线延伸出来。徒手绘制这类透视图时，最好先制作鸟瞰图。如此一来，鸟瞰图中的数据，如消失点的位置和垂直线的缩短，对绘制地面观察图会有很大的帮助。

## 2. 绘图处理 | Processing the drawing

分析建筑设计时，有三种绘图处理的方式，分别是简化（reduction）、附加资料（addition）及分解呈现（démontage）。

### 2.1 简化 | Reduction

这是处理地图或设计图时最基本的方法，目的是要展现一件设计的结构。简化是最常用于设计分析的技术，它去除了所有不相关的资料，留下研究中必要的资料。绘制这种分析图时，重点在于决定哪些资料应该留下，哪些应该删除。经验告诉我们，宁愿留下多一点的细节，而不愿太少。一张分析图必须一眼就能看懂，要能自我说明，而不需要另外解释。一般而言，一系列的设计图加上一定数量的资料，比较容易了解；一大张图加上一大堆资料则较难看懂。简化有两种不同的基本形式：形态简化（morphological reduction）与类型简化（typological reduction）。

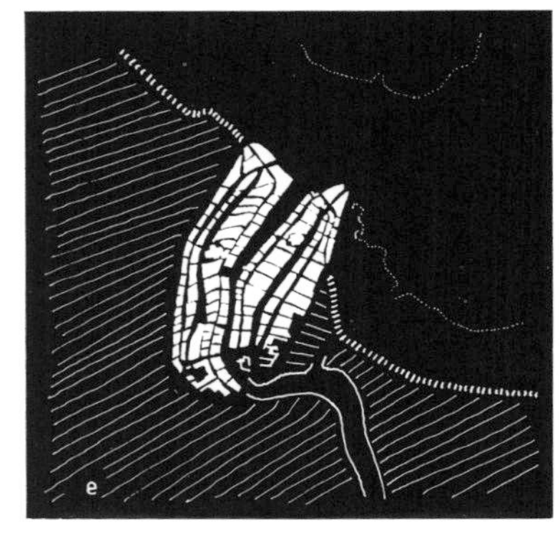

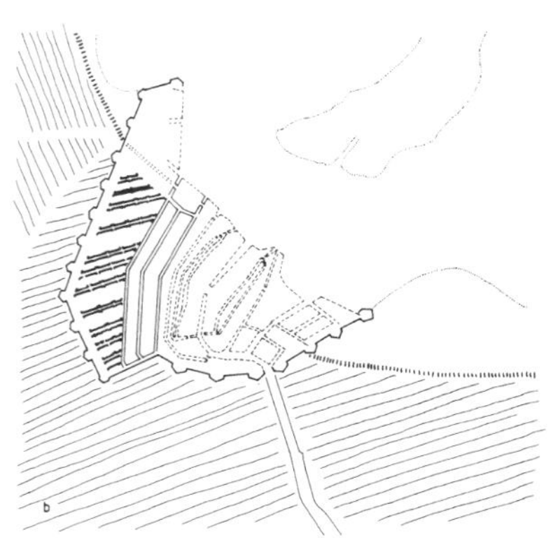

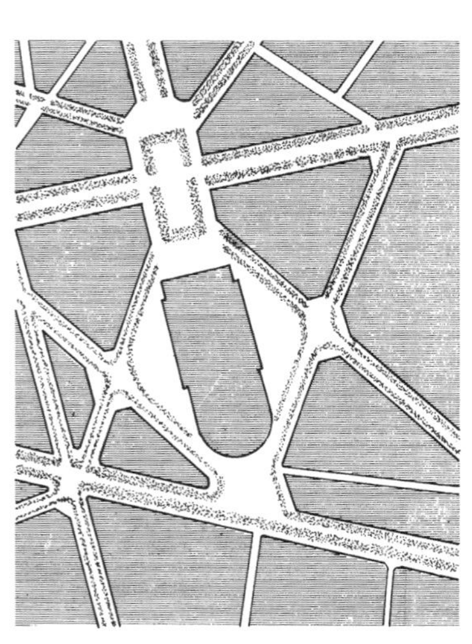

15. 阿姆斯特丹，中世纪城镇的空间结构。形态简化图，负片

16. 阿姆斯特丹，17 世纪时空间结构的改变。形态简化图

17. 巴黎，奥斯曼大道系统的部分，大约 1870 年。形态简化图，空地与绿地相衬

**形态简化** | Morphological reduction

形态简化的作用在于揭示并说明一物体的空间结构。这类分析图的目的则是呈现一建筑物、城市或区域的空间特性。为了达成此目的，分析图中特别分清楚已建部分（即实物）与未建部分（空地或空白）。通常实物部分都会画出来，空间部分则留白。随着简化对象的物体不同，处理时的比例大小也有所变化，实物与空地之中也有进一步的差异。例如，处理林荫大道与公园之类的绿色构件时，方法和处理建筑物时就大不相同。街道、巷弄和广场之间，或是运河与绿地之间，也都有一些差别。

形态简化所用的符号有平面（一致的、阴影的与间色的平面）与线条（连续线或虚线、单线或双线）。至于使用哪一种技巧，则要视简化对象的比例和探讨的层面而定。笔触的粗细也是制作分析图时的另一个好方法。这种技巧大多运用于“普通的”黑白图上，黑色区域和线条用来标示实物部分，白色区域和线条则表示空地。这样的图适合分析建筑的空间结构，或者是建筑开发区的性质（封闭的街区或开放的房屋行列）。在一张“负片图”（negative drawing）中，空地用的是黑色，实物用的是白色。这样的做法可以突显建筑计划中的未建部分。一张分析图中有各种不同的层次，可以利用实线、虚线及画点之类的制图技巧来加以强调。

任何依比例画出来的地图都可以当作基础或“背景”，尤其是地形图（旅行用的图不适合，因为图的边缘处常扭曲变形）。

设计分析的工作有一部分必须要在地图上制图，而底层地图的尺寸比例就必须迁就分析本身的特性与分析对象的比例大小。因此，比例尺 1 ：50000 的地形图可以用来绘制景观的样式，或是标示聚落与高速公路、高压电缆、铁路线或水道等大型构件之间的相关位置。1 ：25000 的比例尺则非常适合用来绘制一个城市的主要结构（结构方面的构件）及其中的主要构件，同时它也适用于呈现左右一个城市中不同区域的空间结构。到了比例尺 1 ：10000 时，我们就可以辨认出不同的建筑与道路，同时也可以区别实物与空白。1 ：5000 或更大的比例较为适用于检查城市中某一小区块的空间结构，而不用来探讨区块之间的关系。

有时候必须同时使用目前与过去的地图。由于旧地图的比例不一定正确，最好能将旧地图上的资料“挑拣”出来，放进最新、最正确的地图中。

如此处理绘图方面的资料，有助于将焦点扩及整个设计的空间结构，探讨其中每一个层面。比如说，绘制一个城市或地区的结构要件，可以让我们了解人们如何经历当地的空间。这类分析图中的主要构件包括使用频繁的道路、主要的广场、地标性的建筑以及绿色的空间。这些形态图也可以用来检查城市中不同区域之间是否有凝聚力。都市结构的发展可以用历史地图集的形式来呈现，以一连串的地图（比例、大小与位置都一样）来说明历史过程中所产生的变迁。通过这样的方式，便可以用图表对照的方法，呈现城市中所发生的事件与事件结果对空间结构所产生的影响。

a
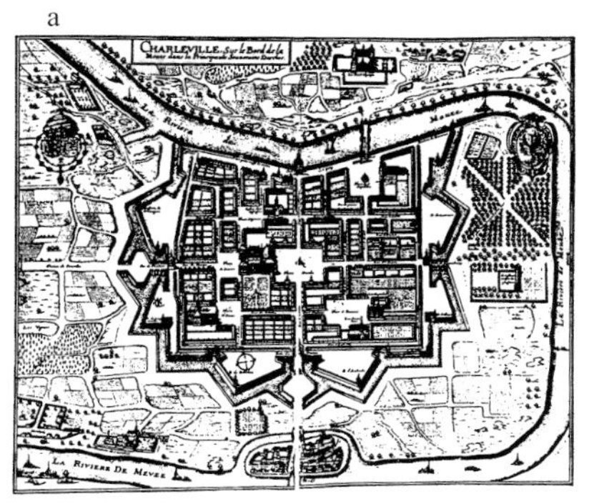

b
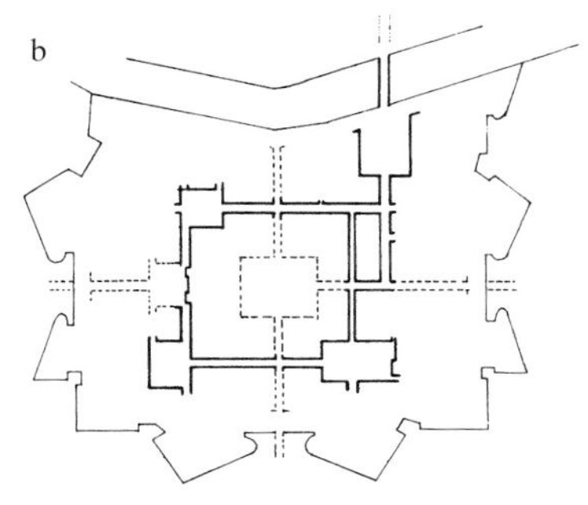

c
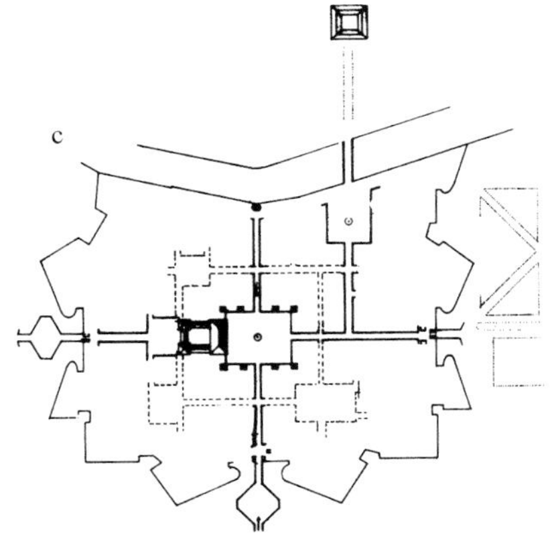

18. 查尔维尔，1608 年
a. 平面图
b. 空间结构的形态简化图
c. 结构要素的形态简化图

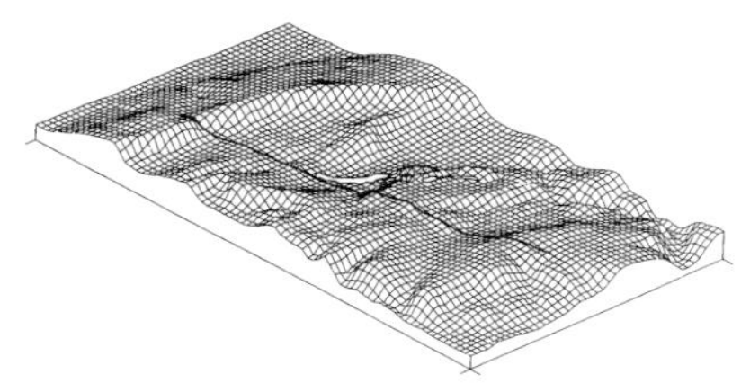

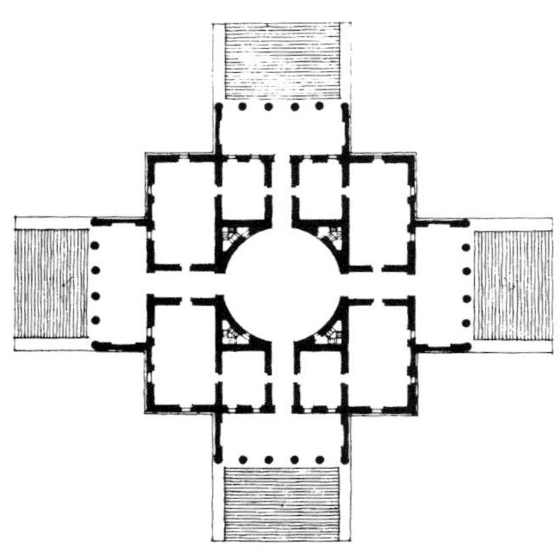

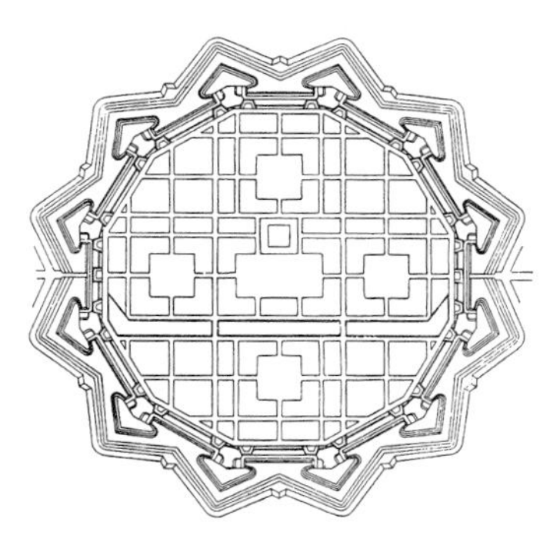

19. 霍华德堡（Castle Howard，坐落于英格兰约克郡的古城堡，始建于 17 世纪）地面的形态简化图。如图所示，这是一个“筛网”图，利用计算机将图中的网络铺设在地形图上。网络的每一个节点都有正确的高度。在本例中，比例大小有误差；与水平线相比垂直方向过于夸张。（原来的比例中，$x$ 轴与 $y$ 轴的比例为 1 ：65000，与 $z$ 轴的比例为 1 ：8000）

20. 圆厅别墅的平面图。本图可以视为一形态简化图，它只表现出建材（固体）与空间的关系

21. 文森佐・斯卡莫齐，理想城市，约 1600 年，平面图

**类型简化｜ Typological reduction**

这种简化方式有两种截然不同的目的。

第一，它将设计简化到只有最基本的构成要素，剩下的只有底层结构的图形。这样可以和图形相似的其他设计比对，就成为所谓的“类型图”。类型图可以说是一个类型的精华所在。

第二，通过比较简化设计所得的图形与可能是该设计来源的类型图，我们可以了解该设计如何从原来的类型改变而来。如此有助于我们判断该设计是某个已知类型的样式变化（即变型），或者代表一个全新的类型（即转型）。

绘制类型简化图时所用的法则和方法，大致和画形态简化图时所用的类似。同样地，地形图可以当作这种图的“基础”。一般而言，做建筑物的类型分析时，设计图或演示文稿图比契约用图更为恰当。相较于形态简化，类型简化有进一步的意义；与设计无关的全部去除，让设计显得更为图形化。类型简化的处理中，重点放在设计的类型层面、与原始类型之间的异同以及各种不同构件如何产生关联（即类型层面）。因此，比较一个固定的样式和该样式的变化，有助于找出原始类型的特征，同时也可以分析出这些特征如何应用在设计中。同样的处理过程也可以用来探究原始类型的变形，观察此一变形如何应用在特定情况下，解决设计上的问题。下列是一些用来改变既有类型的方式：旋转、左右对调、折叠、增加以及结合其他原始类型。

## 2.2 附加资料｜ Addition

一种绘制分析图的方式就是，增加视觉或建筑以外的资料。这些资料或许与机能和使用有关，或许告诉我们底层的几何系统。最好在分析图中去除不相关、让人分心的资料后，再加上这一类的资料。前述的形态简化图就是这类分析一个很好的起点。

增加资料的方式包括：空间与材料系统的几何基础、轴线、区域等；

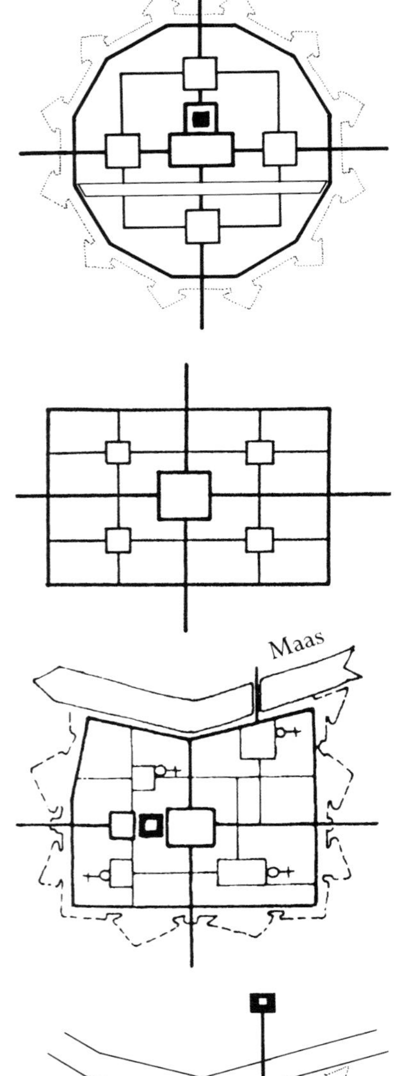

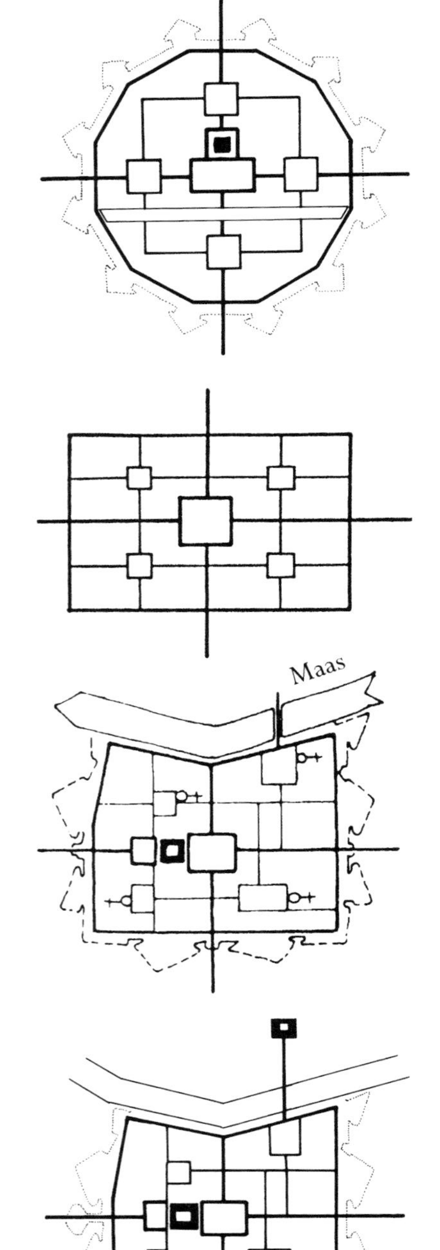

22. 斯卡莫齐理想城市的类型图

23. 在这个类型简化图中，类型图已经不见与斯卡莫齐理想城市相悖的特点。结果得到的是一份只分为四个区域的类型图

24. 查尔维尔，1608 年，平面图

25. 查尔维尔的类型简化图

以颜色、间色、图表标示建筑的机能与使用；

视线、动线与作用力线。

**几何系统** | Geometric system

为了要了解一件设计的几何系统，我们可以在分析图中加上材料与空间的轴线、区域及网格线。埃莫别墅（帕拉迪奥，1560年建于范佐罗）的分析图明白显示，该别墅各式各样的构件沿着一条轴线组织在一起，展现这栋建筑时可以将外围部分去掉，留下中间的区域。

户外空间的轴线可以用最少的空间构件来标示，这里所指的是阶梯和入口的大门。林荫大道可以画成长形的块状，以强调其开放的空间。

下列是梅迪奇别墅的分析图，图中的几何系统、房屋和花园都以粗细不同的线条标示，并且做了相当程度的抽象处理。房屋是中心部分，图形以此为基础，所以用横向的剖面图来呈现，建材的厚度以墨水画上。花园以较淡的线条来画。几何系统的线条粗细则介于房屋与花园之间。由于它的构件中有正方形，所以必须加上对角线来证实四边的确等长。花园中的轴线以虚线表示，粗细与几何方格系统的虚线粗细一样。

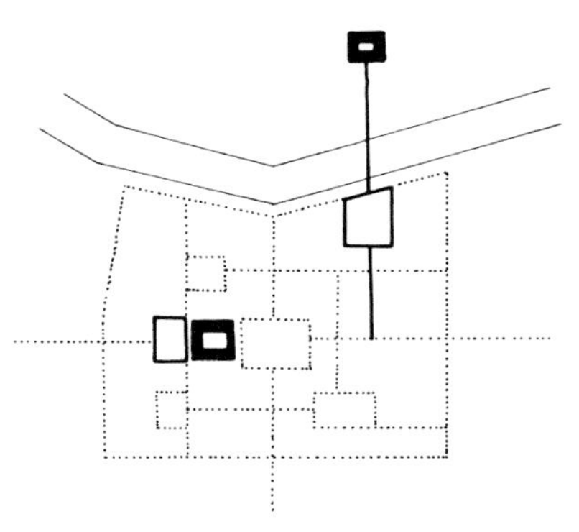

26. 查尔维尔与分为四个区域的类型图有所不同

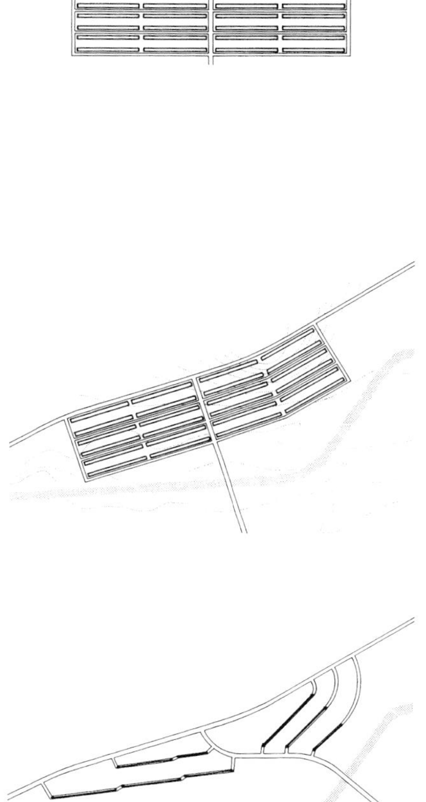

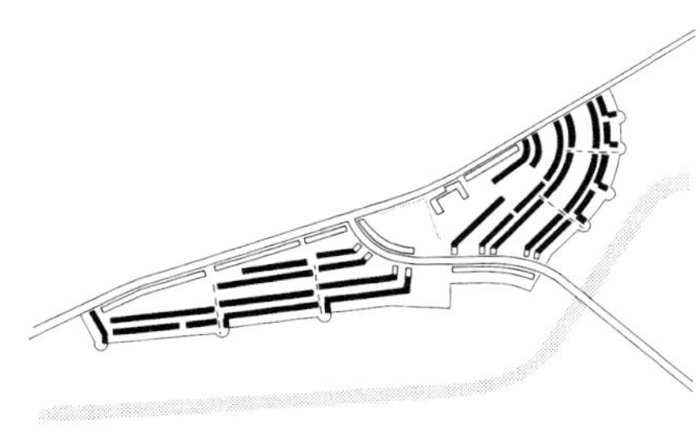

27. 法兰克福的罗莫斯达特区，布置类型（layout type）

28. 该类型放入基地中

29. 处理该类型：做出起伏与顶部

30. 填满该类型：完工设计

**机能和使用** | Function and use

标明建筑物、城市一部分区域或公园的使用情形时，色笔和网版都是简单的辅助工具。大多数情况之下，平面图很适合这类的制图方式；有时候用来处理剖面图，也可以让图更为清楚。

为了避免使用过多的颜色及网版，最好先行确定哪些部分需要检查。若是大型的公共建筑，就可能将主要机能及次要机能的相关位置标示清楚。若是一栋房子，重点通常放在起居部分与通道、设备之间的差异。

所有的规则及颜色的运用，全依赖哪些方面要用来分析。为了能够比较分析结果，一般颜色的使用法则如下。

对于一栋房子而言：

起居室：红色的边框；

厨房：整面的橙色；

卧室：深蓝色；

内部通道：亮黄色；

外部通道（楼梯、回廊、门阶、走廊）：淡黄色；

储藏室、车库：褐色的边框；

潮湿区域：整面的浅蓝色；

干燥区域：蓝色的小点；

工作区域（紧邻住宅的办公室或工作场所、工作室）：橙色的边框；

店面：整面紫色；

发展个人嗜好的地方或工作坊：黑色的边框。

分析较大型的建筑物时，主要的机能以红色或红色边框来表现；其余的（走道、浴室）则以一般房屋的用色法则来表现。

分析城市部分区域时，用色法则如下。

住宅：红色；

商店：紫色；

咖啡厅、餐厅及饭店：粉红色；

办公室：橙色；

工厂或工作间：黑色；

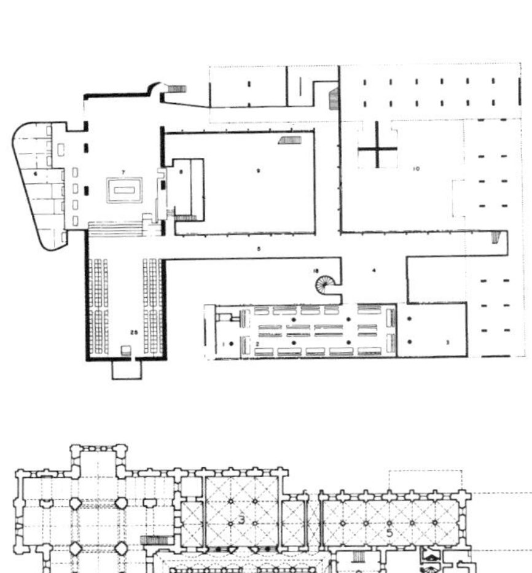

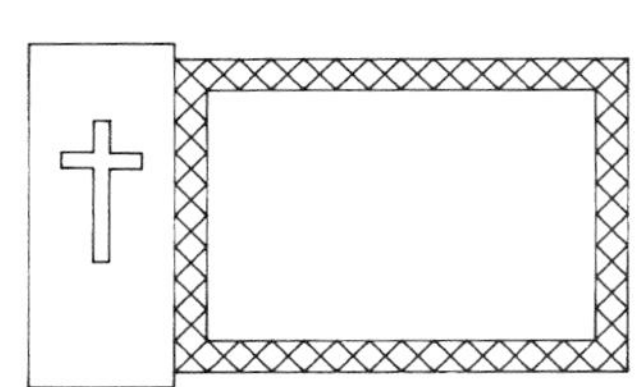

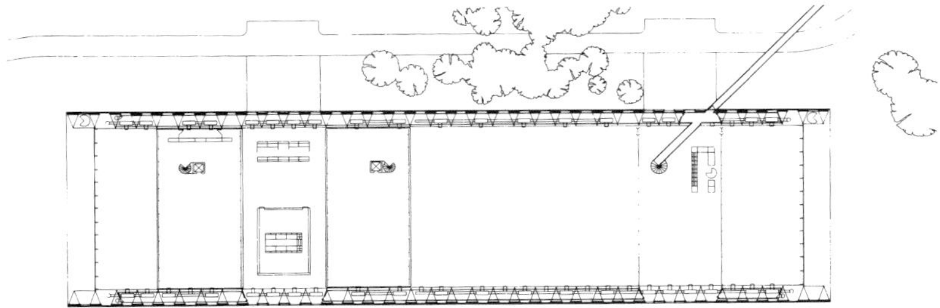

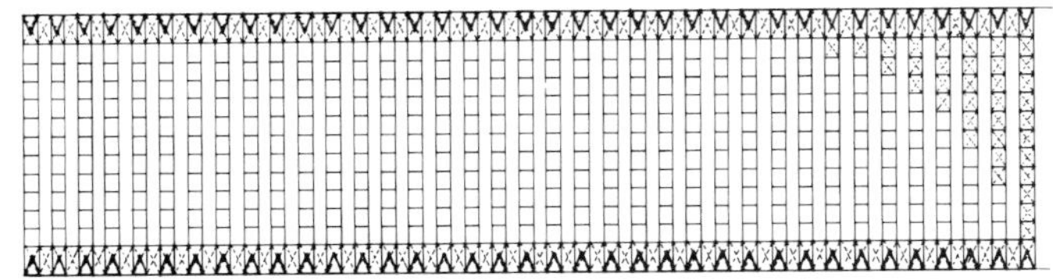

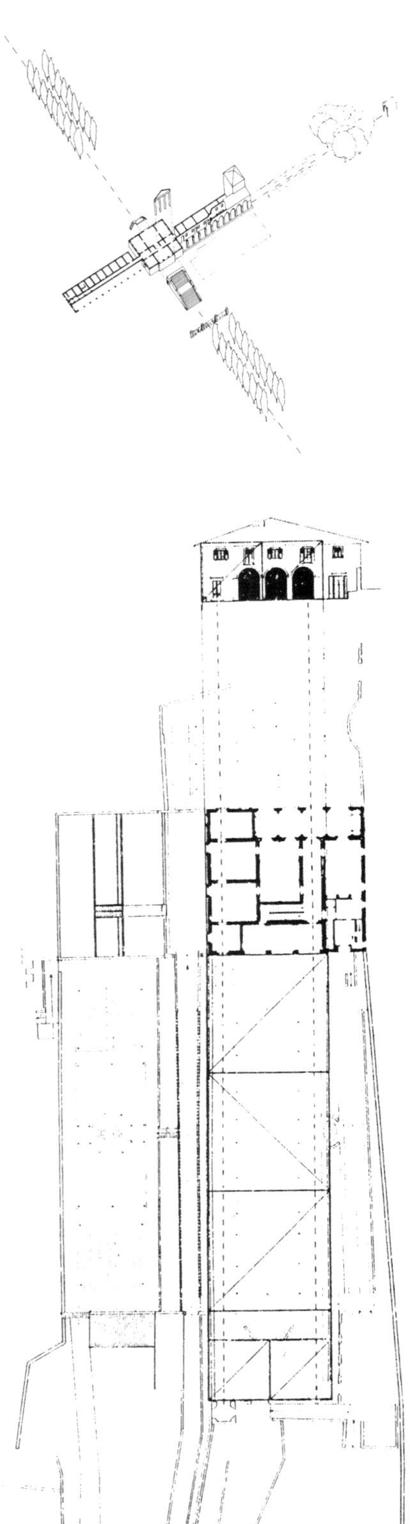

31. 拉图雷特修道院

32. 中世纪时期的修道院

33. 修道院的类型图

34. 桑斯伯里视觉艺术中心，结构简化图。钢骨托架的位置让标准模块的结构清楚可见

35. 埃莫别墅，范佐罗。轴线使房屋与景观聚合一起

36. 梅迪奇别墅，几何系统规范房屋与花园的组合

公共建筑：蓝色，并印上代表字母；

慢车道：黄色；

快车道：淡灰色。

分析公园及花园的设计时，用色法则如下。

公共的绿色空间：深绿色；

私人的绿色空间：淡绿色；

水：淡蓝色；

游乐区：土黄色；

绿色植物园、观赏植物园、苗圃：淡紫色；

运动区：淡粉红色。

使用网版时，最好从淡色系开始，用在占有最大面积的机能上。辅助性的机能所占用的面积越小，所使用的色调便越深。这里的房屋分析中，两个主要的起居区域占 10% 的面积（细点标示的区域）。其余的机能则以较深的色幕来标示（占 30% 或 50%）。有一些正式的文件以机能或区域来规划城市如何使用，通常都会包括用颜色及网版来传达信息的地图。这些文件显示一个差异很大、活动多元的系统。为了让文件清楚易读，必须将插图及图解的信息限制在一个或某几个方面。通常都只是标示出公共或有总体特点的机能，例如公共建筑、文化机构、商店、夜生活场所以及绿化设施。如此一来，住宅区变成了一个中性的背景，使整个地图更容易了解。

上述的用色法则及网幕屏法反映出现代城市设计分析城市的方法，并将其划分成几个机能。对于这种机能主义的批评更冲击了都市研究学者，刺激他们去探究其他标示建筑使用的方法，带给人们一个地区或建筑计划的视觉印象。图形表（pictogram）便是一种用来解释建筑如何使用变化的工具。

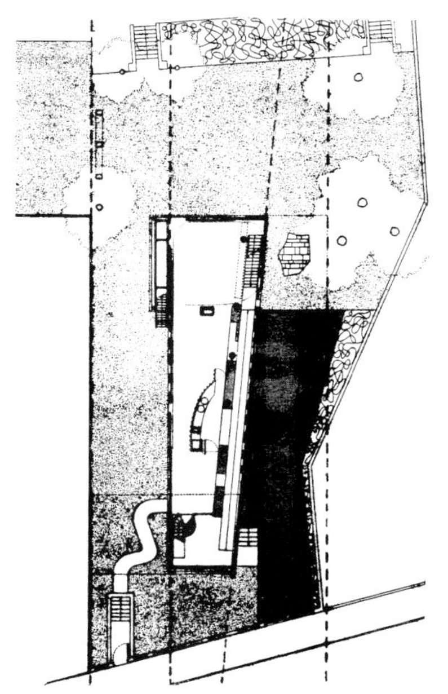

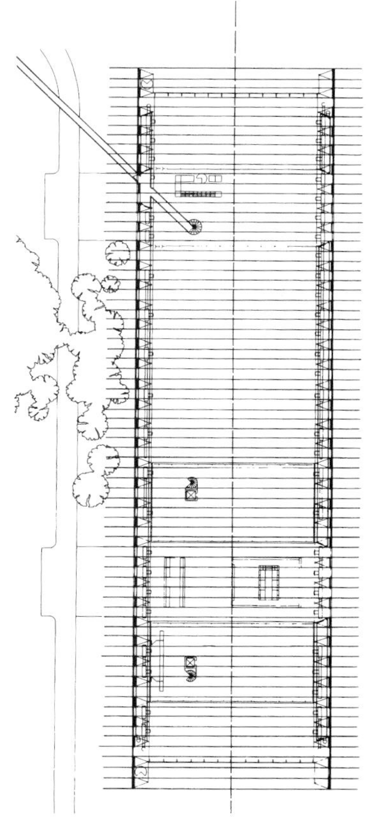

37. 艾瓦别墅。组织成几个区域

38. 桑斯伯里视觉艺术中心。直线与对称轴的组织有助于理清材料的几何系统，其位置以相同形状的线形区域表示

画出动线及视线是一种方法，它足以说明使用者如何体验整个建筑空间。许多例子显示，这种方法不但可以用于平面图与剖面图，连等角图也可以适用。选择背景时有一个非常重要的因素，那就是要让分析图呈现出这些要素在空间体验上的重要性。由于一张分析图通常包含太多信息，所以最好简化背景，并且仅加入对于了解这个系列及动线不可或缺的要素。小幅的简图有额外的帮助。

分析建筑结构时有一个可行的方法，那就是呈现结构中作用力的分布。这个工具必须借助在现有的图上加注信息才能形成。由于重量受地心引力影响而向下，剖面图最为适合。结构上的作用力可以用箭头来标示。了解作用力的分布，可以提供与建筑形式有关的信息，亦足以说明建筑各部分如何组合在一起。这里所示的哥特式教堂剖面图，有助于让我们更了解建筑形式与作用力转移之间的关系。

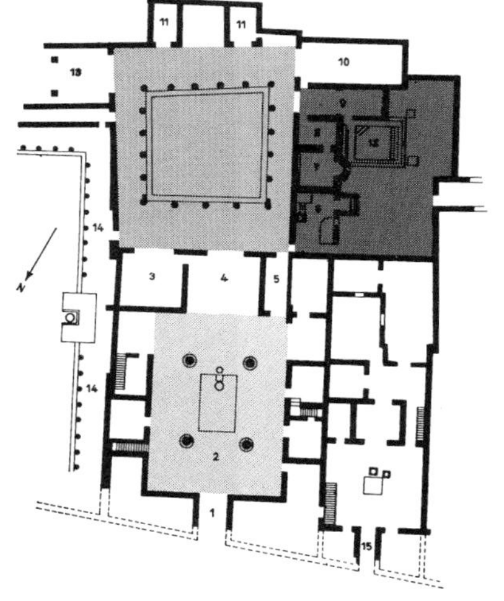

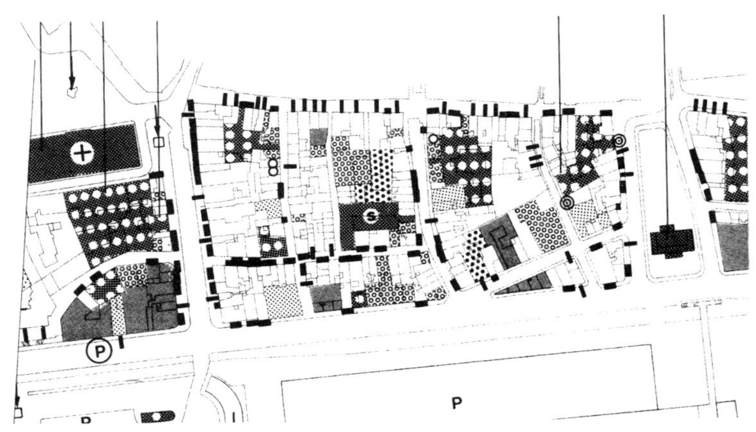

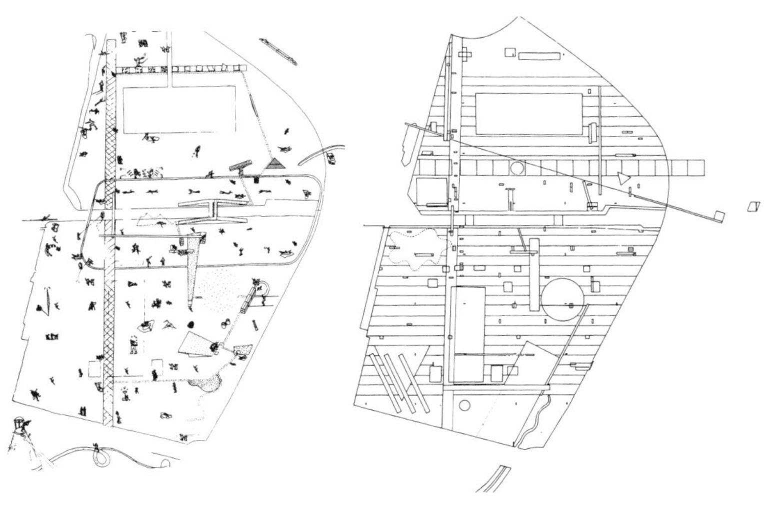

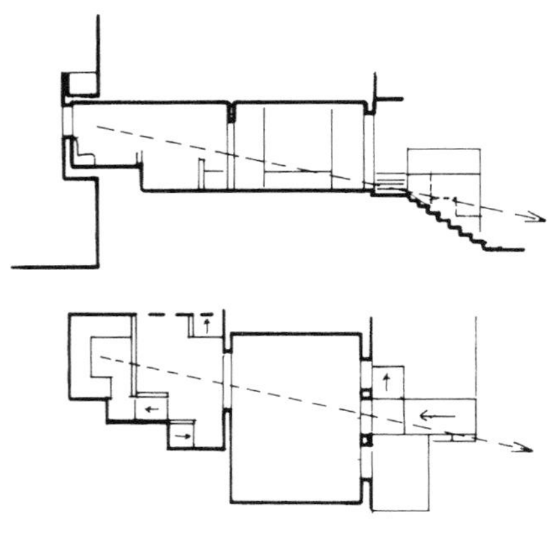

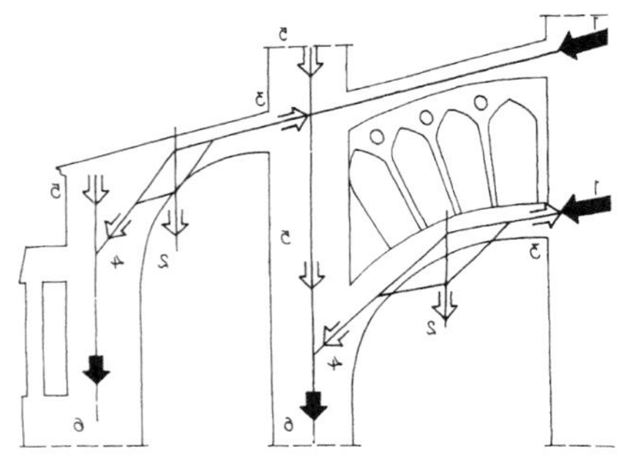

39. 罗马房屋用途方面的分析：

露天的中庭（象征性的）
列柱庭院（非正式的）
仆人与家人的起居空间

40. 安特卫普的码头地图，展现其不同的功能

41. 大都会建筑事务所参加巴黎公园设计大奖赛的作品演示文稿图。以图表展现计划中各式各样的活动

42. 阿道夫·鲁斯，穆勒住宅。分析图展现出剖面与平面简化图中的视线

43. 哥特大教堂的剖面图。箭头表示作用力的分布

## 2.3 分解呈现 | Démontage

分解图有助于探讨建筑各个不同层面、系统、构件、时期或设计与背景环境之间的关系。将图形并列或重叠以提供辅助的信息，对探究设计中各种不同层面的关系也很有帮助。在一个设计中，这些层面有可能是建筑的不同楼层或不同的结构层次。以下便是可以重叠的结构层次：组合构件、背景与物体、比例尺度、历史层面、建筑楼层、概念上的层次、建筑构造及设计。

分解图将建筑设计分解，让我们能仔细地观察建筑实体，了解空间结构的组合。分解图的形成方式有二：将设计分解成不同的“层次”（如地形层次、内部结构层次、建筑或绿地层次、结构或使用层次等）；或说明设计中各个不同的构件（如边界、充填或衔接的构件）。分析某一层次整体的构成要素时，通常需要简单地概括一些额外的信息，目的是将分析的对象置于较大的背景环境中，例如加上方位点或河道等。若要展现各个不同地形之间的差异，最有效的方法就是绘制一张图，显示每一个地形的特性。分析建筑物的结构时，分解图也是相当合适的方法。在一张分解图中，建筑结构中不同的构件可以逐个画清楚，展示建筑的方法与组织，或说明个别构件在建筑物中所发挥的功能。

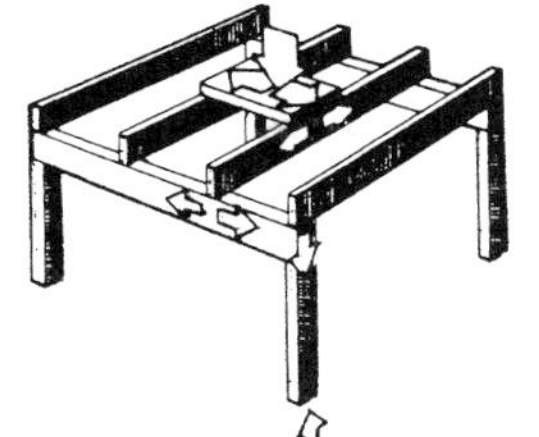

9.3 桌腿上的木板与横梁系统

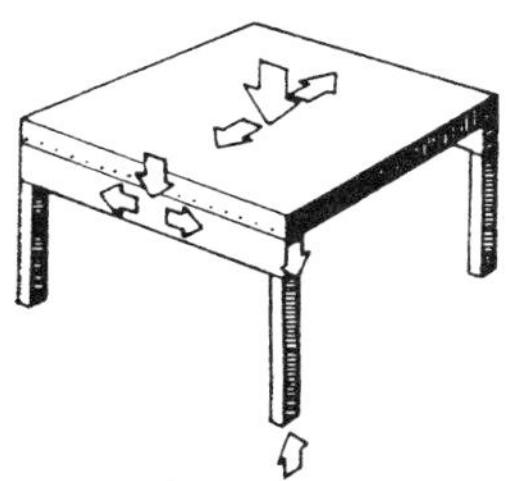

9.4 单向加固的木板

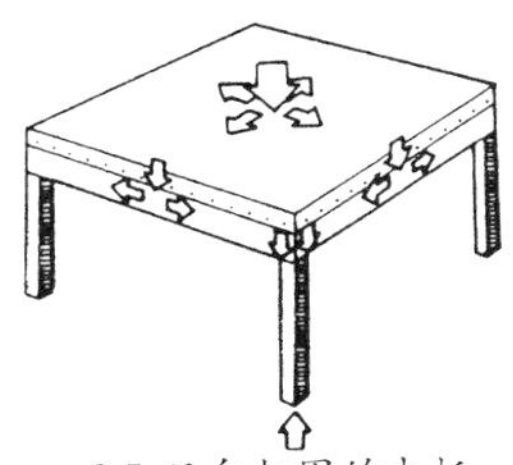

9.5 双向加固的木板

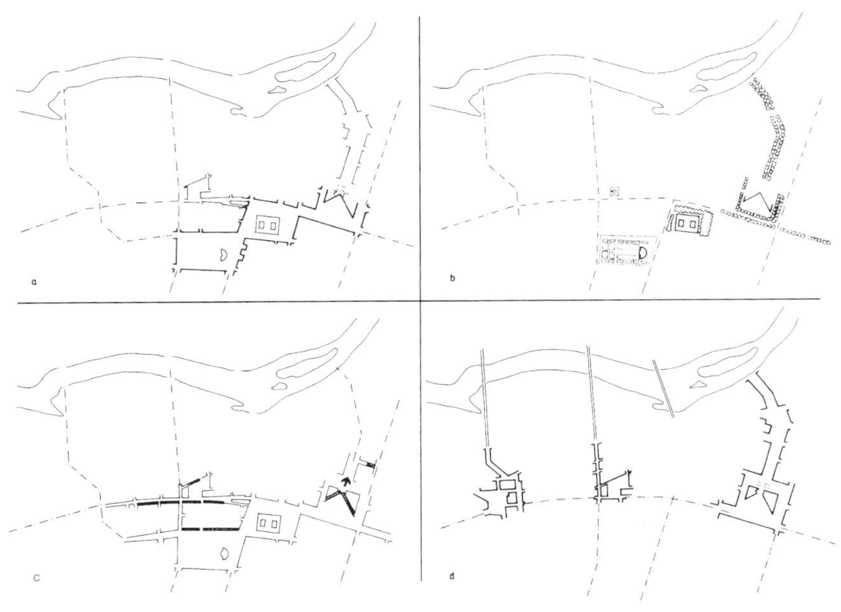


44. 以平面斜影投射法展现正方形木板三种不同的承重结构图，说明作用力的分布情形

45. 洛格罗尼奥，设计以都市为背景环境；不同平面层次的分解图：
a. 一系列广场中的市政府大楼广场
b. 一系列的绿色空间；古典风格设计的城市公园、一个绿荫环绕的广场、市政府大楼广场、河岸的散步道
c. 柱廊与拱廊的系统
d. 城市与河流的相关位置

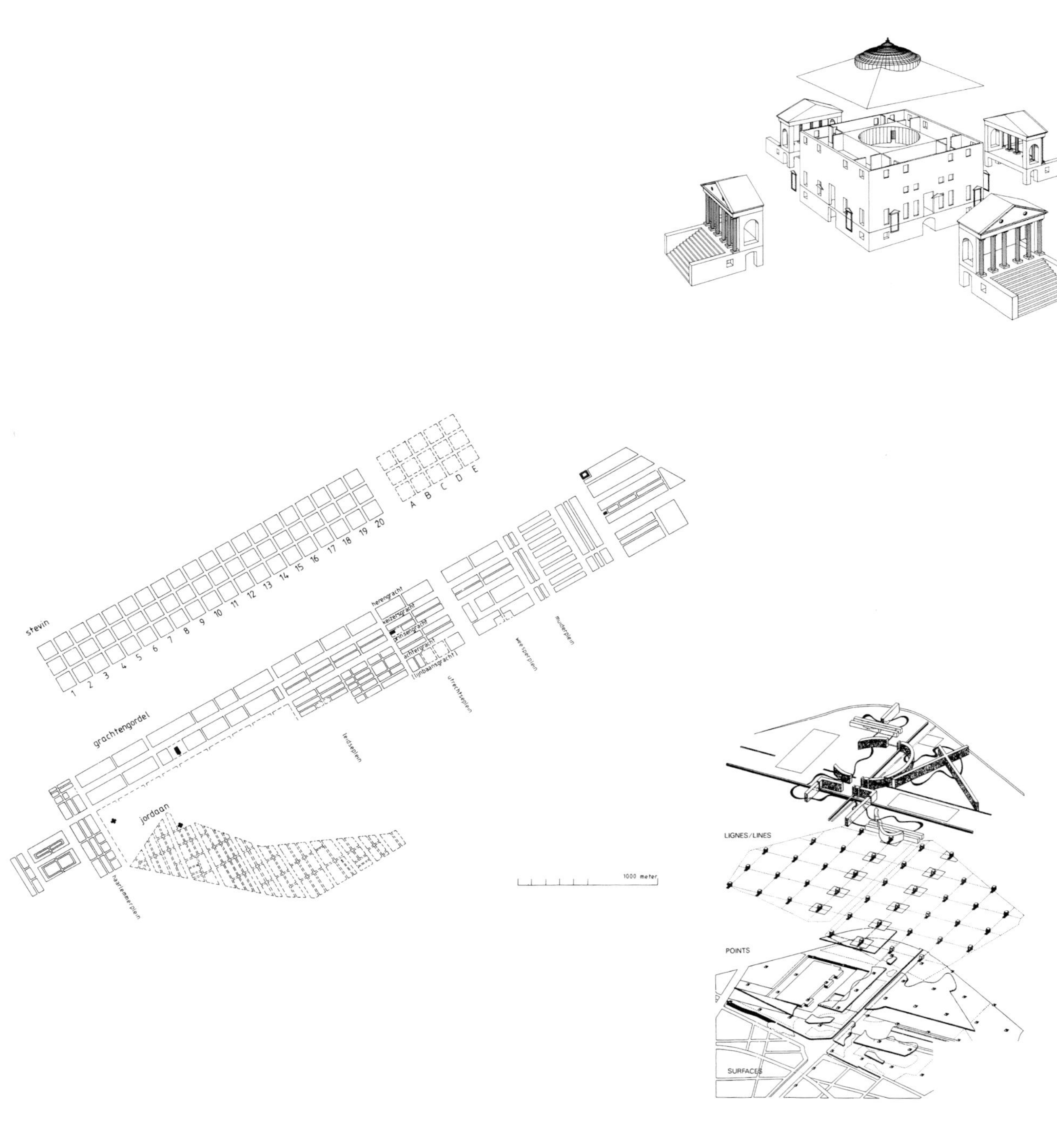


47. 圆厅别墅，以分解图呈现构件，也让结构的组合清楚可见

46. 阿姆斯特丹，环状的运河绘成条状；这一设计中的组件一字排开，形成一个新的组合

48. 伯纳德·楚弥，巴黎公园设计大奖赛参赛作品，分解成三个概念层次

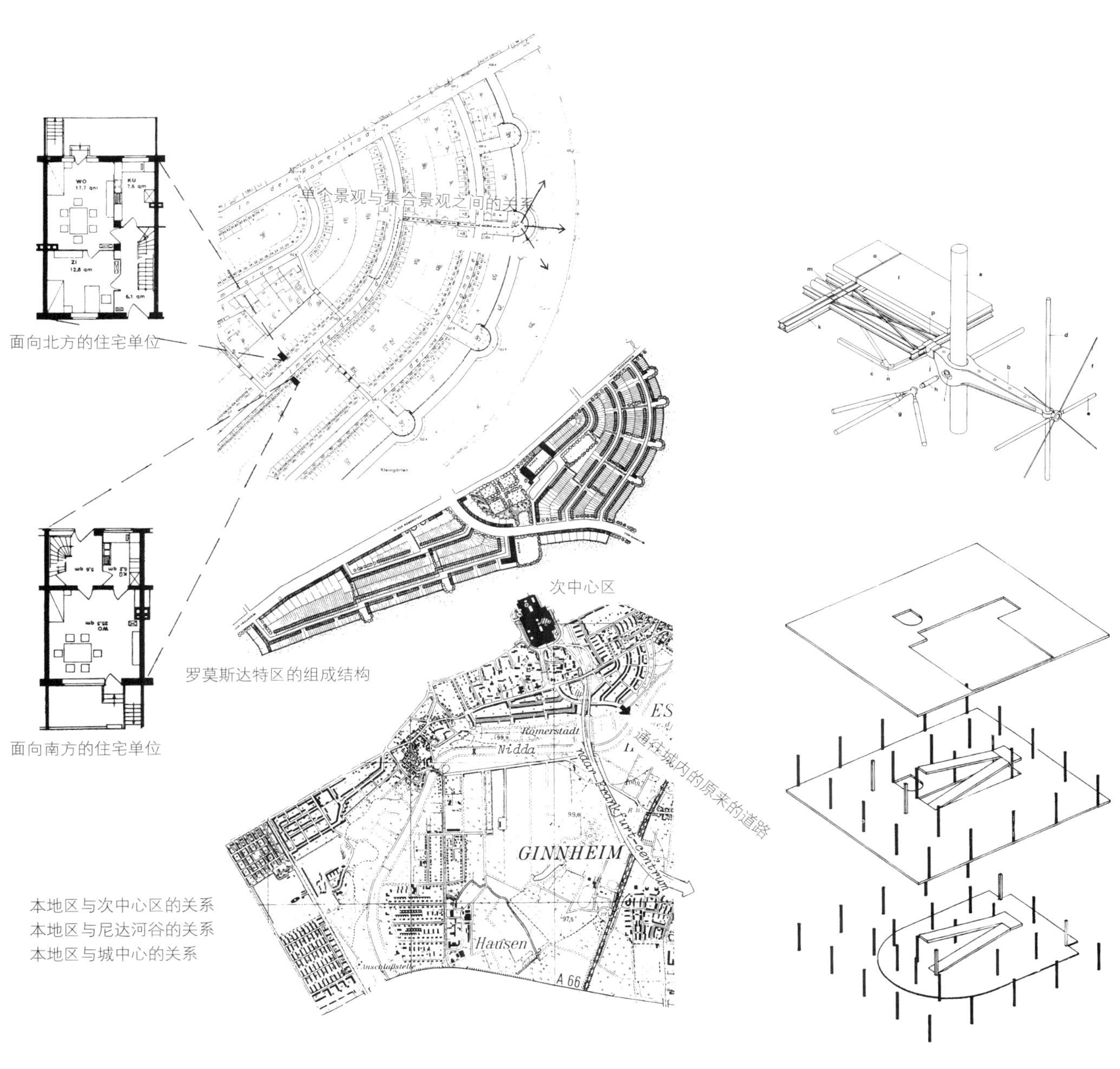


50. 蓬皮杜文化艺术中心。横梁托架连接点的分解图。此图正确地呈现组成的构件

51. 萨伏伊别墅。分解图呈现出建筑各部分在结构上的功能

49. 罗莫斯达特区

# 注释

## 第1章 设计与分析

[1]Bernard Leupen,"Een nouvel concept,"*de Architect* 12/1989

[2]Hubert Tonka, *Opera de Tokyo*, Champ Vallon, Seyssel 1986

[3]Ebenezer Howard, *Garden Cities of Tomorrow*, Faber and Faber, London 1946. First published in 1898 as *Tomorrow: A Peaceful Path to Real Reform.*

## 第2章 排序与组合

[1]Rasmussen, 1951, p.70

[2]Hubert de Boer and Hans van Dijk, "Het park van de 21ste eeuw, "*Wonen* TABK 12/1983, p.24

[3]Kaufmann, 1968, p.75f

[4]Mitchell, 1990, p.l3lf

[5]Benevolo, *The History of the City*, 1980, p.143

[6]Vitruvius, 1960, pp.13-16

[7]Leon Battista Alberti, *On the Art of Building in Ten Books*, trans. Joseph Rykwert, Neil Leash and Robert Tavernor, MIT Press, Cambridge(Mass.)/London 1988, p.305

[8]Tzonis, 1972, p.21

[9]Kaufmann, 1968, p.79

[10]Palladio, 1570, book I, p.59

[11]Steenbergen, 1990, p.16

[12]Reh *et a1.* , 1996, pp.51-56

[13] 这里"巴洛克"所指的是一种建筑的趋势，反改革运动时期蓬勃发展于意大利、德国南部与奥地利等地区。这一风格反映了罗马天主教教会在特伦托大公会议（Council of Trent，1545—1563年在意大利北部的特伦托城召开，会议的主旨是反对宗教改革——责编注）后的一大胜利。教会自此成为生命的中枢，因此巴洛克建筑主要建于教堂与修道院，或建于反改革运动较为兴盛的地区。

[14]Kaufmann, 1968, p.78

[15]Castex, 1990, pp.311-314

[16]Note 15, p.317

[17]Marcel Röthlisberger, *Claude Lorrain. L'Album Wildenstein*, Les Beaux-Arts, Ed. d'études et de documents, Paris 1962, pp.7-8

[18]David van Zanten."Architectural composition at the Ecole des Beaux-Arts from Charles Percier to Charles Garnier, "in Arthur Drexler (ed.), *The Architecture of the Ecole des Beaux-Arts*, Secker & Warburg., London 1977, p.112

[19]Note 18, p.115

[20]Note 18, p.162

[21]Adolf Loos, "Ornament und Verbrechen, " in Franz Gluck (ed).*Samtliche Schriften*, vol.I. Herold, Vienna 1962, p.276f

[22]See also Johan van de Beek, "Adolf Loos—patterns of town houses, "in Risselada (ed.), 1988, pp.27-46

[23]Arjan Hebly, "The 5 Points and form, "in Risselada (ed.), 1988, pp.47-53

[24]Theo van Doesburg, "Tot een beeldende architectuur, "*De Stijl* vol.6, 1924, no. 6/7, p.81.Quoted in Frampton 1980/1985, p.145

[25]Clark V. Poling, *Kandinsky—Unterricht am Bauhaus*, Weingarten, Weingarten 1982, p.107

[26]David Harvey, *The Condition of Postmodernity*, Basil Blackwell, Oxford/ Cambridge (Mass.)1980, pp.63-65

[27]Hubert de Boer and Hans van Dijk, "Het park van de 2lste eeuw,"*Wonen* TABK 12/1983, pp.24-29

[28]Bernard Leupen and Christoph Grafe, "Een metropolitane villa, "*Archis* I/1992, pp.12-21

[29]Koolhaas, 1978, pp.127-133

[30]Leupen, 1989, pp.38-40

## 第3章 设计与使用

[1]John Summerson, *Heavenly Mansions*, The Cresset Press, London and Hertford 1949, p.112

[2]Mumford, 1966, p.247

[3]Vitruvius, 1960, p.181

[4]Bentmann and Müller, 1981, pp.24-38

[5]Giedion, 1954, pp.50-100

[6]Mumford, 1966, p.503

[7]E.Taverne, *In't land van belofte, in de nieue stadt.Ideaal en werkelijkheid van de stadsuitleg in de Republiek 1580-1680,* Gary Schwartz, Maarssen 1978, pp.40-42

[8]Evans, 1983, pp.3-16

[9]S.E Rasmussen, *London, The Unique City*, MIT Press, Cambridge (Mass.)1982, pp. 219-235, 292-306

[10]Walter Benjamin, "Paris, die Hauptstadt des XIX. Jahrhunderts", in *Passagenwerk*, Suhrkamp, Frankfurt 1983, p.52
本杰明在文中描述这个发生于19世纪的改变，并以巴黎为实例来说明。他所述的情况于18世纪后半期已经发生，在拉斯姆森的叙述中也可以见到（见注9）。

[11]H.R.Hitchcock, *Architecture, Nineteenth and Twentieth Centuries*, Penguin, Harmondsworth 1977, pp.353-381

[12] 沙利文本身并非此意。他喜欢的标语都牵涉造型与适当结构之间的关系；见 Frampton, 1980/1985, p.56

[13]M.Steinmann, "Sigfried Giedion, Die Mechanisierung der Wohnung und die'machine à habiter', "in S.van Moos and C. Smeenk (eds.), *Avantgarde und Industrie*, DUP , Delft 1983, pp.135-150

[14]Grinberg , 1977, pp.104-111

[15]Alexander , 1964, p.2

[16]A.van Eyck, "De bal kaatst terug, "*Forum* 3/1958

[17]L.Kahn, "Order is, "in *What Will Be Always Has Been. The Works of Louis I.Kahn*, Rizzoli, New York 1986, p.305

[18]B.Tschumi, *The Manhattan Transcripts*, St.Martins Press, New York 1981, pp.7-8

[19]M.Küper and I.van Zijl, *Gerrit Th. Rietveld 1881—1964*, Centraal Museum, Utrecht 1992, pp.99-102

[20]N. Habraken, "Aap, Noot, Mies/The three R's voor Housing , "*Forum* I/1966

[21]H.W.Kraft, *Geschichte der Architekturtheorie*, C.H.Beck, Munich 1991, p.509

[22]C.Jencks, *Current Architecture*, Academy Editions, London 1982, pp.98-100

## 第4章　设计与结构

[1]Viollet-le-Duc, 1978, p.451

[2]Summerson, 1949, p.149

[3]Van Duin *et a1.*(ed.), 1991, p.118

[4]Von Meiss, 1990, p.168

[5]Werner Müller and Gunter Vogel, *Atlas zur Baukunst*, Deutscher Taschenbuch Verlag, Munich 1981, p.497

[6]Berlage was taught by Gottfried Semper at the Eidgenössische Technische Hochschule in Zurich.

[7]Frampton, 1980/1985, p.92

[8]Adolf Loos, "Ornament und Verbrechen, "in Franz Gluck (ed.)*Samtliche Schriften*, vol. I, Herold, Vienna 1962, p.276f. Quoted Frampton, 1980/1985, p.93

[9]Tafuri and Dal Co, 1980, p.103

[10]Adolf Loos, *Spoken into the Void*, Oppositions Books, Cambridge (Mass.)1982, p.66

[11]Le Corbusier, "In the Defence of Architecture, "*Oppositions* 4, 1974, pp.93-108. Quoted Frampton, 1980/1985, p.160

[12]Le Corbusier, 1986, p.227

[13] 由于钢骨结构的出现，承重结构与空间规划等名词成为专业用语的一部分。但是这些专有名词给人的印象是：承重结构只是单纯用来支撑建筑，空间规划只是用来隔间。以萨伏伊别墅的水泥骨架为例，不需要太多建筑的专业知识，也可以看出它的楼板可以增加两倍，成为规划空间的因素，而它的正面结构更可以支持本身的重量。

[14]Le Corbusier, 1986, p.18

[15]Hans van Dijk, "Een volstrekt Amerikaanse avant-garde, "*Archis* II/1990, p.41

[16]Von Meiss, 1990, pp.169-170

[17]Nervi, 1956, p.17

[18]Nervi, 1956, p.27

[19]Louis Kahn, "I love beginnings, "in A.Latour (ed.), *Louis I.Kahn, Writings, Lectures, Interviews*, Rizzoli, New York 1991, p.288

[20]Frampton, 1980/1985, p.244

[21]Jan Dirk Peereboom Voller and Frank Wintermans, "Een geloofwaardige rol voor de architect, "*Wonen* TABK 23/1982, p.26

[22]Frampton, 1980/1985, p.28I

[23]Adapted from Ad Koedijk, "The art of engineering, "interview with Sir Ove Arup, *Forum* 29/4, p.168. Arup Associates were involved in the construction of the Kunsthal.

## 第5章　设计与类型研究

[1]Panerai, 1979

[2] 从印刷术发明之后，这个字也用来当作字母。

[3]Carl Linnaeus, *Systema Naturae*, 1735 and *Classes Plantarum*, 1739

[4]Quatremère de Quincy, 1788-1825, vol.III, p.544. English trans.in *Oppositions* 8, 1976, p.148

[5]Argan, 1965

[6]J.N.L.Durand, *Recueil et parallèle des édifices de tous genres, anciens et modernes*, Paris 1801 and J.N.L.Durand, *Précis des Lecons d'Architecture données à l'Ecole Polytechnique*, 2 vols., Paris 1802-1809

[7]E.Neufert, *Bauentwurfslehre*, Vieweg, Braunschweig 1936 and Pevsner, 1976

[8]Panerai, 1979

[9]Muratori, 1959

[10]V.Lampugniani, "Das Ganze und die Teile, Typologie und Funktionalismus in der Architektur des 19.und 20. Jahrhunderts, "in V. Lampugniani (ed.), *Modelle für eine Stadt*, Siedler, Berlin 1984

[11] 年轻一代的法国建筑师，如让·卡斯提斯与菲利浦·沛纳海，在20世纪60年代末期接手类型研究的工作。

[12]Aymonino and Rossi, 1965; Aymonino and Rossi, 1970

[13]Rossi, 1982

[14]Carl G. Jung, *Analytical Psychology:Its Theory and Practice*, Routledge and Kegan Paul, London 1935

[15]Vidler, 1976

[16] 见注5。这一点是很合理的。阿尔根是一位研究类型学和历史形态的历史学家，当然会让科特米瑞·德·昆西的文件重见天日。

[17]Note 5

[18] 电脑辅助建筑设计(CAAD, Computer Aided Architectural Design)的出现，为盎格鲁—撒克森人的世界带来新的设计方法。这些方法的发展起源于数学处理和确认，以及分类资料的选择与结合。

[19]See also Giorgio Grassi, *La costruzione logica dell' architettura*. Maersilio, Venice 1967

[20]Leupen, 1989, p.27

[21]Müller *et al.*, 1981, p.359

[22]Cf. van Duin *et al.* (ed.), 1991, p.141

[23]Jean Castex *et a1.*, *Formes urbaines: de l'ilot à la barre*, Bordas, Paris 1980

[24] 罗莫斯达特区的都市计划由厄恩斯特·梅与赫伯特·波姆、卡尔·爱德华·本格特（Karl Eduard Bangert，德国建筑师）等人共同设计。内容部分的设计则得到卡尔·赫尔曼·鲁道夫（Carl Herrmann Rudloff，1890—1949，德国建筑师）、卡尔·布雷特纳（Karl Blattner，1881—1951，德国建筑师）、戈特洛布·史卡普（Gottlob Schaupp，德国建筑师）与舒夫特（Schufter）等人的协助。*Das Neue Frankfurt*, no.4/5 1930, pp.77-84

## 第6章　设计与背景环境

[1]See also Chapter Ⅰ on interpreting the brief

[2]C.M.Steenbergen *et a1.*, Plananalyse Prijsvraag Stromend Stadsgewest. Eo Wijersstichting, 1993

[3]Reh and Steenbergen, 1996

[4]J.Piket, *Nederland in 3 dimensies*, Falkplan, The Hague

[5]Verhulst, 1981

[6]Lambert, 1971

[7]Visscher, 1972

[8]Wilderom, 1968

[9]A.J.Kolker, *Kroniek van de Beemster*, Canaletto, Alphen a/d Rijn 1981

[10]Lambert, 1971, pp.179-229

[11]Taverne, 1978

[12]Hunt and de Jong, 1989

[13]Lambert, 1971, pp.212-220

[14]Steenbergen, 1990, pp.86-88

[15]W.Reh, G.Smienk and C.M.Steenbergen, *Nederlandse landschapsarchitectuur tussen traditie en experiment*, Thoth/Academie van Bouwkunst, Amsterdam 1993

[16]Kuyper, 1980, pp.159-160

[17]S.Polano (ed.), *La Rotonda*. Electa, Milan 1988

[18]Steenbergen, 1990, pp.88-93

[19]Steenbergen, 1990

[20]Reh and Steenbergen, 1996, pp.136f

[21]A.E.Trueman, *Geology and Scenery in England and Wales*, Pelican Books, 1948

[22]J.Appleton, "Some thoughts on the geology of the picturesque," *Journal of Garden History*, vol.6, 3/1986

[23] 这个方尖碑位于斯托海德住宅附近。

[24]R.Geurtsen, B.Leupen and S.Tjallingi, LAS-*werkboek*, Publikatieburo Bouwkunde, Delft 1982. pp.1-16

[25]Steenbergen (ed.),1990, pp.13-20

[26]Steenbergen (ed.),1990, pp.73-88

[27]J. Busquets, *Estudi de l' Eixample de Barcelona*, Ajuntament de Barcelona, 1988

[28]R.Makkink, "Parc del Clot," in R.Geurtsen *et al., Barcelona, stadsontwerp en moderne architectuur*, Excursiegids TU Delft, Delft 1988

[29]Han Meyer *et a1., Stadsontwerp Groningen*, Publikatieburo Bouwkunde, Delft 1991; see also Chapter 3.4, the postwar period

[30]Muratori, *Studi per une operante storia urbana di Venezia*, Istituto Poligrafico dello Stato, Rome 1959.
C.Aymonino.*La formazione del concetto di tipologia edilizia*, Istituto Universitario di Architettura di Venezia, Venice 1965.
C.Aymonino *et a1., La città di Padova*, Rome 1970; see also Chapter 5, Design and typology

[31]Rossi, 1966; see also Chapter 5, Design and typology

[32]See the work of, among others, Oriol Bohigas, Joan Busquets, Josep Acebillo en Manuel de Solà-Morales.

[33] 布罗代尔，1987年，年鉴学派（Annales School，20世纪由法国历史学家倡导并使用编年史研究方法）名称来自他们所使用的研究方法，其方法中大量使用编年史料。

[34]Maurits de Hoog, *Archipel I*, Villa Nova, Rotterdam 1987

[35]Fortier, 1989

[36]See Rein Geurtsen, Jan Heeling and Ed Taverne in *Forum* 34, 7/1990 for some idea of the diversity of stances in the Dutch discourse on the city.

[37]Kostof, 1991

[38]See also Chapter 6.4, the cultivated landscape

[39]Gemeente Amsterdam, *Ons Amsterdam, de historische ontwikkeling van Amsterdam*, Stadsdrukkerij, Amsterdam 1949

[40]Van der Hoeven and Louwe, 1985

[41]Maas and Berger, 1990

[42]See Chapter 2.2 (Miletus)

[43]Kostof, 1992

[44]See Chapter 2.2, the basic instruments of classical architecture

[45]See also Chapter 5.2, the development of "type"

[46] 这个剖面图所运用的分析图与草图来自 van der Hoeven and Louwe，1985。

[47] 许多文献中，丹尼尔·斯巴克（Daniel Speckle）也作丹尼尔·斯巴克林（Daniel Specklin）。

[48] 西蒙·斯蒂文的示意图结合了中性造形（统一的正方形区块），以及个别的发展潜能（借运河和市场来营造差异），非常适合用来当作模型。17世纪开始，他的一般法则就常常被运用在城市的规划、防御与扩建工程上。

[49]The islands of Uilenburg, Marken/Valkenburg, Rapenburg and Vlooyenburg

[50]"Städtebau ist Landschaftssteigerung," a quote from Ernst May in *Amt für industrielle Formgestaltung, Neues Bauen, Neues Gestalten, Das neue Frankfurt/Die neue Stadt; eine Zeitschrift zwischen 1926 und 1933*, Elefanten Press, Berlin 1984

[51]Henk Engel and Endry van Velzen, *Architectuur van de stadsrand, Frankfurt am Main*, 1925-1930, DUP, Delft 1987

[52]See for instance the ideas of Willem Jan Neutelings and his"carpet metropolis" (or patchwork metropolis ) in Paul Vermeulen, *Willem Jan Neutelings, architect*, 010 Publishers, Rotterdam 1991

[53]Rafael Moneo ,"The Logroño Town Hall ," *Lotus* no. 33

[54]"Moneo, stadhuis Logroño, "*Archis* 4/1986

[55] 该计划中划定了公共设施、市政管理机构与一大型礼堂所需的空间，其中还包括一些次要的设施，如咖啡厅与展览区等。

[56]Broadbent, 1990

[57]Bacon, 1967

[58]The Hôtel de Craon informs all components of the scheme. Having said that, the fine-tuned ensemble of Place Royale, Place de la Carrière and Hémicycle is by no means the work of one brilliant designer; see Lavedan, 1982

[59] 该设计与背景环境同设计之间的关系无关，皆视为超出本书的范围（如程序步骤、欧罗里尔的组织等）。

[60. 里程的缩短让里尔处于罗恩斯塔德（Randstad，指包括阿姆斯特丹、鹿特丹、海牙和乌德勒支四大城市在内的荷兰西部集合城市区）、巴黎、伦敦与鲁尔等地之间的中心位置。

[61] 欲知车站地区的交通问题与解决方法，见 OMA and Rem Koolhaas , *Lille* , Institut Francais d'Architecture , Paris 1990

[62] 除了新的高速铁路车站和城市铁路外，欧罗里尔计划中还规划了国际商业中心、会议暨展览大楼、媒体中心以及大型的购物中心，占地约 120 公顷。

# 参考书目


## 第1章 设计与分析

Leonardo Benevolo, *Storia dell'architettura moderna*, Laterza, Bari 1960. Translated as *History of Modern Architecture*, Routledge & Kegan Paul, Cambridge (Mass.) 1971

Leonardo Benevolo, *Storia della città*, Laterza, Bari 1975. Translated as *The History of the City*, Scolar Press, London 1980

Jean Castex, *Renaissance, Baroque et Classicisme*, Ed. Hazan, Paris 1990

Francis D.K. Ching, *Architecture: Form, Space & Order*, Van Nostrand Reinhold, New York 1979

Giovanni Fanelli, *Architettura Moderna in Olanda 1900–1940*, Florence 1968

Kenneth Frampton, *Modern Architecture: A Critical History*, Thames and Hudson, London 1980/1985

S. Giedion, *Space, Time and Architecture*, Harvard University Press, Cambridge (Mass.) 1941

Emil Kaufmann, *Architecture in the Age of Reason*, Harvard University Press, Cambridge (Mass.) 1955; reprint Dover Publications, New York 1968

Rem Koolhaas, *Delirious New York*, Oxford University Press, New York 1978

Spiro Kostof, *The City Shaped: Urban Patterns and Meanings through History*, Thames and Hudson, London 1991

Spiro Kostof, *The City Assembled. The Elements of Urban Form through History*, Thames and Hudson, London 1992

W. Kuyper, *Dutch Classicist Architecture*, DUP, Delft 1980

A.M. Lambert, *The Making of the Dutch Landscape*, Seminar Press, London 1971

Kevin Lynch, *The Image of the City*, MIT Press, Cambridge (Mass.) 1960

Pierre von Meiss, *De la Forme au Lieu*, Presses Polytechniques Romandes, Lausanne 1986. Translated as *Elements of Architecture. From Form to Place*, Chapman & Hall, London 1990

Lewis Mumford, *The City in History*, Penguin Books, London/Harmondsworth 1966

Peter Murray, *The Architecture of the Italian Renaissance*, Batsford, London 1963

C. Norberg-Schulz, *Intentions in Architecture*, MIT Press, Cambridge (Mass.) 1965

Andrea Palladio, *I Quattro libri dell'architettura*, Venice 1570. Translated as *The Four Books of Architecture*, Dover Publications, New York 1965

Nikolaus Pevsner, *An Outline of European Architecture*, Penguin Books, Harmondsworth 1943

Steen E. Rasmussen, *Towns and Buildings*, The University Press of Liverpool, Liverpool 1951

W. Reh and C.M. Steenbergen, *Architecture and Landscape*, Thoth, 1996 Bussum

John Summerson, *The Classical Language of Architecture*, The Cresset Press, London/Hertford 1949

Aldo Rossi, *L'architettura della città*, Padua 1966. Translated as *The Architecture of the City*, MIT Press, Cambridge (Mass.) 1982

Manfredo Tafuri and Francesco Dal Co, *Modern Architecture*, Academy Editions, London 1980

Robert Venturi, *Complexity end Contradiction in Architecture*, MOMA, New York 1966

F.A.J. Vermeulen, *Handboek tot de geschiedenis der Nederlandsche bouwkunst*, 3 vols. Martinus Nijhoff, The Hague 1928

Vitruvius, *De architectura libri decem*. Translated by Morris H. Morgan as *Vitruvius. The Ten Books on Architecture*, Dover Publications, New York 1960

## 第2章 排序与组合

L. van Duin and H. Engel (eds.), *Architectuurfragmenten. Typologie, Stijl en Ontwerpmethoden*, Publikatieburo Bouwkunde, Delft 1991

W. Kandinsky, *Punkt und Linie zu Fläche*, Verlag Albert Langen, Munich 1926

Bernard Leupen, *IJ-plein. Een speurtocht naar nieuwe compositorische middelen*, 010 Publishers, Rotterdam 1989

William J. Mitchell, *The Logic of Architecture*, MIT Press, Cambridge (Mass.)/London 1990

Max Risselada (ed.), *Raumplan versus Plan Libre*, Rizzoli, New York 1988

Colin Rowe, *The Mathematics of the Ideal Villa and Other Essays*, MIT Press, Cambridge (Mass.)/London 1976

Clemens M. Steenbergen, *De stap over de horizon*, Doctoral dissertation TU Delft, Publikatieburo Bouwkunde, Delft 1990

Alexander Tzonis, *Towards a Non-Oppressive Environment*, George Braziller, New York 1972.

Rudolf Wittkower, *Architectural Principles in the Age of Humanism*, Academy Editions, London 1988

## 第3章 设计与使用

C. Alexander, *Notes on a synthesis of form*, Harvard University Press, Cambridge (Mass.) 1964

Reyner Banham, *Theory and Design in the First Machine Age*, Architectural Press, London 1969

Reyner Banham, *The Architecture of the Well-tempered Environment*, Architectural Press, London 1969

R. Bentmann and M. Müller, *Die Villa als Herrschaftsarchitektur*, Syndikat, Frankfurt 1981

R. Evans, "Figures, Doors and Passages," AD, April 1987, pp. 267–278

D.I. Grinberg, *Housing in the Netherlands 1900–1940*, DUP, Delft 1977

Stefan Muthesius, *The English Terraced House*, Yale University Press, New Haven (Conn.) 1972

C. Mohr and M. Müller, *Funktionalität und Moderne*, Edition Fricke, Frankfurt 1984

Ernst Neufert, *Bauentwurfslehre*, Ullstein, Berlin 1936; 33rd revised edition, Vieweg, Braunschweig 1992. Translated as *Architects'*

*Data*, Crosby, Lockwood, Staples, London 1970

Martin Steinmann (ed.), CIAM-*Internationale Kongresse für Neues Bauen, Dokumente 1928–1939*, Birkhäuser, Basel 1979

## 第 4 章 设计与结构

Edward R. Ford, *The Details of Modern Architecture*, MIT Press, Cambridge (Mass.) 1990

Le Corbusier, *Vers une architecture*, Editions Arthaud, Paris 1923. Translated as *Towards a new architecture*, Dover Publications, New York 1986

Pier Luigi Nervi, *Structures*, Dodge, New York 1956

Eugene Emmanuel Viollet-le-Duc, *Entretiens sur l'architecture*, Pierre Mardaga, Paris 1978. English translation: *Lectures on Architecture*, two vols., Dover, New York 1987

## 第 5 章 设计与类型研究

G.C. Argan, "Sul concetto di tipologia architettonica," *Progetto e destino*. Il Saggiatore, Milan 1965

C. Aymonino and A. Rossi, *La formazione del concetto di tipologia edilizia*, Istituto Universitario di Architettura di Venezia, Venice 1965

C. Aymonino and A. Rossi, *La città di Padova*, Rome 1970

J.F. Geist, *Passagen, ein Bautypus des 19. Jahrhunderts*, Prestel, Munich 1979. Translated as *Arcades. The history of a building type*, MIT Press, Cambridge (Mass.) 1983

*Giorgio Grassi, La costruzione logica dell'architettura*, Maersilio, Venice 1967

S. Muratori, *Studi per une operante Storia urbana di Venezia*, Istituto Poligrafico dello Stato, Rome 1959

Philippe Panerai, "Typologies," *Les Cahiers de la recherche architecturale*, no. 4 12/1979

N. Pevsner, *A History of Building Types*, Princeton University Press, Princeton 1976

Quatremère de Quincy, "Architecture," in *Encyclopedie methodique*, vol. III, Paris 1788–1825

Roger Sherwood, *Modern housing prototypes*, Harvard University Press, Cambridge (Mass.) 1978

A. Vidler, "The Third Typology," *Oppositions* 7/1976

## 第 6 章 设计与背景环境

*Amt für industrielle Formgestaltung, Neues Bauen, Neues Gestalten, Das neue Frankfurt/die neue stadt; eine zeitschrift zwischen 1926 und 1933*, Elefanten Press, Berlin 1984

Edmund N. Bacon, *Design of Cities*, Thames and Hudson, London 1967

Fernand Braudel, *Civilisation materielle, Economie et capitalisme XVe–XVIIIe siècle*, Paris

Geoffrey Broadbent, *Emerging Concepts in Urban Space Design*, Van Nostrand Reinhold, London 1990

Henk Engel and Endry van Velzen (eds.), *Architectuur van de stadsrand, Frankfurt am Main, 1925–1930*, DUP, Delft 1987

Bruno Fortier, *La Metropole Imaginaire—Un Atlas de Paris*, Pierre Mardaga, Paris 1989

Casper van der Hoeven and Jos Louwe, *Amsterdam als stedelijk bouwwerk, een morfologiese analyse*, SUN, Nijmegen 1985

Ebenezer Howard, *Garden Cities of Tomorrow*, Faber and Faber, London 1946. First published in 1898 as *Tomorrow: A Peaceful Path to Real Reform*.

J.D. Hunt and E. de Jong, *De gouden eeuw van de Hollandse tuinkunst*, Thoth, Amsterdam 1989

W. Kuyper, *Dutch Classicist Architecture*, DUP, Delft 1980

Pierre Lavedan *et al.*, *L'Urbanisme à l'époque moderne, XVIe–XVIIIe siècles*, Droz, Geneva 1982

Michael Maass and Klaus Berger (eds.), *Klar und lichtvoll wie eine Regel, Planstädte der Neuzeit vom 16. bis zum 18. Jahrhundert*, G. Braun, Karlsruhe 1990

W. Reh, G. Smienk and C.M. Steenbergen, *Nederlandse landschapsarchitectuur tussen traditie en experiment*, Thoth, Amsterdam 1993

C.M. Steenbergen, *De stap over de horizon, Een ontleding van het formele ontwerp in de landschapsarchitectuur*, Publikatiebureau Bouwkunde, Delft 1990

*De bodem van Nederland*, Stichting voor bodemkartering, Wageningen 1965

Ed Taverne, *In't land van belofte, in de nieue stadt. Ideaal en werkelijkheid van de stadsuitleg in de Republiek 1580-1680*, Gary Schwartz, Maarssen 1978

A. Verhulst, *Het natuurlandschap*, AGN 1981

H.A. Visscher, *Het Nederlandse landschap*, Het Spectrum, Antwerp 1972

M.H. Wilderom, *Tussen afsluitdammen en deltadijken*, Vlissingen 1968

# 索 引

## 关键字

## 人物、活动与机构

# 出 处

**Original drawings**
Arie Mashiah, Solita Stücken, Petrouschka Thumann, Jan Verbeek and Arno de Vries

**Drawing techniques (text)**
Jan Verbeek

**Translation into English**
John Kirkpatrick

**Graphic design**
Jan Erik Fokke, Quadraat, Arnhem
Cover design by Mike Suh, VNR

**Printed by**
Veenman printers, Wageningen,
The Netherlands

**Photo acknowledgments**
Faculty of Architecture Photographic Department, TU Delft: pp. 48, 52, 53, 60, 74, 94, 110, 111, 114, 122, 126
Hans Werlemann: pp. 64, 130
Bernard Vincent: p. 127

**Drawing acknowledgments**
Faculty of Architecture, TU Delft: pp. 22, 28, 32–35, 37, 38, 40, 41, 55, 58, 59, 66, 72, 80, 92, 97, 110, 111, 114, 115, 129, 148, 152, 158, 159, 161, 163, 168, 169–171, 174–178, 184, 187, 192–196, 199, 210
Gemeente Amsterdam: pp. 86, 182, 188
Van der Hoeven, Louwe; pp. 188, 190
Institut Français d'Architecture: pp. 201, 202
Orton: pp. 127, 128
Palmboom: p. 156
Schodek: p. 142

# 作者简介

伯纳德·卢本(Bernard Leupen),任教于荷兰代尔夫特科技大学 (Delft University of Technology)建筑学院建筑系。他曾撰写有《矩阵湖–广场，探索新的构成方法》(*IJ-plein,een speurtocht naar nieuwe compositorische middelen*,1989 年鹿特丹 010 出版社出版),曾组织“荷兰建筑的现代性”等论坛，合编有《荷兰建筑的现代性？》(*Hoe modern is de Nederlandse architectuur?*, 1990 年鹿特丹 010 出版社出版)。

克里斯托弗·格拉福(Christoph Grafe),阿姆斯特丹执业建筑师，隶属于代尔夫特科技大学建筑学院。他也共同组织“荷兰建筑的现代性”论坛,并合编了《荷兰建筑的现代性？》一书。

妮克拉·柯尼格(Nicola Körnig),鹿特丹城市设计师,合著有《代尔夫特的南门》(*Locatie Zuidpoort Delft*)。

马克·蓝普(Marc Lampe),鹿特丹执业建筑师，曾出版有《吸引力是最大的力量》(*De grootste Kracht is de anntrekkingskracht*, 代尔夫特科技大学建筑学院 1992 年出版)。

彼得·德·泽乌(Peter de Zeeuw),任教于代尔夫特科技大学建筑学院城市设计系。阿姆斯特丹职业景观建筑师。合著有《蒙太奇景观》(*Het montagelandschap*, 代尔夫特科技大学建筑学院 1991 年出版)。泽乌于1996 年去世。